JN297459

新・生命科学シリーズ

遺伝子操作の基本原理

赤坂甲治・大山義彦／共著

太田次郎・赤坂甲治・浅島　誠・長田敏行／編集

裳華房

Principle of Gene Technology

by

Koji Akasaka
Yoshihiko Ohyama

SHOKABO

TOKYO

「新・生命科学シリーズ」刊行趣旨

　本シリーズは，目覚しい勢いで進歩している生命科学を，幅広い読者を対象に平易に解説することを目的として刊行する．

　現代社会では，生命科学は，理学・医学・薬学のみならず，工学・農学・産業技術分野など，さまざまな領域で重要な位置を占めている．また，生命倫理・環境保全の観点からも生命科学の基礎知識は不可欠である．しかし，奔流のように押し寄せる生命科学の膨大な情報のすべてを理解することは，研究者にとっても，ほとんど不可能である．

　本シリーズの各巻は，幅広い生命科学を，従来の枠組みにとらわれず，新しい視点で切り取り，基礎から解説している．内容にストーリー性をもたせ，生命科学全体の中の位置づけを明確に示し，さらには，最先端の研究への道筋を照らし出し，将来の展望を提供することを目標としている．本シリーズの各巻はそれぞれまとまっているが，単に独立しているのではなく，互いに有機的なネットワークを形成し，全体として生命科学全集を構成するように企画されている．本シリーズは，探究心旺盛な初学者および進路を模索する若い研究者や他分野の研究者にとって有益な道標となると思われる．

新・生命科学シリーズ
編集委員会

はじめに

　モデル生物の遺伝子は，注文すれば翌日には届く．遺伝子操作も，バイオ企業が販売するキットを使い，付録のマニュアルにしたがえば簡単にできる時代である．DNAにA液とB液を入れ，しばらくしてC液を加えると完成という具合である．しかし，遺伝子操作がうまくいかない場合もよくある．実際の操作には，複数の反応が含まれる．その一つひとつの反応が微妙にチューニングされており，少しでも反応条件がずれると失敗する．キットを用いた遺伝子操作は携帯電話にたとえられるかもしれない．電源を入れてタッチパネルを押せば，電話だけでなく様々なアプリケーションを利用できる．しかし，不具合が生じても，なすすべはない．ましてや，携帯電話を進化させたりすることもできない．本書では，あえて，キットがない時代に立ち戻る．筆者らは，遺伝子操作の黎明期から現在に至るまで，日進月歩の遺伝子操作技術の進歩とともに，自ら技術を開拓し，研究を発展させてきた．その実体験をもとに，遺伝子操作技術の基本原理を述べる．遺伝子操作の詳細なマニュアルは，他書に譲る．

　DNAの塩基配列の解読や操作には，化学反応が伴う．ある分子と分子を結合させるような化学反応は，1分子同士では事実上起こりえない．また，1分子の化学反応では，検出限界よりはるかに低いため，検知することができない．水酸化ナトリウムNaOHと塩酸HClを反応させると，食塩NaClと水H_2Oができるが，この反応を起こさせ，反応産物を検出するには，多数の純粋なNaOH分子とHCl分子が必要である．同様に遺伝子解析や遺伝子操作には，均質なDNAが必要である．この場合の「均質なDNA」とは，まったく同じ塩基配列をもつDNA断片である．遺伝子操作技術を用いれば，1分子のDNA断片であっても，増幅させ，化学反応に用いることができるだけの十分な数の均質なDNA断片を得ることが可能である．生物のDNA複製システムを拝借して目的のDNA断片を増幅させるのである．遺伝子のクローニングとは，特定の塩基配列をもつDNA断片を増幅させ，組み換えたり，化学的に分析したり

する反応に使えるだけの量を得る操作に他ならない．

　遺伝子操作には，30億もの塩基配列からなるヒトゲノムの中から特定の配列を瞬時に見つけ出す技術がある．また，1万分の1の確率でしか起こらないような反応だけを取り出す技術がある．日常的な感覚では，ありえそうもない反応は，どのようにして達成されるのであろうか．分子は常温でも，熱エネルギーにより，激しくランダムな動きをしている．DNA断片やタンパク質は，1秒間に100万回も回転しており，生体内ではATPがタンパク質に1秒間に100万回も衝突しているといわれる．細胞には数多くの分子が存在しており，このランダムな熱運動の動的平衡の中で，細胞や細胞小器官の構造が維持されている．遺伝子操作で使われる分子も，同様な状況にあり，分子が激しくランダムな動きをしているからこそ，反応が進んでゆく．本書では，激しく動き続ける動的な分子の世界をイメージしながら，遺伝子操作を解説する．遺伝子操作の歴史的，基本的技術の原理を学ぶことを通じて，最新の生命科学の論理を理解できるようにする．さらには，新たな遺伝子操作技術をも開発する人材が育つことを期待したい．

　最後に，本書の出版にあたってねばり強くご尽力下さった編集部の野田昌宏氏に，執筆者一同とともに深く感謝いたします．

　2013年10月

赤　坂　甲　治
大　山　義　彦

■ 目 次 ■

第Ⅰ部　cDNA クローニングの原理

■ 1 章　mRNA の分離と精製　　3
 1.1　RNA の抽出　　3
  「実験」　組織からの RNA 抽出操作の概略　　3
 1.2　RNA からの多糖類の除去　　13
 1.3　オリゴ (dT) カラムによる mRNA の精製　　14
  「実験 1」　オリゴ (dT) カラムによる mRNA 精製の概略　　14
  「実験 2」　オリゴ (dT) カラムの再生の概略　　18
  「実験 3」　エタノール沈殿による RNA の回収の概略　　18
 1.4　RNA の電気泳動　　20
  「実験」　RNA の電気泳動の概略　　20

■ 2 章　cDNA の合成　　23
 2.1　溶液の交換　　23
  「実験 1」　エタノール沈殿による溶液の交換の概略　　23
  「実験 2」　ゲルろ過スピンカラムによる溶液の交換の概略　　24
 2.2　逆転写酵素による cDNA の合成　　31
  「実験」　オリゴ (dT) を用いた 1st-strand cDNA 合成の概略　　31
 2.3　2 本鎖 cDNA の合成　　33
  「実験」　2nd-strand cDNA 合成の概略　　33
 2.4　ランダムプライマーを用いた cDNA の合成　　37
  「実験」　ランダムプライマーを用いた cDNA 合成の概略　　38

■ 3 章　cDNA ライブラリーの作製　　42
 3.1　バクテリオファージベクター　　42
 3.2　バクテリオファージベクターへの組込み　　44

「実験1」 cDNA 末端の平滑化の概略	44
「実験2」 cDNA の両端の脱リン酸化の概略	46
「実験3」 アダプターの付加の概略	47
「実験4」 バクテリオファージベクターへの組込みの概略	49

  3.3　組換えファージ DNA のウイルス化　50
    「実験」　パッケージング操作の概略　51

■ 4 章　バクテリオファージのクローン化　55

  4.1　スクリーニングプレートの作製　55
    「実験1」　宿主となる大腸菌の調製の概略　55
    「実験2」　バクテリオファージ密度の測定の概略　57
    「実験3」　クローンの増殖と培地プレート上での展開の概略　63
  4.2　プローブの合成　64
    「実験1」　プローブのデザインの概略　64
    「実験2」　プローブの標識の概略　67
  4.3　ブロッティング　69
    「実験」　ブロッティング操作の概略　70
  4.4　メンブレンのブロッキング　72
    「実験」　ブロッキングの概略　73
  4.5　ハイブリダイゼーションによるスクリーニング　74
    「実験」　ハイブリダイゼーションによるスクリーニングの概略　74
  4.6　プローブの検出　76
    「実験」　プローブのシグナル検出の概略　76
  4.7　cDNA のクローニング　78
    「実験」　ファージプラークの特定とクローニングの概略　78
  4.8　発現ベクターライブラリーのスクリーニング　81
    「実験1」　抗体を用いたスクリーニングの概略　81
    「実験2」　2 本鎖標的配列を用いたスクリーニングの概略　87
  4.9　クローンファージの回収と DNA の抽出　88

「実験 1」　クローンファージの回収の概略	88
「実験 2」　クローンファージからの DNA 抽出の概略	90

第 II 部　基本的な実験操作の原理

■ 5 章　プラスミドベクターへのサブクローニング　　　94

5.1　コンピテントセル	94
「実験」　コンピテントセル作製法の概略	94
5.2　プラスミドベクターへの組換え	96
「実験」　プラスミドベクターへの cDNA の組込みの概略	96
5.3　大腸菌の形質転換操作	99
「実験」　プラスミドによる大腸菌の形質転換操作の概略	99
5.4　コロニーからのプラスミドの回収	102
「実験 1」　カラーセレクションの概略	102
「実験 2」　アルカリ・SDS 法によるプラスミドの回収操作の概略	103

■ 6 章　電気泳動　　　106

6.1　DNA ゲル電気泳動	106
「実験」　アガロースゲル電気泳動の概略	106
6.2　核酸の染色と検出	110
「実験」　エチジウムブロマイド染色の概要	110
6.3　アガロースからの DNA の回収	114
「実験 1」　TE による希釈法の概略	114
「実験 2」　凍結法の概略	115
「実験 3」　フェノール法の概略	115
6.4　塩基配列の解析	115
「実験」　ポリアクリルアミドゲル電気泳動によるシーケンスの概略	117

■ 7章　PCR　　121

- 7.1　PCR　　121
  - 「実験」　PCR の概略　　121
- 7.2　PCR を利用した遺伝子のクローニング　　125
  - 「実験 1」　保存配列を利用したクローニングの概要　　125
  - 「実験 2」　インバース PCR の概要　　127

■ 8章　ハイブリダイゼーション　　129

- 8.1　プローブの作製　　129
  - 「実験 1」　PCR を利用したプローブの作製の概略　　129
  - 「実験 2」　RNA プローブの作製の概略　　130
- 8.2　サザンハイブリダイゼーション　　132
  - 「実験」　ゲノミックサザンハイブリダイゼーションの概略　　132
- 8.3　ノザンハイブリダイゼーション　　136
  - 「実験」　ノザンハイブリダイゼーションの概略　　137
- 8.4　*in situ* ハイブリダイゼーション　　143
  - 「実験」　*in situ* ハイブリダイゼーションの概略　　143

■ 9章　制限酵素と宿主大腸菌　　148

- 9.1　制限酵素を利用する遺伝子組換え操作　　148
- 9.2　遺伝子操作に用いられる大腸菌株の遺伝子型　　153

第Ⅲ部　応用的な実験操作の原理

■ 10章　PCR の応用　　160

- 10.1　PCR を利用した全長 cDNA の単離　　160
  - 「実験 1」　3′ RACE の概略　　160
  - 「実験 2」　5′ RACE の概略　　162
  - 「実験 3」　5′ キャップを利用した完全長 cDNA ライブラリー作製法の概略　　164

「実験 4」 5′ キャップ を利用した 5′ 末端 cDNA のクローニングの概略　169
10.2　PCR を応用した変異の導入と組換え　171
「実験 1」　点突然変異導入の概略　171
「実験 2」　挿入変異導入の概略　172
「実験 3」　欠失変異導入の概略　173
「実験 4」　組換え法の概略　174
10.3　PCR を応用した遺伝子発現の定量　176
「実験 1」　半定量 Q-PCR の概略　176
「実験 2」　リアルタイム -PCR の概略　178
「実験 3」　新生 RNA の定量の概略　180

■ 11 章　cDNA を用いたタンパク質合成　182

11.1　組換えタンパク質合成に用いられるプラスミドの構造　182
11.2　cDNA 組換えタンパク質合成　183
「実験 1」　大腸菌による cDNA 組換えタンパク質合成の概略　183
「実験 2」　組換えタンパク質の回収と精製の概略　187

■ 12 章　ゲノムの解析　190

12.1　ゲノム解析のための DNA 抽出　190
「実験」　DNA 抽出の概略　190
12.2　リプレイスメントベクター　192
「実験」　ゲノムライブラリー作製法の概略　193
12.3　BAC ベクター　195
「実験」　BAC ライブラリー作製法の概略　195
12.4　BAC クローンのスクリーニング　199
「実験 1」　コロニーハイブリダイゼーション法の概略　199
「実験 2」　PCR スクリーニング法の概略　199

■ 13章　遺伝子発現の解析　203

- 13.1　目的の cDNA を網羅的に得る方法　203
  - 「実験1」　ディファレンシャルスクリーニング法の概略　203
  - 「実験2」　サブトラクションライブラリー法の概略　205
- 13.2　真核細胞への遺伝子導入法　206
  - 「実験1」　リン酸カルシウム法の概略　207
  - 「実験2」　リポフェクション法の概略　207
  - 「実験3」　顕微注入法の概略　208
  - 「実験4」　エレクトロポレーション法の概略　208
  - 「実験5」　パーティクルガン法の概略　209
  - 「実験6」　アグロバクテリウム法の概略　209
  - 「実験7」　ウイルスベクター法の概略　210
  - 「実験8」　導入遺伝子が染色体に組み込まれた細胞の選別法の概略　220
- 13.3　転写調節領域の解析　222
  - 「実験」　レポーター融合遺伝子の発現量の定量の概略　222
- 13.4　転写因子の検出と結合配列の解析　223
  - 「実験1」　ゲルシフト分析の概略　224
  - 「実験2」　フットプリント法の概略　225

索引　227

コラム	分解されやすい RNA の生物学的意義	10
コラム	タンパク質の変性と白濁	13
コラム	拮抗するポリヌクレオチド 2 本鎖の結合力と反発力	17
コラム	遺伝子組換えに用いる酵素	39
コラム	λgt10 ベクターに EcoRI サイトが少ない理由	44
コラム	タンパク質複合体の自律的構成	54
コラム	ライブラリーとは	54
コラム	溶原化と溶菌	61
コラム	可視光を吸収するから発色する	86
コラム	発色には共役二重結合がかかわる	86
コラム	ペニシリンとアンピシリン	101
コラム	バクテリオファージと真核生物の RNA ポリメラーゼ	131
コラム	ホルムアルデヒドによるタンパク質の固定	140
コラム	グルタルアルデヒドはタンパク質を架橋する	141
コラム	DNA マイクロアレイ	146
コラム	制限酵素の生物学的役割	153
コラム	DNA メチル化部位の解析	155
コラム	キャップとポリ(A) の役割	170
コラム	ゲノムプロジェクトと BAC	202
コラム	レトロウイルスの逆転写プライマー	216

第 I 部

cDNA クローニングの原理

　遺伝子操作の基本原理を学ぶために，遺伝子が簡単には入手できない状況から始めよう．第 I 部は「1. あるタンパク質の機能を解析したい．2. 精製したタンパク質は手に入れることができた．3. さらに研究を発展させるために，研究したいタンパク質の遺伝子をクローニングしたい．4. クローニングした遺伝子を使ってさまざまな実験をしたい」という動機があることを前提に書かれている．

　遺伝子はタンパク質の情報を担っている．タンパク質の情報は，ヒトの場合，ゲノムの塩基配列のわずか 1.2％に過ぎない．タンパク質の情報は mRNA としてゲノム DNA から転写される．mRNA の配列情報が得られれば，98.8％も占めるゲノムの非タンパク質情報を排除することができ，効率的である．

　RNA の情報は，逆転写酵素を使えば DNA に逆転写することができる．mRNA を逆転写して合成した DNA を cDNA（complementary DNA）という．cDNA を 2 本鎖 DNA にすることができれば，宿主で増やすことができる．宿主で増えた cDNA クローンの集団をライブラリー（library）という．ライブラリーの中から目的の配列をもつクローンを見つけ出すことをスクリーニング（screening）といい，標的の配列を特異的に検出する分子をプローブ（probe：探り針の意味）とよぶ．また，目的のクローンを単離することをクローニング（cloning）という．

精製したタンパク質があれば，アミノ酸配列を調べることができる．アミノ酸配列がわかれば，コドン表と照らし合わせて，cDNAの塩基配列を予測できる．短い塩基配列ならば，人工的に試験管の中で特定の塩基配列のDNAを合成することができる．cDNAに相補する塩基配列のDNAを合成・標識してプローブとし，ハイブリダイゼーションとよばれる技術を用いて，ライブラリーから目的のcDNAクローンを検出し，クローニングすることができる．

　得られたcDNAクローンを用いれば，タンパク質の合成や，合成したタンパク質の機能解析，遺伝子の発現解析もできる．また，cDNAをプローブとしてゲノムライブラリーから遺伝子をクローニングし，遺伝子発現調節機構の解析も可能になる．

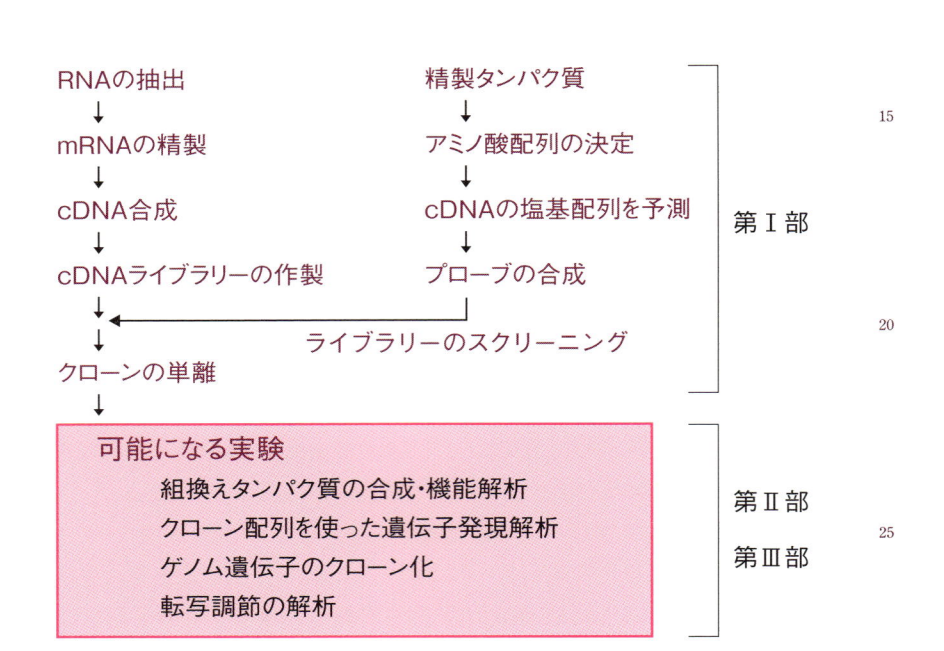

```
RNAの抽出                  精製タンパク質
  ↓                           ↓
mRNAの精製                 アミノ酸配列の決定
  ↓                           ↓                    ┐
cDNA合成                   cDNAの塩基配列を予測    │ 第Ⅰ部
  ↓                           ↓                    │
cDNAライブラリーの作製     プローブの合成          │
  ↓                                                 │
  ↓←――――― ライブラリーのスクリーニング          │
クローンの単離                                     ┘
  ↓
┌─────────────────────────┐
│ 可能になる実験                        │      ┐
│   組換えタンパク質の合成・機能解析    │      │ 第Ⅱ部
│   クローン配列を使った遺伝子発現解析  │      │ 第Ⅲ部
│   ゲノム遺伝子のクローン化            │      │
│   転写調節の解析                      │      ┘
└─────────────────────────┘
```

1章 mRNAの分離と精製

　遺伝情報が写し取られたRNAを抽出すれば，逆転写によりcDNAを得ることができる．しかし，RNAを分解する酵素のリボヌクレアーゼ（RNase）は身の回りの至るところにあり，RNAを無傷のまま取り出すには工夫が必要である．また，mRNAは全RNAのわずか数パーセントしか存在しないため，mRNAを分離する必要がある．遺伝子操作の第一ステップのRNA抽出の原理を学ぼう．

1.1　RNAの抽出

　分解されやすいRNAを抽出するには，リボヌクレアーゼの働きを徹底的に抑制し，その間にリボヌクレアーゼも含めて，タンパク質，脂質，DNA，糖類を除去する．精製したRNAは，リボヌクレアーゼの汚染のない（リボヌクレアーゼフリー）環境で保存し，リボヌクレアーゼフリーの環境下で遺伝子操作を行う．

「実　験」　組織からのRNA抽出操作の概略
　操　作
1. 組織片をRNA抽出溶液の中に入れ，ホモジェナイズする ❶ *
2. フェノール液を加え，さらにホモジェナイズをする ❻
3. クロロホルムを加える ❾
4. ミキサーで激しく混合する
5. 遠心分離する ❼❽
　　［遠心分離により，水層とフェノール・クロロホルム層に分かれる．上層には水層，

---

* 「実験操作」の各ステップに「原理と解説」の項目番号を記した．

下層にフェノール・クロロホルム層，水層とフェノール・クロロホルム層の境界に中間層ができる．水層にRNAと多糖類が存在し，中間層にタンパク質・DNAが凝集する］
6. 水層を回収する
7. 水層にフェノールとクロロホルムを加え，撹拌，遠心分離する ❾
8. 回収した水層について，クロロホルムで2回抽出を行う
9. 回収した水層にエタノールを加え，沈殿を回収する
［沈殿にはRNAと多糖類が含まれている］

器　具
リボヌクレアーゼの混入を防ぐために，実験用のポリ手袋を着用する．器具は素手で触れてはならない．プラスチック器具はオートクレーブし，ガラスや金属器具は乾熱滅菌する．

試薬・溶液
RNA抽出溶液：SDS（sodium dodecyl sulfate），グアニジンイソチオシアネート（guanidine isothiocyanate），2-メルカプトエタノール（mercaptoethanol），EDTA(ethylenediaminetetraacetic acid)を含む水溶液 ❸〜❺
水：通常はオートクレーブした水を使うが，リボヌクレアーゼの混入を徹底的に排除する場合は，0.1%になるようにDEPC（diethyl pyrocarbonate）を純水に混合し，保温した後にオートクレーブする．❷

「原理と解説」　タンパク質とRNAの分離

細胞には，タンパク質，DNA，多糖類などがRNAと混在する．RNAを他の物質と分画するにはどのようにすればよいだろうか？　RNAとDNA，多糖類は分子の立体構造が変化しても，いずれも親水性である．一方，多くのタンパク質は，疎水性領域が多く，本来は水に不溶性であるが，親水性領域を表面に配置することにより，かろうじて水に溶けている状態である．タンパク質は，環境のイオン組成，加熱，pH変化，有機溶媒処理により，容易に不溶化する．RNA抽出では，タンパク質が有機溶媒に触れると水の中で不溶性になる性質を利用して，タンパク質を排除する．

❶ リボヌクレアーゼの構造と活性

　リボヌクレアーゼが活性を示すには，リボヌクレアーゼが一定の立体構造をとる必要がある．リボヌクレアーゼの立体構造を壊したり，活性中心の構造を変化させれば，酵素活性がなくなる．

❷ DEPC はリボヌクレアーゼを失活させる

　リボヌクレアーゼの活性中心にあるヒスチジン残基（図 1.1）を共有結合

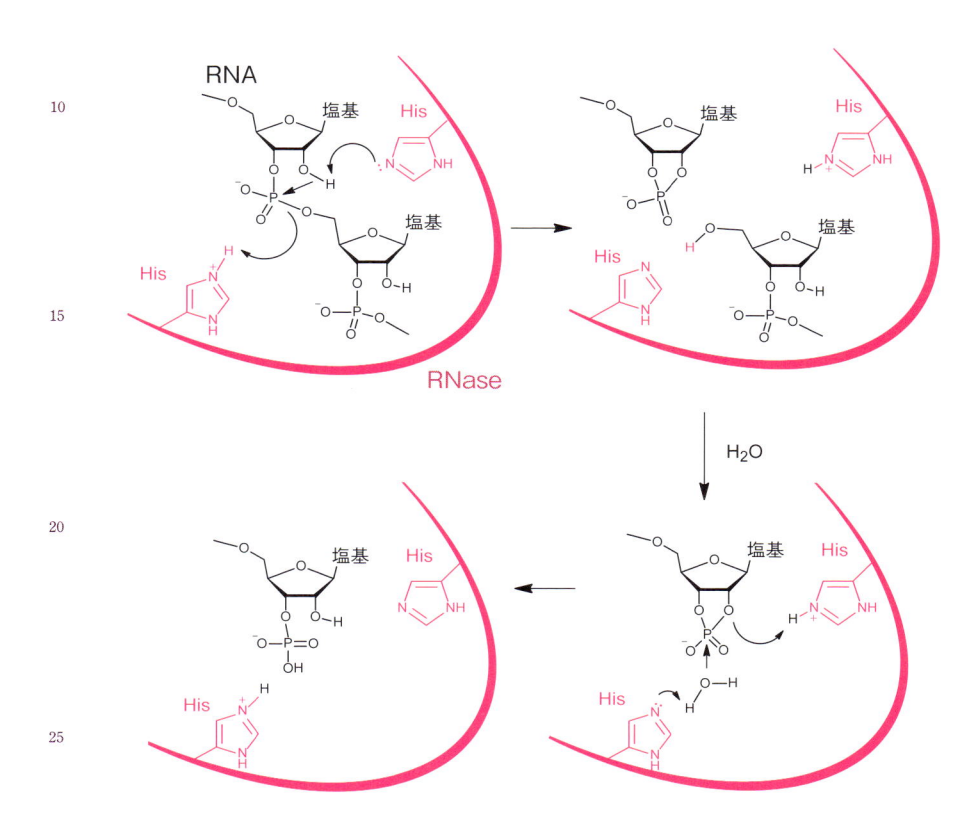

図 1.1　リボヌクレアーゼ A による RNA の加水分解反応機構
ヒスチジン残基により活性化されたリボースの 2′ 位の OH が 3′ 位のホスホジエステル結合を攻撃し，エステル結合が開裂する．

により修飾し，活性を阻害する．DEPC（図1.2）は刺激性の劇物であるが，オートクレーブ処理により完全に分解されると，無害の二酸化炭素，エタノールになる．

図1.2 DEPCの構造
$C_6H_{10}O_5$

❸ グアニジンは水素結合を妨げタンパク質の立体構造を壊す

タンパク質の立体構造を形成する水素結合にはアミノ基がかかわる．アミノ基とは，アンモニアや，第一級あるいは第二級アミンから水素を除去した1価の官能基（-NH_2, -NHR, -NRR'）の総称である．グアニジン（図1.3）のアミノ基は，水分子との水素結合，タンパク質分子内の水素結合に入り込み，結合を妨げる．

図1.3 グアニジンの構造

❹ SDSは折りたたまれたタンパク質を引き延ばす

SDS（図1.4）は，長い疎水性の炭化水素の端に，強い負電荷をもつ親水性の硫酸基をもつ界面活性剤である．疎水性の部分は，タンパク質内部の疎水性領域に入り込み結合する．一緒に持ち込まれた硫酸基により，タンパク質の内部にあった疎水性部分は親水性になり，水と接するようになる．硫酸基の負電荷は互いに反発するため，タンパク質のポリペプチドは直鎖状になる．リボヌクレアーゼも，SDSにより立体構造が破壊され，活性を失う．

※補足　SDSは20%の溶液をつくり，65℃で1時間保温した後，保存する．SDS溶液にリボヌクレアーゼやデオキシリボヌクレアーゼ（DNase）が混入していたとしても，この過程で失活する．

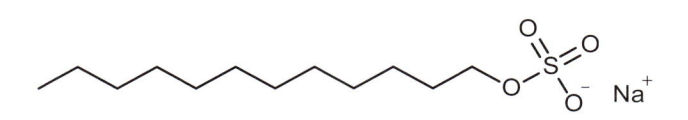

図1.4 SDS (sodium dodecyl sulfate) の構造

❺ メルカプトエタノールはタンパク質のS-S結合を切断する

メルカプトエタノールは，タンパク質のジスルフィド結合を還元し，開裂させる．その結果，タンパク質の立体構造が不安定になる．リボヌクレアーゼの立体構造も不安定化し，活性を失う．

※補足　2-メルカプトエタノール（図1.5）は揮発性の劇薬であり，悪臭がある．高価であるが揮発性のないDTT（dithiothreitol）（図1.6）を用いても同じ効果が得られる．

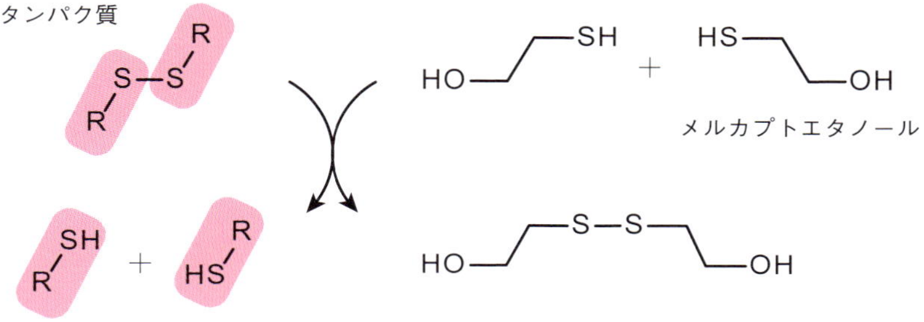

図1.5　メルカプトエタノールによるS-S結合の開裂

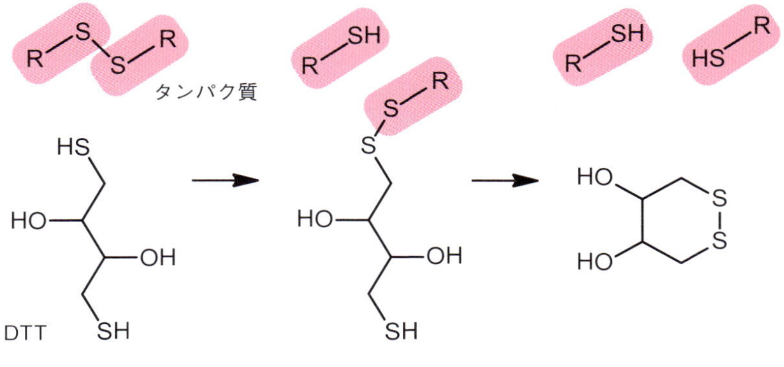

図1.6　DTTによるS-S結合の開裂

❻ フェノールに触れるとタンパク質の疎水性部分が表面に露出する

フェノール（図1.7）は，水にわずかに溶ける有機溶媒である（16℃で

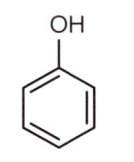

図 1.7 フェノールの構造

1 L の水あたり 6.7 g 溶ける）．水より比重が大きく，混合して静置すると，上層に水，下層にフェノールが分離する．水にわずかに溶けるため，水に溶けているタンパク質に接近しやすく，タンパク質を効率よく変性させる．水中のタンパク質は，表面に親水性のアミノ酸，内部に疎水性のアミノ酸が配置されているが，有機溶媒に触れたタンパク質は，疎水性領域が外側に出て，親水性領域が内側になる．この状態で，タンパク質の疎水性領域同士が結合し，タンパク質の大きな凝集体ができる．水に浮かぶ油が水と交わらず，油滴同士が結合して大きな油滴ができる現象と同じことが起きている．

※補足　水飽和フェノールを中性に保ち酸化を防ぐ：水層に溶けたフェノールは解離して水層を酸性にする．酸性になると，リン酸基にプロトン化が起こりフェノール層へ入る核酸が多くなる．そのため，水の代わりにバッファー能力のあるトリス塩酸溶液 pH8 を用いてフェノールを水飽和させる．また，2-メルカプトエタノール，または 8-ヒロドロキシキノリンを添加し，酸化を防ぐ．

❼ フェノール抽出でタンパク質を凝集させる

疎水性部分で凝集したタンパク質のポリペプチドは絡まりあい，再び水層に戻っても，疎水領域が表面にあるため水に溶けなくなる．フェノール抽出では，不溶化したタンパク質は水より比重が大きく，フェノールより比重が小さいため，遠心分離すると，水層とフェノール層の中間に凝集する．

❽ DNA はクロマチンタンパク質とともに除去される

DNA はクロマチンとしてタンパク質と強固な複合体を形成しているため，タンパク質とともに沈殿する．RNA とタンパク質の結合は弱いため解離する．RNA と多糖類は，分子のほとんどが親水性のため，フェノール処理によって立体構造が変わることなく，水に溶けており，水層に留まる．

❾ クロロホルムの役割

クロロホルム（chloroform）：トリクロロメタン（trichloromethane）（図 1.8）ともいう．疎水性が強く，水にほとんど溶けない．そのため，クロロホルム単独では，激しく撹拌してもタンパク質と接する機会がほとんどなく，タン

パク質を沈殿させる効率は低い．フェノール単独の抽出では，タンパク質の変性・沈殿効率は高いが，フェノールが極性をもつため，核酸は水層ばかりでなくフェノール層にも入る．したがって，RNA の抽出効率が低くなる．最初に，フェノールでタンパク質を変性・沈殿させ，その後にクロロホルムを加えると，有機層の疎水性が高まり，有機層に入る核酸の量が減り，収率がよくなる．

図 1.8　クロロホルムの構造

また，フェノールが水に溶けていると次のステップの酵素反応が阻害されるが，クロロホルムを加えることにより，フェノールがクロロホルム層に移動し，水層から除去される．

参考　高分子を溶かすカオトロピック試薬

カオトロピック試薬（Chaotropic Agent）は水分子のネットワークを破壊し，疎水結合を弱めることで疎水性分子の水溶性を増加させる．グアニジンはタンパク質の変性や溶解に用いられるカオトロピック試薬である．タンパク質などの高分子が水に溶けている場合，水分子が籠のように高分子を取り囲む．この構造を水分子のカゴ型構造という．水分子同士の水素結合の持続時間は $10^{-6} \sim 10^{-12}$ 秒と短く，カゴ型構造を形成する水分子のネットワークは常に変化を続け，構成する水分子も周囲の水分子と激しく交代している．カオトロピック試薬は，水溶液中の水分子のカゴ型構造を壊す性質がある．カオトロピック試薬には，他に尿素（図 1.9），ヨウ化物イオン（図 1.10）がある．尿素とグアニジンは，分子構造がよく似ている．一般に，水和による自由エネルギー変化が大きい方が，カオトロピック性が大きい．DNA シーケンスのためのポリアクリルアミドゲル電気泳動（→ p.117）では，DNA の水素結合を断ち，直鎖化するために 7 M 尿素が用いられる．一方，アガロースゲル電気泳動（→ p.106）には尿素を用いることができない．アガロースがゲル化するには，アガロース分子間の水素結合が必要であり，尿素の

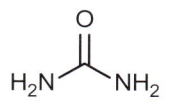

図 1.9　尿素の構造

図 1.10　ヨウ化物イオン

存在下ではゲル化できないからである．アガロース電気泳動で分画したDNAをゲルから回収するのに，ヨウ化物イオンが用いられることがある．ヨウ化物イオンは，アガロースの水素結合を絶ち，液状化させる．こうして溶液になったアガロースからDNAを抽出するのである．傷口や，口腔の消毒に用いられるヨードチンキやイソジンもヨウ化物イオンが用いられている．バクテリアの細胞壁を溶かし，殺菌するとともに，粘液をサラサラにして，細菌を洗い出す作用がある．

コラム　分解されやすいRNAの生物学的意義

　遺伝情報の原本が切断されたり，傷ついたりしてはならない．DNAは安定である．しかし，同じ核酸のmRNAは，正常に働く細胞の中でも分解されやすく，合成されたmRNAは，6時間程度で半減するといわれている．mRNAが分解されやすい生物学的意義は何だろうか．細胞は，さまざまな環境に応答して遺伝子を働かせている．遺伝子の情報はmRNAとしてコピーされ，タンパク質として具現化される．環境が変化すると，別の遺伝子を発現させ，別のタンパク質を合成して環境に対応していく必要がある．いつまでも，同じ遺伝情報のコピーが細胞質に留まっていては，新たな環境に適応するための妨げになる．細胞にはmRNAを積極的に分解するシステムが備わっている．細胞の外にもリボヌクレアーゼが存在する．消化管に分泌されるリボヌクレアーゼはすい臓で産生されるが，体のいたるところの細胞からもリボヌクレアーゼが分泌されており，汗や涙，だ液，フケなどにもリボヌクレアーゼが存在する．リボヌクレアーゼはRNAウイルスなどの侵入を防ぐための生体防御の働きがあると考えられている．動物のリボヌクレアーゼは，オートクレーブ120℃処理でほぼ失活するが，微生物が分泌するリボヌクレアーゼの中には，失活しないものもある．RNAを取り扱うには，手袋をしたり，無菌状態にしたりするなど，細心の注意を払う必要がある．

参考　フェノール以外のタンパク質の不溶化の原理

・**熱によるタンパク質の不溶化**：熱エネルギーにより分子が激しく運動し，構

造が乱れ変性する．変性したタンパク質は凝集体をつくり，凝集体の大きさが可視光線の波長より大きくなると，光が乱反射して白く見える．

・**塩濃度によるタンパク質の不溶化**：タンパク質は，塩濃度をわずかに変えるだけでも容易に不溶化する．卵白を体液の塩濃度とほぼ同じ塩水（0.15 M NaCl）に懸濁すると，透明な状態が保たれる．しかし，塩が含まれていない真水に入れるとたちまち白濁する．逆に，高塩濃度にしても白濁して沈殿する．タンパク質の表面には，酸性アミノ酸や塩基性アミノ酸が位置しており，相互に反発し合ったり引き合ったりして，体液のイオン濃度でちょうどバランスよく立体構造を形成している．塩が解離してできるプラスイオンとマイナスイオンが，タンパク質表面の電荷を適度にマスクしていて，電荷による適度な反発と引力の環境を作り出している．イオン濃度が低くなるとタンパク質表面の電荷が強くなり，イオン濃度が高くなると電荷が弱まり，バランスが崩れ，立体構造が変化して変性・白濁・沈殿する．

・**硫安沈殿**：多価イオンになる硫酸アンモニウム（硫安）（図 1.11）は，タンパク質の沈殿に用いられる．また，タンパク質の性質によって異なる硫安濃度で沈殿することを利用して，タンパク質の分画にも使われる．大部分のタンパク質は 30〜70％飽和の硫安で沈殿する．硫安によるタンパク質の沈殿の原理は，食塩とは少し異なる．硫安は水との親和性が特に高く，タンパク質を取り囲む水を奪うことが，タンパク質を沈殿させる主な要因である．これを塩析という．硫安沈殿では，多くの場合，酵素活性などのタンパク質の機能は失われない．このことは，硫安沈殿では，不可逆的なタンパク質の立体構造変化は起きていないことを意味している．

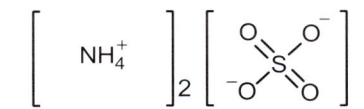

$$[NH_4^+]_2 [SO_4^{2-}]$$

図 1.11　硫酸アンモニウム

・**有機酸によるタンパク質の不溶化**：塩酸で強酸性にしたり，水酸化ナトリウムで強アルカリ性にしたりすると，タンパク質は変性するが意外に沈殿しない．

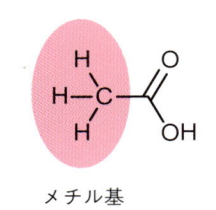

図 1.12　酢酸の構造

強酸性では，酸性アミノ酸の電荷はマスクされるが，塩基性アミノ酸の正電荷は最大となる．反対に強アルカリ性では塩基性アミノ酸の電荷はマスクされるが，酸性アミノ酸の負電荷は最大となる．その結果，タンパク質は強い電荷（強い親水性）をもつことになり，水に溶ける．同じ酸でも，弱酸性の酢酸（図1.12）を加えるとタンパク質は沈殿する．解離するカルボキシ基により酸性となり，タンパク質の負電荷はマスクされる．また，酸性になって強まったタンパク質の正電荷に，負電荷をもつカルボキシ基が結合し，正電荷を中和するのと同時に，酢酸分子を構成するメチル基は疎水性のためタンパク質は疎水的になる．そのため，タンパク質は不溶化し，白濁して沈殿する．

トリクロロ酢酸（TCA）は，酢酸のメチル基の3つの水素を塩素に変えた化合物である．トリクロロメチル基の塩素は電子求引性のため，カルボキシ基の電子密度が減少し，プロトン H^+ が放出されやすくなる．そのため，強い酸である．TCAは，タンパク質の負電荷のマスク，正電荷の中和により，酢酸よりも効率よくタンパク質を沈殿させる性質があり，タンパク質の除去に用いられる．

・**アルコールによるタンパク質の不溶化**：遺伝子操作ではタンパク質，RNA，DNAなどの高分子を沈殿させるためにエタノールが多く用いられる．エタノールは極性をもち，水に溶けるが，水より極性が弱く，高分子を溶解させない．エタノールは，高分子を溶かしている（水和している）水を排除することにより，高分子を沈殿させる．エタノール沈殿には終濃度70〜80％のエタノールが用いられる．

参考　遠心による不溶物質の回収

物質の溶解度の違いを利用し，不溶化・凝集させることができるが，熱エネルギーによる分子運動が激しいため，そのままでは拡散が勝って物質を分離することができない．これを克服するのが，遠心分離である．遠心分離により，地球上の重力（$1 \times g$）の1000〜10万倍の重力をかけることにより，拡散に勝って物質を濃縮・沈殿させることができる．不溶化した分子は，熱エネルギーによるブラウン運動によりぶつかり合い，絡まり合って凝集する．十分な大きさの凝集体を形成させると，熱エネルギーによる拡散の影響を受けにくくなり，沈殿しやすくなる．

> **コラム　タンパク質の変性と白濁**
>
> 　卵白は，アルブミンを主成分とするタンパク質の水溶液であり，ほぼ無色透明である．透明に見えるのは，水に溶けているタンパク質の分子の大きさは可視光の波長よりかなり小さく，光の散乱が起こらないからである．加熱などによりタンパク質が変性するとタンパク質の分子が互いに凝集して大きくなり，白く見えるようになる．さらに加熱すると，熱エネルギーがタンパク質分子を激しく動かし，ポリペプチド鎖が絡まり合って，もとに戻らなくなる．この状態はポリペプチドがゲル化しているといえる．目玉焼きや，ゆで卵の卵白がプリプリしているのは，ゲル化しているからである．

1.2　RNA からの多糖類の除去

　RNA，DNA は塩基ごとにリン酸基がある．多糖類も，多くは糖鎖に硫酸基が結合している．核酸と多糖類は，共に強い負の電荷をもつ高分子であり，分子の性質が似ているため，分離が困難である．また，分子の性質が似ているため，多糖類は RNA や DNA を基質とする酵素反応の妨げになる．

「原理と解説」　LiCl 沈殿による多糖類の除去

　RNA と多糖類を分離する簡便な方法として高濃度 2 M LiCl による RNA の沈殿がある．原理としては塩析であり，多糖類と DNA は沈殿しないが，RNA は沈殿する．この違いを利用して，多糖類から RNA を分離する．

　ムコ多糖の多い結合組織や，粘液の多い海産無脊椎動物，植物は多糖類を多く含むため，LiCl 沈殿では多糖類が RNA 画分に残る．RNA と多糖類の性質のわずかな違いを利用して，イオン交換・吸着クロマトグラフィーにより分離することができる．

参考　多糖類の除去キット

　実際には，RNA を多糖類から分離するのは難しい．多糖類除去には，QIAGEN 社のイオン交換・吸着クロマトグラフィーの原理を利用した RNA 抽出キットを用

いるとよい．特に，多糖類を多く含む植物や，粘液の多い動物や組織からの RNA 精製には，植物用の RNeasy Plant Mini Kit が効果的である．

　抽出した RNA は DEPC 処理した水に溶解し，－80℃で保存してもよいが，より安全に保存するには，80％エタノールに懸濁した状態で－20℃で保管するとよい．80％エタノール中ではリボヌクレアーゼが働かないからである．使用するときに，RNA 懸濁液を遠心分離し，沈殿を水に溶かせばよい．

　＊注意　粘液が多い組織からは RNA が抽出できないことがある．

　　細胞外に多糖類などの粘液性の物質が多い場合は，粘液に絡まり，抽出されてこないことがある．抽出できない場合は，キレート剤を添加した等張バッファーを用いて，細胞外の粘液をあらかじめ除去する必要がある．

1.3 オリゴ (dT) カラムによる mRNA の精製

　mRNA は全 RNA のわずか数パーセントしか存在しない．大部分の mRNA の 3′ 末端には poly(A) が付加されていることを利用して mRNA を精製する．

「実験 1」　オリゴ (dT) カラムによる mRNA 精製の概略

操　作

1. 0.5 M NaCl- オリゴ (dT) カラムバッファーでカラムを平衡化する
2. リボヌクレアーゼフリー水に溶かした RNA を 65℃，5 分間加熱し，RNA 分子内の相補的水素結合を切り，RNA を直鎖化する
3. RNA を終濃度 0.5 M NaCl となるように，オリゴ (dT) カラムバッファーと混合し，カラムに載せる ❶❷
4. 0.1 M NaCl- オリゴ (dT) カラムバッファーでカラムを洗浄する ❸
5. オリゴ (dT) カラムバッファーでポリ(A)RNA（mRNA）を溶出する ❹
6. 溶出液をエタノール沈殿する ❺
7. 80％エタノール中に沈殿（mRNA）を懸濁して使用するまで－20℃で保存する

1.3 オリゴ (dT) カラムによる mRNA の精製

試薬・溶液

オリゴ (dT) カラムバッファー：20 mM Tris-HCl (pH7.6)，1 mM EDTA，0.1% SDS

「原理と解説」

❶ mRNA のアフィニティー精製

RNA の大部分は，tRNA，rRNA であり，mRNA が占める割合はわずか数%である．mRNA には 3′ 末端にポリ(A) が付加されているので，ポリ(A) がポリ(T) と相補的に結合することを利用して分画する．実際には，ポリ(T) は，リボヌクレアーゼによって分解されやすいので，デオキシリボ核酸のオリゴ(dT) が用いられる．RNA 溶液を，オリゴ(dT) を担体に結合させたカラムに通すと，ポリ(A) をもつ mRNA がカラムに結合する（図 1.13）．オリゴ(dT) の担体としては，水溶液を通過させやすいセルロース繊維などが用いられる．オリゴ(dT) セルロースは，使用後も付着した RNA をアルカリ処理して除けば，再生できる（p.18 参照）．

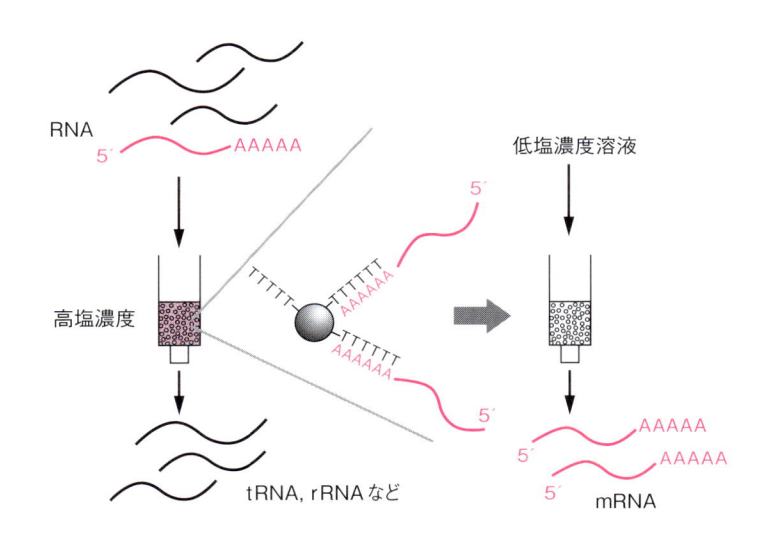

図 1.13　相補的結合を利用した mRNA の精製方法

❷リン酸の反発力と塩基の水素結合

　RNA・DNAのハイブリッド2本鎖,RNA2本鎖,DNA2本鎖はいずれも,各々の鎖にある塩基の水素結合によって結びついている．一方,リン酸はマイナスに強く荷電しているため,2本鎖は反発し合っており,塩基の水素結合と,リン酸の反発力が拮抗している状態にある.したがって,熱エネルギーによって容易に解離する．また,溶液をアルカリ性にすると,リン酸の解離度が大きくなり,マイナスの電荷の反発が強くなるため解離する．一方,NaClを溶液に加えると,イオン化してNa$^+$とCl$^-$になり,Na$^+$がリン酸のマイナス電荷を中和して,2本鎖の反発力が低下する．mRNAをオリゴ(dT)に結合させるときは,0.5 MのNaClという高塩濃度条件にする．リン酸の電荷はpHによって大きく変わるため,Tris-HCl（pH7.6）によって,pHを一定に保つ．なお,Tris-HClはpH8で最も緩衝能力が高く,pH7以下,pH9以上ではほとんど緩衝能力がなくなる．EDTA,SDSはデオキシリボヌクレアーゼ活性を阻害し,オリゴ(dT)の分解を抑制する．また,カラムへの物質の非特異的吸着を抑制する働きがある．

❸非特異的結合の排除

　高塩濃度条件では,たとえばAAGAAAAのように,多少の非相補な部分があっても,塩基による水素結合の結合力が勝っているため,オリゴ(dT)に結合する．この非特異的な結合を排除するため,塩濃度を0.1 M NaClに低下させ,リン酸による反発力を強めて溶出する．完全に相補的なポリ(A)RNAとオリゴ(dT)は,結合したままであり,カラムに留まる．

❹ポリ(A)RNAの溶出

　溶出液の塩濃度をゼロにすると,リン酸の反発力が強まり,塩基による水素結合に勝るため,ポリ(A)RNAが溶出される．

❺ポリ(A)RNAの回収

　CH$_3$COONa, pH5.5を添加することにより,塩の効果と,弱酸性になるためRNAの溶解度が下がり,エタノール沈殿の効率が高まる．

　　※補足　翻訳におけるmRNAのポリ(A)の働き：mRNAの3′末端のポリ(A)は,タンパク質の翻訳開始に重要な働きをもつ．3′末端のポリ(A)にPABI（polyadenylate-binding protein I）が結合すると，PABI は，5′末端のキャップに結合したキャップ複合体と結合して，mRNA にループ構造を取らせる．mRNA・キャップ複合体・PABI が複合体を形成すると，リボソーム小サブユニットが結合し，タンパク質合成の準備が整う（p.170 コラム参照）．

コラム　拮抗するポリヌクレオチド 2 本鎖の結合力と反発力

　mRNA のポリ (A) とオリゴ (dT) の相補的水素結合の数は少ないため，低塩濃度では熱エネルギーにより解離するが，ゲノム DNA のように長い核酸の 2 本鎖は，塩濃度がゼロでも解離することはない．鎖の一部分を見れば，解離したり相補結合したり，めまぐるしく解離と結合をくり返しているが，結合している部分は点在しており，全体としては 2 本鎖の状態を保っている．しっかり結合している 2 本鎖をジッパーにたとえるならば，塩濃度ゼロの条件の DNA2 本鎖は，ホックで弱く閉じられている状態といえる．

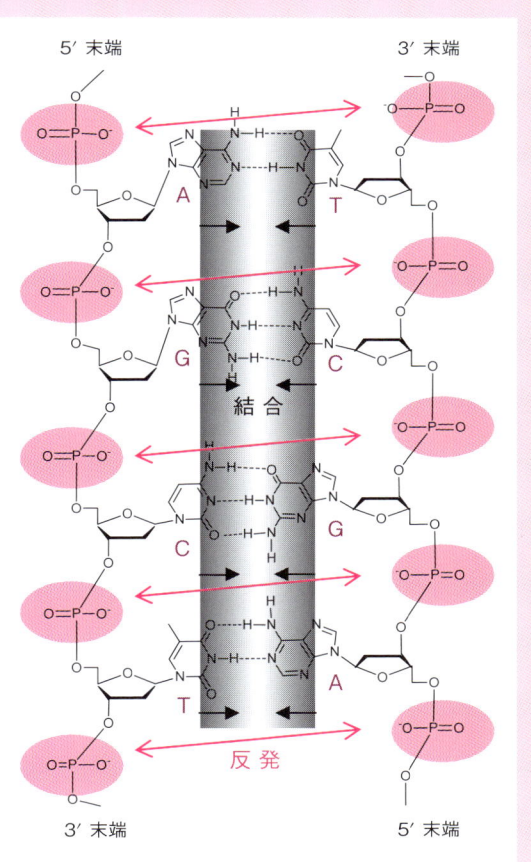

図 1.14　DNA 鎖の骨格と塩基間の水素結合

■1章　mRNAの分離と精製

「実験2」　オリゴ(dT)カラムの再生の概略
　操　作
1. 0.1 M NaOH, 5 mM EDTAを通し, カラムを洗浄する
2. 0.5 M NaCl-オリゴ(dT)カラムバッファーで洗浄する
3. 0.5 M NaCl-オリゴ(dT)カラムバッファーをカラムに入れたまま4℃で保管する. 1年以上, 活性を保ったまま保存できる.

「原理と解説」　オリゴ(dT)セルロースの再生と保存
　0.1 M NaOHによって, オリゴ(dT)と相補的に結合しているRNAを解離させ, 残存するRNAを分解する. オリゴ(dT)を加水分解する可能性があるデオキシリボヌクレアーゼ（DNase）はMg^{2+}依存性であるため, Mg^{2+}をキレートして除去するEDTAを添加する. Mg^{2+}は微生物の生存にも不可欠であるため, EDTAは防腐剤の効果もある.

「実験3」　エタノール沈殿によるRNAの回収の概略
　80％エタノールでRNAを沈殿として, 溶液から回収することができる.
　操　作
1. RNA溶液に, 0.1 M NaCl, 80％エタノールになるようにNaClとエタノールを加える
2. ドライアイスまたはディープフリーザーで凍結させる ❶
　［ドライアイスでは10分程度, ディープフリーザーでは30分程度で凍結する］
4. 室温に戻し, 遠心分離する
5. 沈殿にRNAが回収される ❷

「原理と解説」
❶凍結によるエタノール沈殿には熱エネルギーが必要
　核酸はリン酸基により負に帯電しており, 水に溶けやすく沈殿しにくい. リン酸の電荷をマスクするためにNaClを加える.
　凍結させると効果的に沈殿するのは, 凍結により溶解物や沈殿が濃縮さ

れるからである．凍結の過程では，すべてが一様に固体化するわけではない．温度が低下すると最初に水が結晶化し，他は液体の状態にある．結晶の中には沈殿物や溶解物は含まれないため，結晶から排除された沈殿が濃縮され，熱エネルギーによるブラウン運動でぶつかり合い，凝集して沈殿が大きくなる．その結果，遠心分離により，効率的に沈殿する．零度以下でも液体でいるかぎり熱エネルギーで分子が運動している．ドライアイスの昇華温度は－79℃，ディープフリーザーの温度（－70℃〜－80℃）の条件では，凍結の間に液体の部分が生じ，大きな沈殿を生じる十分な時間がある．液体窒素（沸点－196℃）で凍結させることもできるが，エタノールの融点（－114℃）よりも低く，ほぼ瞬間的に凍結する．そのため，沈殿が凝集する十分な時間が得られず，沈殿を促進する効率はあまり高くない．－20℃では80％エタノールは凍結しないが，沈殿を凝集させることはできる．－20℃の場合は，2時間以上静置した後，遠心分離するとよい．

❷共沈剤と絡めて沈殿させる

RNAやDNAの濃度が低い場合は，不溶化しても溶液内で分子がぶつかるチャンスが少なくなり，十分な大きさの凝集体ができない．十分な大きさの凝集体ができないと，12000 ×g ではほとんど沈殿しない．その場合は，次のステップの遺伝子操作に影響しない物質を混合し，混合した物質に絡ませてRNAやDNAを共沈殿させる．共沈殿に用いる物質としては，グリコーゲンやポリアクリルアミド（図1.15）がある．グリコーゲンは多糖類であるが，

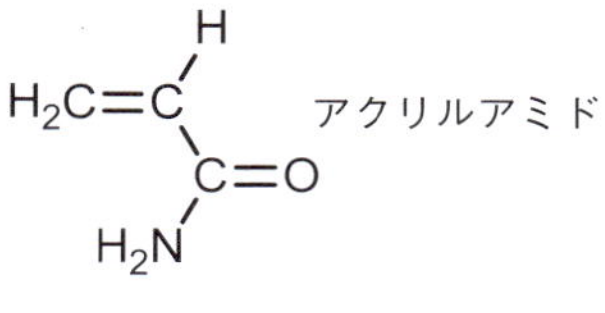

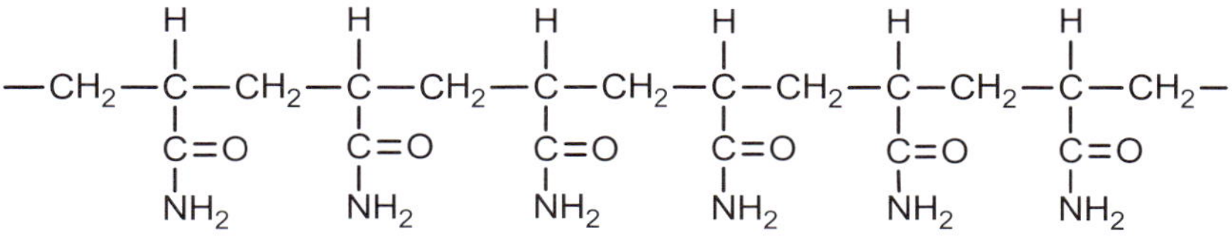

図1.15 アクリルアミドと長鎖ポリアクリルアミドの構造

電荷をもたないため，遺伝子操作で用いる酵素の活性を妨げることはない．ポリアクリルアミドは電気泳動などのゲルに用いられるが，メチレンビスアクリルアミドを加えずに重合させると，ポリアクリルアミドは架橋されず，ゲル化しない．ポリアクリルアミドは，化学的に不活性な高分子であり，エタノールで不溶化するため，共沈殿物質として効果的である．

1.4 RNA の電気泳動

電場をかけたゲルの中では，RNA や DNA は長い分子ほど移動度が低くなり，分子の長さによって分画することができる．この手法をゲル電気泳動（→ p.106）という．

「実　験」 RNA の電気泳動の概略

泳動法は第 II 部 6 章を参照．

「原理と解説」 RNA の品質チェック

RNA は分解されやすく，抽出の過程で分解されている可能性がある．RNA の分解の程度は，全 RNA 画分の，28S rRNA と 18S rRNA のバンドの明るさの比で，ある程度知ることができる．分解されていない RNA 試料では，28S rRNA のバンドは 18S rRNA のバンドに比べて明るい．28S rRNA は 18S rRNA に比べて切断されやす

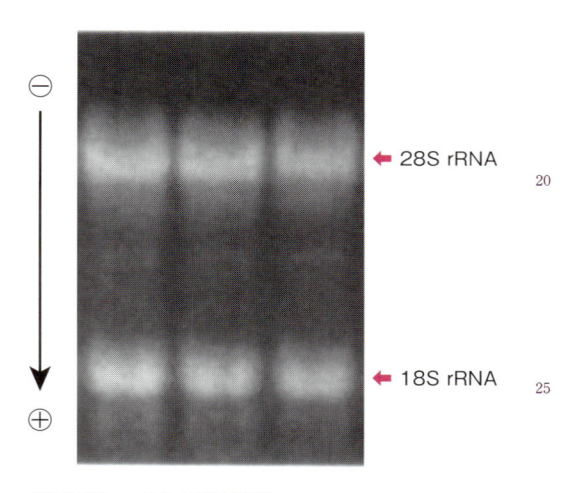

図 1.16　RNA の電気泳動
このゲルでは，tRNA はゲルの＋端を越えて泳動されているため見えない．

いため，分解を受けた RNA は 28S rRNA の明るさが低下する．18S rRNA より 28S rRNA のバンドが明るければ，使用に耐えられる品質の RNA と判断してよい（図 1.16）．

※補足　RNA をアガロースゲル電気泳動（→ p.136）して，エチジウムブロマイド（→ p.110）で RNA を染色している．移動度（易動度）が低く，最も明るいバンドは 28S rRNA，その下に見える少し暗いバンドは 18S rRNA，最も移動度が高くぼんやりとした集団に見えるのは tRNA である．28S rRNA の長さは約 4 kb，18S rRNA は約 2 kb，tRNA は約 100 b である．28S rRNA と 18S rRNA は，ともに 45S rRNA からプロセッシングによって生じてきているので，分子の数は同じである．バンドの明るさが 18S rRNA より 28S rRNA が明るいのは，28S rRNA の方が長く，同じ分子数があれば，量としては多くなるためである（図 1.17）．なお，単位の S は，沈降係数（定数ともいう）sedimentation coefficient（sedimentation constant）であり，遠心分離による沈降の速度を表している．S の値が大きいほど，沈降しやすい．すなわち，大きく長い分子であ

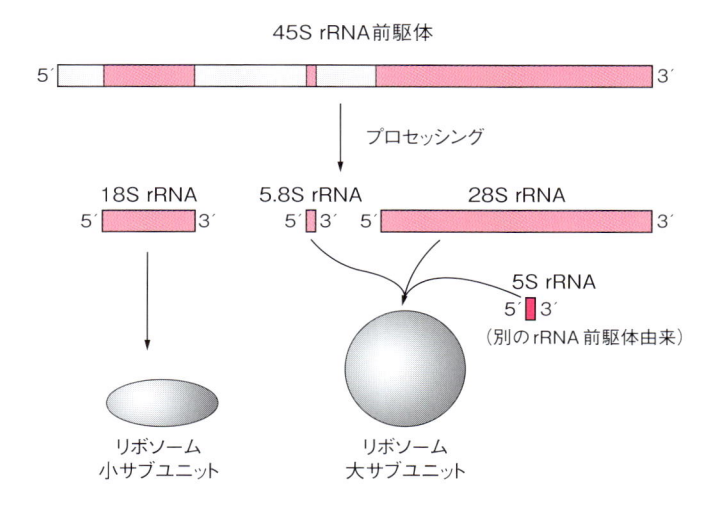

図 1.17　rRNA のプロセッシング
　真核生物の rRNA は，RNA ポリメラーゼ I によって 45S rRNA 前駆体として合成され，プロセシングを経て 45S rRNA から，5.8S rRNA，18S rRNA，28S rRNA が作り出される．18S rRNA はリボソーム小サブユニットの構成要素となり，5.8S rRNA，28S rRNA は大サブユニットの構成要素となる．

ることを意味している．mRNAは，転写される遺伝子によって100 b 〜 10 kb以上まで長さがさまざまであるため，バンドとしては検出されない．mRNAは，rRNAとtRNAの背景全体にうっすらと見える．

※注意　ショウジョウバエの28S rRNAは18S rRNAと重なって泳動される

　ショウジョウバエの28S rRNAは，成熟の過程でほぼ中央に切れ目が入っており，RNAを抽出してアガロースゲル電気泳動すると18S rRNAと同じ移動度を示す．ショウジョウバエ以外にも，28S rRNAの中央に切れ目がある生物があるので留意する必要がある．

2章 cDNA の合成

mRNA が得られれば，逆転写酵素により cDNA が得られる．しかし，RNA・DNA ハイブリッド 2 本鎖ではベクターに組み込むことができない．2 本鎖 cDNA を得るために，さまざまな酵素を使って反応を進める．酵素反応ごとに反応溶液の組成が異なるため，溶液の交換が必要となる．溶液の交換と，2 本鎖 cDNA の合成までの原理を見ていこう．

2.1 溶液の交換

RNA や DNA はエタノールで沈殿するが，反応液のバッファーや塩類は沈殿しないことを利用すると溶液（反応液）を交換することができる．また，ゲルろ過クロマトグラフィーに用いる担体にバッファーや塩類は入り込むが，大きな分子の RNA や DNA は入らないことを利用しても溶液交換が可能である．

「実験 1」　エタノール沈殿による溶液の交換の概略

操　作

1. 溶液に終濃度 0.1 M NaCl，80％エタノールになるように NaCl とエタノールを加える
2. －70℃で凍結させ遠心分離する
3. 沈殿に，次の操作に使う溶液を加える

※注意　エタノール沈殿による酵素の失活

多くの酵素はエタノール沈殿の過程で変性し失活するため，新しい反応溶液を加えた後，次の酵素を加えて反応を進めることができる．しかし，エタノールでは失活しない酵素の場合は，反応条件が変わると活性の特異性が変化することがあるため注意が必要である．特に制限酵素（restriction enzyme）は，最適条件以外では認識配列の特異性が変

CH₃-CH₂-OH

図 2.1　エタノールの構造

わり，目的の配列以外の箇所で切断される可能性がある．エタノールでは失活しない酵素を使用した場合や，タンパク質を除去したい場合は，フェノール・クロロホルム抽出を行うとよい．

「原理と解説」　有機溶媒による沈殿

核酸はリン酸により負に帯電しているため沈殿しにくいが，エタノール（図 2.1）に，NaCl や LiCl などの塩を加えると沈殿が促進される．

イソプロパノール（図 2.2）やポリエチレングリコール（PEG）（図 2.3）も，核酸の沈殿に用いられる．イソプロパノールはエタノールより極性が小さいため，沈殿の効率がよい．通常 50％濃度で使用する．しかし，揮発性が低いため，残存しやすく，後の遺伝子操作反応に影響が出る．イソプロパノールで沈殿させた場合は，沈殿をエタノールで洗うとよい．

ポリエチレングリコールは，水溶性の高分子ポリエーテルである．高分子量の DNA を優先的に沈殿させる性質があり，比較的分子量の低い RNA の除去に用いられる．揮発しないので，沈殿させた後は，エタノールで沈殿を洗う必要がある．

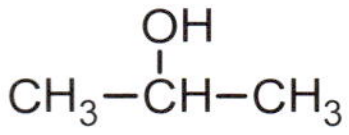

$$\text{CH}_3-\underset{\underset{\text{OH}}{|}}{\text{CH}}-\text{CH}_3$$

図 2.2　イソプロパノールの構造
2-プロパノール（2-propanol）ともいう．
CH₃CH(OH)CH₃

$$\text{HO-(CH}_2\text{-CH}_2\text{-O)}_n\text{-H}$$

図 2.3　ポリエチレングリコールの構造

「実験 2」　ゲルろ過スピンカラムによる溶液の交換の概略

溶液交換に用いるスピンカラム G-25 について述べる（図 2.4）．市販のスピンカラムは 1.5 mL チューブに載せて遠心分離できる程度の大きさである．このサイズのカラムでは，交換する溶液の容量は 25 μL 以下に抑える．

2.1 溶液の交換

操　作

1. 反応が終わった溶液を (A)，次の反応に用いる溶液を (B) とする
2. 保存溶液で満たされたスピンカラムを 1.5 mL チューブに載せる ❶〜❼
3. 1000 ×g，1 分遠心分離する
   [スピンカラムから 1.5 mL チューブに過剰な保存溶液が流れ出る]
4. スピンカラムに，次に使用する反応溶液 (B) を流し込む ❽
5. スピンカラムを 1.5 mL チューブに載せる
6. 1000 ×g，1 分遠心分離する ❾
   [スピンカラムから 1.5 mL チューブに保存溶液と過剰な溶液 (B) が流れ出る]
7. 反応が終わった溶液 (A)（25 μL 以下）をスピンカラムに載せる（図 2.4 ①）
8. スピンカラムを 1.5 mL チューブに載せる ②
9. 1000 ×g，2 分遠心分離する ③
   [溶液 (B) に入った RNA，DNA，タンパク質などの高分子が 1.5 mL チューブに回収される ④]

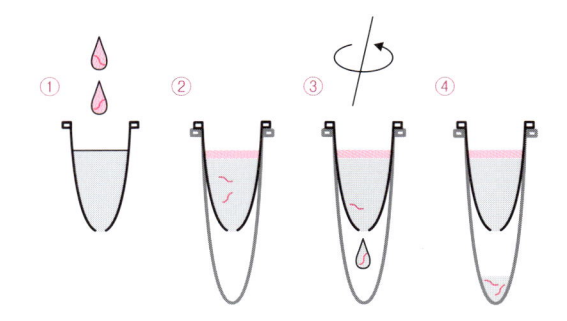

図 2.4　スピンカラムの概略
①スピンカラムに溶液 (A) に溶けた DNA を載せる．②溶液 (A) はカラム上層のゲル粒子に入る．③遠心する．④溶液 (B) に溶けた DNA が回収される．

「原理と解説」

❶ゲル粒子の素材

　カラムの担体としてゲルを用いる．担体とは微小な球状のゲルである．市販されているゲル粒子のセファデックス（Sephadex）はグルコースの

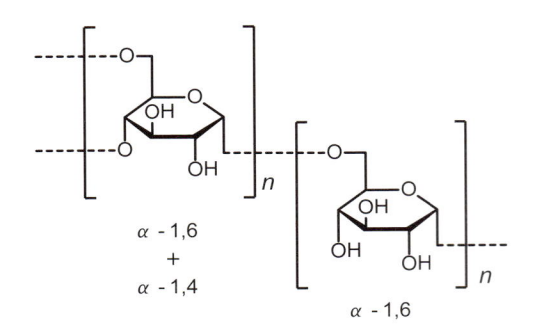

図 2.5 デキストランの構造

ポリマーのデキストラン (dextran) をゲル化させたものであり (図2.5, 表2.1), セファクリル (Sephacryl) はアリルデキストランをN,N'-メチレンビスアクリルアミドで架橋したものである. セファクリルは架橋しており, 熱や物理的圧力に強く, 低濃度 (網目の大きい) のゲルをつくることができる (表2.2).

ゲル電気泳動では, 小さい分子ほど速く泳動されるが, ゲルクロマトグラフィーでは大きい分子ほど速く溶出される.

表2.1 セファデックスゲルの主な種類と特徴

種類	乾燥粒子直径 (μm)	膨潤させたゲルの容量 (mL/乾燥ゲル1g)	分画可能分子量
Sephadex G-25 fine	20〜80	4〜6	1,000〜5,000
Sephadex G-50 fine	20〜80	9〜11	1,500〜30,000
Sephadex G-100	40〜120	15〜20	4,000〜150,000
Sephadex G-200	40〜120	30〜40	5,000〜800,000

ゲルの網目の大きさによって分画できる分子の大きさの範囲が異なる.

表2.2 Sephacrylの種類と特性

種類	分画可能分子量	DNAの排除限界
S-100 HR	$1 \times 10^3 \sim 1 \times 10^5$	—
S-200 HR	$5 \times 10^3 \sim 2.5 \times 10^5$	30 bp
S-300 HR	$1 \times 10^4 \sim 1.5 \times 10^6$	118 bp
S-400 HR	$2 \times 10^4 \sim 8 \times 10^6$	271 bp

出典:GEヘルスケア・ジャパン

❷ 動的なゲル粒子の網目の大きさ

ゲル粒子は 3 次元の網目状の分子の籠ということができる．分子の籠の網目のサイズは，ゲルを形成させるときの分子の濃度で決まる．したがって，網目の大きさは単一ではなく，一定の範囲内で大小がある．しかも熱エネルギーにより網目の大きさはめまぐるしく拡大したり縮小したりする．その状態で，ゲルの網目を分子が通過する．通過する分子も，熱エネルギーのため，激しく運動している．ゲル粒子の網目よりはるかに小さい水分子や塩は，1秒間に何回もゲル粒子を出たり入ったりしながら通過する．

❸ クロマトグラフィーでは分子は膨大な数の網目を通る

ゲル粒子の数は多く，通過する網目の数も膨大である．スピンカラム G-25 で使われている Sephadex G-25 fine の乾燥粒子の直径は 20〜80 μm であるが，水で膨潤させると直径が約 1.7 倍，体積が約 5 倍になる．粒子の平均を 100 μm と仮定すると，1 cm の高さのスピンカラムでは，単純に積み重なったとしても 100 層になる．実際に使われるカラムクロマトグラフィーの高さは 1 m を越える場合もある．1 m とすると，10000 層になり，さらに，それぞれのゲル粒子の内部は，何層もの分子の網目があるため，分画される分子は膨大な数の網目を通過することになる．

❹ 網目より大きな分子はゲル粒子内に入れない

ゲル粒子を詰めたカラム全体の容量を V_t (total volume) という．V_t からゲル粒子の体積を除いた容量を空隙容量 V_0 (void volume) という．V_0 は V_t の約 1/3 の体積となる（図 2.6）．

分子は，ゲル粒子を通過するたびに，ゲル粒子の中に入ったり出たりする．大きい分子はゲル粒子に入りにくく，小さい分

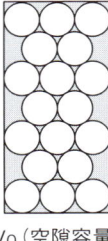

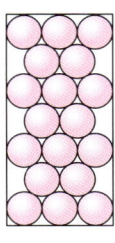

V_0（空隙容量）

$V_t - V_0$

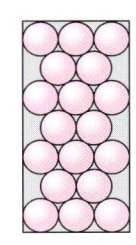

V_t（トータル容量）
$V_t = V_0 + V_i + V_P$
V_i（ゲル内部の容量）
V_P（ゲルのポリマーの容量）

図 2.6 ゲル・カラム

子はゲル粒子に入りやすい．ゲル粒子にまったく入れないほどの大きさの分子にとっては，ゲル粒子は，中が詰まったガラス玉のような存在である．

❺網目より小さい分子はゲルがなかったかのように通過する

ゲル粒子の網目よりはるかに小さい分子は，ゲル粒子の網がなかったかのように通過する．ゲル粒子の網を構成する分子の体積は，ほとんど無視してよいほど小さい．したがって，ゲル粒子の網目よりはるかに小さい分子や，水分子はカラムに載せ，溶出すると，カラムの容量の V_t で溶出される．一方，ゲル粒子の網目よりサイズが大きい分子は，ゲル粒子にまったく入らずゲル粒子の間隙のみを通るため，空隙容量の V_0 で溶出される．10 mL のカラムならば，ゲルの網目よりはるかに小さい分子は 10 mL で溶出され，ゲル粒子にまったく入らないような大きさの分子は 3 mL を少し過ぎたところで溶出されることになる．中間の大きさの分子は，ゲル粒子の中に入ったり，ゲル粒子の脇をすり抜けたりするため，V_0 よりも多く，V_t より少ない液量で溶出される（図 2.7）．

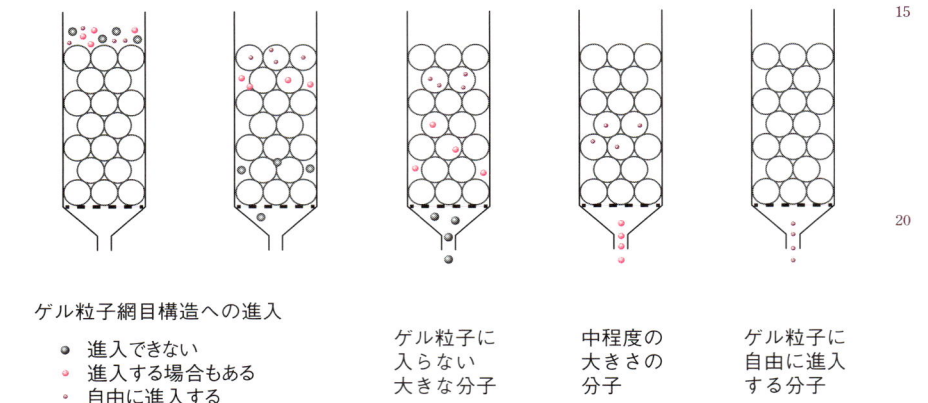

ゲル粒子網目構造への進入
- 進入できない
- 進入する場合もある
- 自由に進入する

ゲル粒子に入らない大きな分子　　中程度の大きさの分子　　ゲル粒子に自由に進入する分子

図 2.7　ゲル・カラムクロマトグラフィーの原理

❻高速回転する DNA 鎖は球体ともいえる

DNA の鎖の直径は，ゲル粒子の網目の大きさよりはるかに小さく，糸状の構造のため，ゲル粒子に入り込むと考えるかもしれないが，実際には入ら

ない．DNA 鎖は熱エネルギーによって 1 秒間に 100 万回も回転しているといわれる．そのため，糸状の分子でありながら実際は，DNA 分子の長さを直径とする球体と考えてもよい．ゲル粒子の網目の大きさが，DNA 分子の長さより大きければ，DNA はゲル粒子の中に入り，DNA 鎖の長さに依存して分画される．

❼スピンカラムのゲル粒子の条件

溶液を交換するスピンカラムには，以下の条件に適合するゲル粒子を用いる必要がある．

(1) ゲル粒子の網目の大きさは，反応産物の DNA やタンパク質分子よりはるかに小さい．

(2) ゲル粒子の網目の大きさは，塩などの溶液の分子よりはるかに大きい．

❽ゲル粒子内の溶液の交換

市販のスピンカラムを弱く遠心分離（1000 ×g）すると，カラムのゲル粒子の間隙にある保存溶液が除去される．強く遠心分離すると，ゲルがつぶれて使えなくなるので注意する必要がある．ゲル粒子の中には，保存溶液が残っている．この状態のカラムに，溶液 (B) を載せると，溶液 (B) の水や塩などの分子は，ゲルの網目よりはるかに小さいため，カラムの上層にあるゲル粒子の中に入り込み，ゲル粒子の中の保存溶液が空隙に押し出される．押し出された保存溶液は，その下のゲル粒子の中に入り込むが，そのゲル粒子も上から来る溶液 (B) が入り込み，置き換わる．これがカラムの上から下までくり返されることにより，すべてのゲル粒子の内部は溶液 (B) で満たされ，保存溶液はカラムの外（下）に押し出される．

❾カラム空隙の溶液除去が成否のカギ

ゲル粒子の間隙にある溶液 (B) を弱く遠心（1000 ×g）して除去すると，溶液 (B) で満たされたゲル粒子と，溶液がない空隙からなるカラムになる（図 2.8）．この状態で，カラムの上に，DNA やタンパク質を含む溶液 (A) を少量載せると，溶液 (A) の水分子と塩類はゲル粒子の中に入り込み，ゲル粒子からは溶液 (B) が空隙に押し出される．DNA やタンパク質はゲル粒子に入り込まないため，溶液 (B) に溶けた状態になる．空隙に押し出された溶液 (B)

■ 2章　cDNAの合成

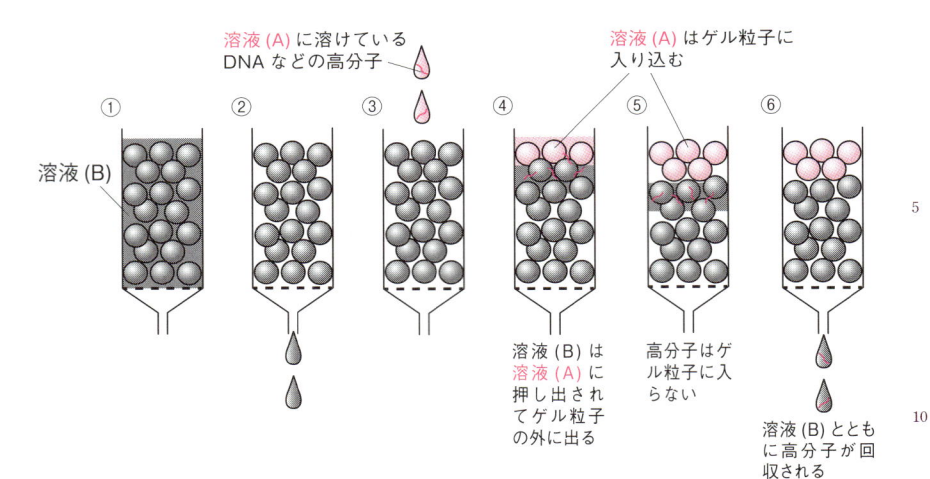

図2.8　スピンカラム
①カラムを溶液 (B) で満たす．②遠心により間隙の溶液 (B) を排除する．③溶液 (A) に溶けたDNAをカラムに載せる．⑥遠心すると溶液 (B) に溶けたDNAが回収される．

は，カラムの上から来る溶液 (A) によって希釈され，溶液 (B) と溶液 (A) が混合した状態になるが，何層にも積もったゲル粒子を1つ1つ通過するたびに，間隙にある溶液 (B) の割合が高くなる．最終的には間隙にある溶液は溶液 (B) だけになり，ゲル粒子に入らないDNAやタンパク質の溶液は (B) に置き換わる．一方，溶液 (A) はすべてゲル粒子に閉じ込められる．この状態のカラムを弱く遠心分離（1000 ×g）すると，溶液 (B) に溶けたDNA・タンパク質が回収される．

スピンカラムを使用するときの重要なポイントは，使用する前に，ゲル粒子の間隙を空にすることと，スピンカラムの容量に比べてはるかに少ない量（500 µLのカラム容量に対して25 µL程度）の溶液を載せることである．空隙に溶液 (B) が残っていると，溶液 (A) と溶液 (B) が空隙で混じり，溶出液に溶液 (A) が混じることになる．また，載せる溶液 (A) の量が多くなると，交換する溶液 (B) に溶液 (A) が混じることになるからである．

スピンカラムにインクを載せてみるとよい．インクの分子は十分に小さいため，ゲル粒子に取り込まれ，空隙に押し出された無色透明の溶液が遠心分

離によって回収される．

2.2 逆転写酵素による cDNA の合成

mRNA を鋳型に，逆転写酵素を用い DNA を合成する．逆転写酵素は「転写」の名称が与えられているが，合成されるのは DNA である．DNA ポリメラーゼと同様に，逆転写酵素が DNA 合成を開始するにはプライマーが必要である．

「実　験」　オリゴ (dT) を用いた 1st -strand cDNA 合成の概略

mRNA の 3′ 末端のポリ (A) 鎖に相補的に結合するオリゴ (dT) をプライマーとして逆転写する．

操　作
1. mRNA を水に溶かし，オリゴ (dT) を加える
2. 72℃，3 分間加熱急冷し mRNA を直鎖化する ❶
3. 溶液を逆転写反応液にして逆転写酵素 M-MLV RT を加え 42℃で反応させる ❸〜❺
4. cDNA が合成される

試薬・溶液
逆転写反応液：dNTP（dATP, dTTP, dGTP, dCTP），$MgCl_2$，DTT ❷

「原理と解説」

❶逆転写反応

RNA が塩基の相補的結合により高次構造をとると，そこで逆転写酵素の反応が止まる．そのため，塩のない状態で相補結合を弱め，加熱により水素結合を切断し直鎖化する．急冷により，分子運動を極力抑えることにより再び相補的結合を形成させないようにする．

mRNA の大部分は 3′ 末端にポリ (A) をもつため，オリゴ (dT) をプライマーとすれば，mRNA の 3′ 末端から 5′ 末端に向けて，その cDNA を合成するこ

とができる．しかし，完全長の cDNA を得るのは難しく，最長でも 10 kb 程度である．

❷試薬の意味

dNTP や DNA を基質とする酵素はほとんどすべて Mg^{2+} イオン要求性である．DTT は還元能力があり，逆転写酵素の安定化にかかわる．

❸組換え酵素

逆転写酵素はレトロウイルスの Moloney Murine Leukemia Virus 由来であるが，ウイルスの逆転写酵素 cDNA をもつプラスミドで形質転換した大腸菌から精製している．遺伝子操作で使われる酵素のほとんどは，大腸菌に大量に合成させて精製したものである．

❹ RNA 高次構造が妨げる逆転写

mRNA が相補的塩基対をつくると，逆転写酵素はその位置から先に進めない．mRNA に相補的塩基対をつくらせないようにするためには，高い温度で逆転写をする必要がある．そのため，熱安定性がよく 42℃〜 60℃で使用できるトリ骨髄芽球症ウイルス由来の AMV（Avian Myeloblastosis Virus）Reverse Transcriptase が用いられてきた．マウス白血病ウイルス由来の M-MLV RT (Moloney Murine Leukemia Virus Reverse Transcriptase) は，逆転写効率に優れているが，耐熱性に欠ける問題があった．しかし，点突然変異を導入することにより，熱安定性が高まり，改良型 M-MLV RT は 42℃でも使用できるようになった．

❺逆転写酵素のリボヌクレアーゼ H 活性が妨げる逆転写反応

レトロウイルスの逆転写酵素は，1 つのポリペプチド分子に，逆転写酵素活性と DNA ポリメラーゼ活性の他，リボヌクレアーゼ H（RNase H）活性をもつ．リボヌクレアーゼ H 活性は，DNA と相補的に結合する RNA 鎖を切断するため，mRNA に結合したプライマー DNA から逆転写反応が始まる前に mRNA が切断される可能性があり，逆転写効率が悪くなる．M-MLV RT が AMV RT より逆転写効率に優れているのは，リボヌクレアーゼ H 活性が弱いためである．近年，点突然変異を導入して，リボヌクレアーゼ H 活性を消失させたリボヌクレアーゼ H(-)M-MLV RT が開発された．

2.3　2本鎖 cDNA の合成

　逆転写酵素の反応によって合成された cDNA は 1 本鎖 DNA であり，宿主の DNA 合成システムを利用して増幅させるには 2 本鎖にする必要がある．DNA の複製の開始にはプライマーが必要であるが，cDNA の塩基配列はさまざまであり，特定の配列のプライマーを利用することはできない．逆転写によって合成された cDNA は，mRNA と相補的に結合しているため，mRNA をプライマーとして 2nd-strand cDNA を合成することができる．

「実　験」　2nd-strand cDNA 合成の概略
操　作
1. 反応産物をリボヌクレアーゼ H 反応液に移し，リボヌクレアーゼ H を働かせる ❶
   [cDNA・RNA ハイブリッドの mRNA に切れ目が入る]
2. 反応産物を DNA ポリメラーゼ反応液に移し，DNA ポリメラーゼ I を作用させる ❸
   [2nd strand DNA 断片が合成される]
3. 反応産物を DNA リガーゼ反応液に移し，T4 DNA リガーゼを働かせる ❹
   [2 本鎖 cDNA が得られる]

試薬・溶液
リボヌクレアーゼ H 反応液：DTT，グリセロール（glycerol），BSA（bovine serum albumin）❷
DNA ポリメラーゼ反応液：50 mM Tris-HCl（pH7.2），10 mM $MgSO_4$，0.1 mM DTT，dNTPs（各 33 μM）
DNA リガーゼ反応液：$MgCl_2$，ATP，PEG ❺

「原理と解説」
❶リボヌクレアーゼ H が 2nd-strand cDNA 合成を可能にする
　1st-strand cDNA が合成されると，mRNA と 1st-strand cDNA が相補的

に結合した2本鎖RNA・DNAハイブリッドになる．2本鎖cDNAにするには，RNAを除いて，1st-strand cDNAを鋳型に2nd-strand DNAを合成する．RNA・DNAハイブリッドをアルカリ溶液に入れれば，RNAが分解されて，簡単にRNAを除去することができる．しかし，問題はプライマーの塩基配列である．1st-strand cDNAの配列は，mRNAの種類ごとに異なるため，特定の配列のプライマーは使えない．

RNA・DNAハイブリッドのRNAに切れ目が入れば，RNAがプライマーとして働く（図2.9）．そこで，リボヌクレアーゼHを用いて，RNA・DNAハイブリッドのRNAに切れ目を入れる．リボヌクレアーゼH処理は，mRNAの断片がプライマーとして働ける程度の強さで行う．強くリボヌクレアーゼH処理すると，切れ目が多くなるため，mRNAの断片が短くなり，熱エネルギーにより1st-strand cDNAから遊離し，プライマーとして機能しない．リボヌクレアーゼH処理が弱すぎると，5′末端に長いRNA鎖が残るため，2本鎖にならない5′末端側の配列が長くなる．5′末端のRNAはDNA

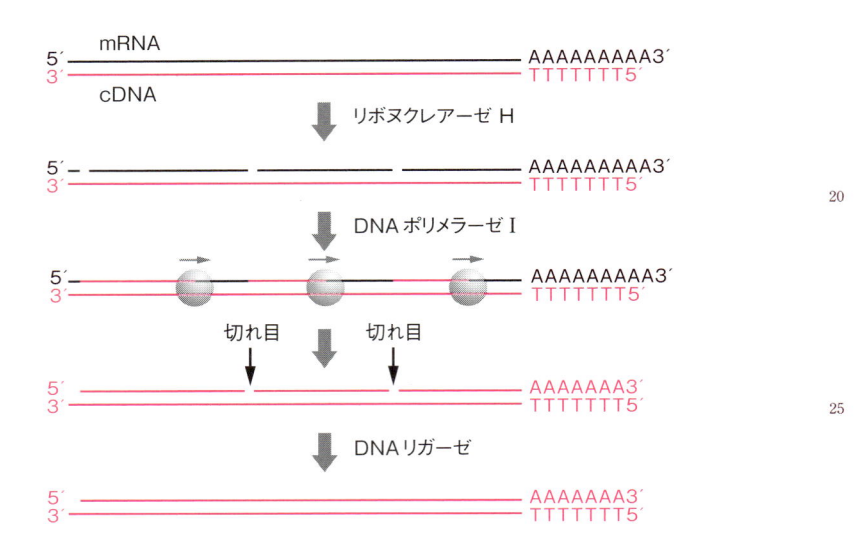

図2.9 2本鎖cDNAの合成

2.3 2本鎖cDNAの合成

に置き換わらない．これは，真核生物の通常のDNA複製において，複製のたびにDNA鎖が短くなる現象と同じである．リボヌクレアーゼHは，2nd-strand cDNAの合成反応の間も活性をもっており，2本鎖cDNAの5′末端に残るプライマーRNAは，リボヌクレアーゼHによって切断され，熱エネルギーにより解離する．そのため，cDNAの末端は3′突出の1本鎖になっている．

❷タンパク質の構造を安定化するグリセロールとBSA

反応液にグリセロール，BSA（ウシ血清アルブミン：bovine serum albumin）を添加するのは，リボヌクレアーゼHを安定化させ，活性を維持させるためである．リボヌクレアーゼHは，濃度が低いと失活しやすいといわれている．反応と無関係で，後の遺伝子操作に影響のないBSAや，グリセロール，スクロース（sucrose），中性界面活性剤のTritonやTweenが，酵素の安定化に用いられる．

❸ 2nd-strand cDNA合成にDNAポリメラーゼIを用いる理由

2本鎖cDNAにするためには，プライマーとして働いたmRNA断片を除去してDNAに置き換える必要がある．大腸菌由来のDNAポリメラーゼIには5′→3′エキソヌクレアーゼ（exonuclease）活性があり，DNAを合成するとともに，下流にあるRNAプライマーを除去することができる．

※補足　ラギング鎖のRNAを除去するDNAポリメラーゼI

大腸菌のDNAポリメラーゼは，I，II，IIIがあるが，5′→3′エキソヌクレアーゼ活性をもつのはIだけである（→表2.3, p.41）．DNA複製には主としてDNAポリメラーゼIIIが働くが，ラギング鎖では，DNAポリメラーゼIIIがプライマーRNAの5′末端に到達すると，DNAポリメラーゼIに置き換わり，DNAポリメラーゼIがプライマーRNAを除去してDNAに置き換える（図2.10）．

❹ 2nd-strand DNA断片の連結

DNAポリメラーゼIによって合成された2nd-strand DNAは，通常のDNA複製のラギング鎖の岡崎フラグメントと同様に切れ目がある．切れ目のDNAの3′末端の-OHと5′末端のリン酸基は，Mg^{2+}存在下で，ATPのエネルギーを用いてDNAリガーゼで連結される（図2.11）．

■ 2章 cDNA の合成

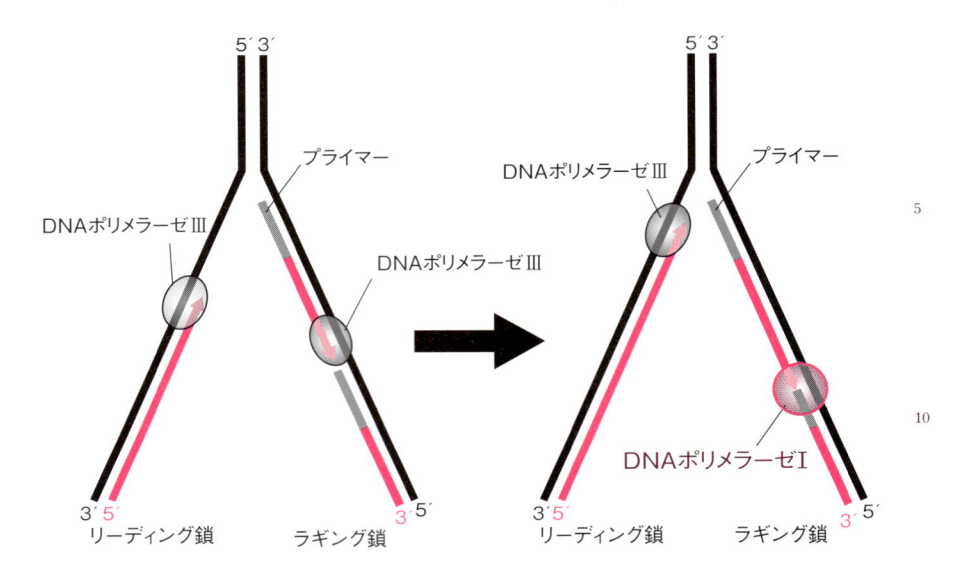

図 2.10 不連続的複製

$$5´\ ...pA-pC-pA\overset{OH}{|}pG-pA-pT-pC-pT-pG-pT....3´$$
$$3´\ .....Tp-Gp-Tp-Cp-Tp-Ap-Gp\underset{OH}{|}Ap-Cp-Ap...5´$$

$$\xrightarrow[Mg^{2+}]{ATP}$$

$$5´\ ...pA-pC-pA\text{-}pG-pA-pT-pC-pT-pG-pT....3´$$
$$3´\ .....Tp-Gp-Tp-Cp-Tp-Ap-Gp\text{-}Ap-Cp-Ap...5´$$

図 2.11 DNA リガーゼの反応

❺ PEG が促進する DNA リガーゼ反応

　DNA リガーゼは熱に対して不安定であり，以前は 4℃ で 12 時間程度反応させていた．低温なため，反応が遅く，時間がかかるのが問題だった．また，NaCl や KCl など一価カチオンが存在すると，連結反応が阻害され，

200 mM ではまったく連結しない．そのため，制限酵素による切断に続いて DNA リガーゼ反応を行う場合は，制限酵素反応液に含まれる塩を，エタノール沈殿やスピンカラムで除く必要があった．この問題を克服したのが PEG 6000（polyethylene glycol）の添加である．PEG（→ p.24，図 2.3）はエチレングリコール（ethylene glycol）の重合体であり，水に溶ける高分子である．PEG6000 は粘性が高く，ゲルのように水を吸収して，タンパク質や DNA を排除する働きがある．その結果，溶液中のタンパク質や DNA の濃度が高まり，DNA リガーゼが効率よく DNA を連結するようになる（図 2.12）．PEG と同様の濃縮剤の働きをもつ Ficoll も，DNA リガーゼの反応を促進する．Ficoll は，ショ糖とエピクロロヒドリンを共重合させた枝分かれの多い鎖状の高分子である．水を吸収して膨潤し，水に溶ける．

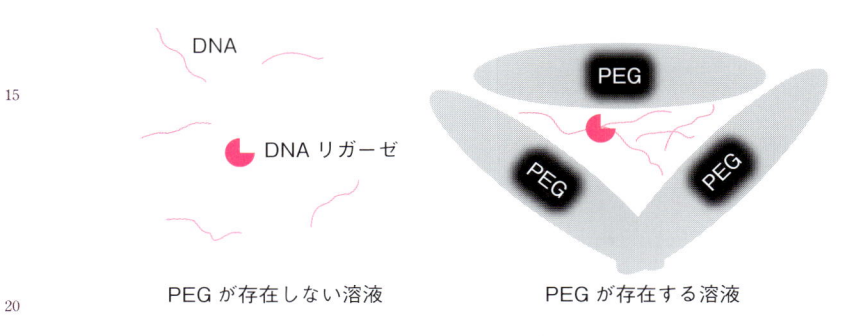

図 2.12 PEG による DNA リガーゼ反応の促進

2.4　ランダムプライマーを用いた cDNA の合成

オリゴ (dT) をプライマーとして，mRNA の 3′ 末端から 5′ 末端に向けて逆転写すると，多くは途中で逆転写反応が止まり，完全長の cDNA を得ることができない．ランダムプライマーを用いて cDNA を合成し，得られた cDNA 断片をつなぎ合わせると全長の cDNA が得られる．

「実　験」　ランダムプライマーを用いた cDNA 合成の概略

　ランダムな配列をもつプライマーをランダムプライマー（randam primer）という．ランダムプライマーを用いて mRNA の逆転写反応をすると，mRNA の途中から cDNA の合成を開始する（図 2.13）．5′ 末端に近い位置から合成を開始した逆転写酵素の中には，mRNA の 5′ 末端まで cDNA を合成するものもある．得られた cDNA の断片を組み換えて，つなぎ合わせることにより，cDNA の全長を得ることができる．cDNA 合成の手順は，プライマーが異なる以外は同じである．

　操　作
1. cDNA 合成溶液に，精製した mRNA とランダムプライマーを加える
2. 逆転写酵素を加え，cDNA を合成する
3. 2nd-strand cDNA を合成する

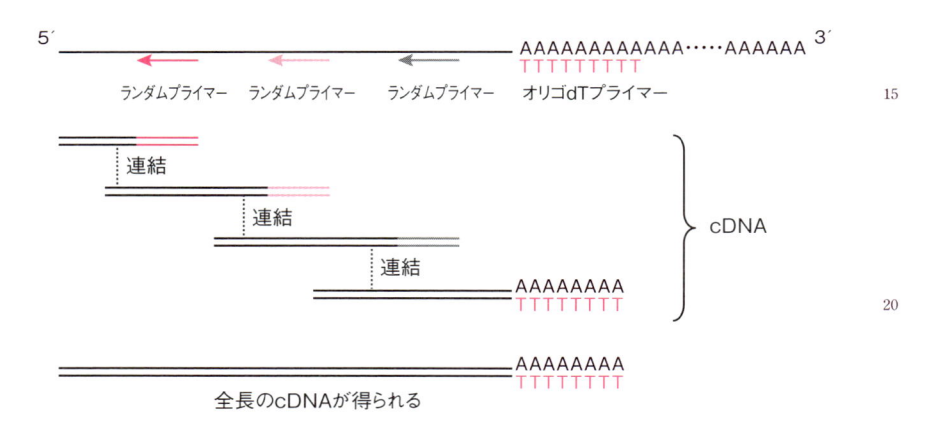

図 2.13　重複した cDNA を連結して全長の cDNA を得る

「原理と解説」　ランダムプライマーは鋳型鎖にほとんど結合しない

　市販されているランダムプライマーは，ランダムな配列になるように合成された平均 6 塩基の DNA である．逆転写反応を行う 0.1 M 程度の塩濃度では，6 塩基の DNA の T_m（→ p.67）は 20℃以下である．逆転写反応は 42℃

で行うため，プライマーは mRNA にほとんど結合していない．プライマーは mRNA に一瞬結合してすぐ解離することをくり返しているが，結合した瞬間に逆転写酵素がたまたまその場所にいれば cDNA 合成が開始される．mRNA とプライマー，逆転写酵素，基質となる dNTP が同時に存在する確率は少ないが，熱エネルギーによる分子の激しい動きの中では何回も起こりうる．したがって，cDNA は確実に合成される．6 塩基より長いプライマーを使ってもよいが，塩基配列が多くなると特異性が高くなり，かえって cDNA の合成効率が悪くなる．

※注意　rRNA と tRNA の排除

ランダムプライマーは rRNA，tRNA にも結合するため，rRNA，tRNA の cDNA も合成する．オリゴ (dT) カラムによるアフィニティークロマトグラフィーを複数回行い，rRNA，tRNA をできるだけ排除しておく必要がある．

参考　ランダムプライマーは簡単につくることができる

市販のランダムプライマーは高価であるが，ランダムプライマーは簡単に作ることができる．市販の胸腺由来の DNA を，ウシすい臓由来のデオキシリボヌクレアーゼ I で徹底消化して，加熱・急冷すると短い 1 本鎖 DNA ができる．デオキシリボヌクレアーゼ I はエンドヌクレアーゼであり，モノヌクレオチドまで消化されないため，プライマーとして適当な DNA 断片を得ることができる．

コラム　遺伝子組換えに用いる酵素

(1) endo と exo

endonuclease とは DNA や RNA の鎖の内部を切断する酵素である．endo とは中という意味である．DNA や RNA の鎖の端から，順に削るように切断する酵素を exonuclease という．exo とは外という意味である．

(2) 大腸菌 DNA リガーゼ の活性単位の定義

通常の酵素の活性単位ユニット (U) は，1 分間に 1 μmol の基質を変換する活性と定義されるが，DNA リガーゼ の場合は，*Hind* III 消化したバクテリオファージ λ DNA（6 μg/20 μL）を，16℃，30 分間で 90％以上連結する活性を 1 U とする．

(3) DNAポリメラーゼの校正機能

　DNAポリメラーゼは，非常に低い確率ではあるが間違った塩基をつなげることがある．たとえば，Aと相補する塩基はTであるが，10^8分の1の確率で，TではなくCが入るといわれている．しかし，DNAポリメラーゼは誤ったデオキシリボヌクレオチドを付加したことを認識し，除去して正しいデオキシリボヌクレオチドに置き換える校正機能をもっている（図2.14）．プリンのAとGに相補的に結合するのは，それぞれピリミジンのTとCであり，DNA二重らせんのどの部分をとっても太さは同じである．しかし，誤った塩基が付加されると，非相補的塩基がある部位は太くなる．DNAポリメラーゼは，DNA鎖を抱きかかえるようにDNAを複製しており，太くなったDNA鎖が，DNAポリメラーゼの立体構造を変え，ポリメラーゼ活性を失わせる．同時に，3′→5′エキソヌクレアーゼ活性をもつようになり，誤った塩基を除去する．誤った塩基が除去されると，DNA二重らせんの太さが正常に戻り，DNAポリメラーゼの立体構造ももとに戻って，3′→5′エキソヌクレアーゼ活性がなくなり，ポリメラーゼ活性が復活する．誤って付加した塩基をただちに除去してDNA複製を行うしくみをDNAポリメラーゼの校正機能という．

(4) 逆転写酵素には校正機能がない

　逆転写酵素には校正機能がないため，逆転写酵素で作製したcDNAには変異が入っている可能性がある．しかし，逆転写の過程で変異が入る可能性はあるものの，同じ箇所に変異が入る可能性はきわめて低い．したがって，複数のクローンの配列を比較することにより，正しい配列を知ることができる．

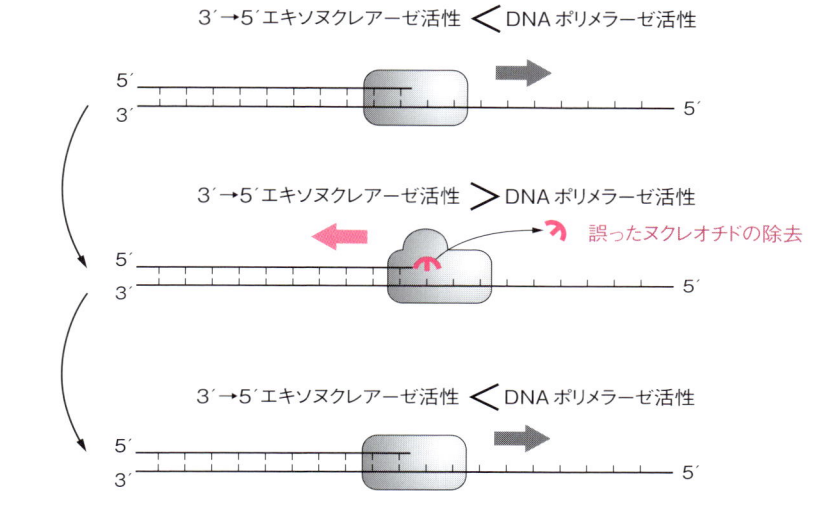

2.4 ランダムプライマーを用いた cDNA の合成

図 2.14 DNA ポリメラーゼの校正機能

表 2.3 DNA ポリメラーゼ（細菌・真核生物）

機能		エキソヌクレアーゼ活性	
		3′→5′	5′→3′
細菌の DNA ポリメラーゼ			
DNA ポリメラーゼ I	DNA 修復と複製	＋	＋
DNA ポリメラーゼ II	DNA 修復	＋	－
DNA ポリメラーゼ III	DNA 複製	＋	－
真核生物の DNA ポリメラーゼ			
DNA ポリメラーゼ α	プライマー合成		
DNA ポリメラーゼ β	DNA 修復	－	
DNA ポリメラーゼ γ	ミトコンドリア DNA の複製	＋	－
DNA ポリメラーゼ δ	DNA 複製	＋	－
DNA ポリメラーゼ ε	DNA 複製？	＋	－

3章 cDNA ライブラリーの作製

　特定の DNA 配列を増やすには，生物の DNA 複製システムを利用する．大腸菌は，研究の蓄積が多く，簡単に培養できることから，DNA 増幅の宿主に用いられる．大腸菌の中で DNA を増殖させるツールとして，ウイルスとプラスミドがある．ウイルスは，大腸菌に感染すると，ウイルスゲノム DNA を注入し，大腸菌の DNA 複製システムを利用して，100 個程度に増殖する．プラスミドは，DNA のみからできており，感染能力はないが，一旦，大腸菌の中に入ると，プラスミドがもつ複製起点を大腸菌の DNA 複製開始複合体が認識し，複製するため，500 分子程度に増幅する．目的の DNA を増幅させるために用いる自律的増殖能力をもつ DNA 分子をベクターという．ウイルスのゲノム DNA や，プラスミド DNA をベクターとして目的の DNA を組込み，大腸菌に導入して増殖させるのである．cDNA やゲノム DNA 断片を網羅的にベクターに組み込んだ集団をライブラリーとよぶ．

3.1　バクテリオファージベクター

　mRNA から cDNA を合成する過程は，労力を要し，高価な試薬や酵素を使うため，cDNA は貴重である．得られた cDNA を無駄にすることなく，すべてを増幅可能な状態にするには，効率よく宿主の大腸菌に導入する必要がある．感染能力のあるウイルスは，貴重な cDNA を大腸菌に導入するための優れたベクターである．

　バクテリオファージ（bacteriophage）（図 3.1）は，細菌に感染するウイルスである．ファージとは「食べる」の意味があり，バクテリオファージはバクテリアを食べるウイルスの意味で名づけられた．略してファージともよぶ．ファージのゲノム DNA は，キャプシドとよばれる殻の中に収められている．ファージベクターには主として，λファージ由来の DNA が用いられる．

3.1 バクテリオファージベクター

　本書では，ファージベクターとして λgt10 と λgt11 について述べる．古典的なファージベクターではあるが，原理を学ぶために適しているからである．現在市販されているファージベクターも基本的に同じ原理を用いている．

　ファージゲノム約 50 kbp の中には，ファージの増殖に必要でない領域もある．ファージベクターは，ファージの増殖に必要な遺伝子をゲノムの左右にできるだけ押し込め，中央の不要な領域を削除し，制限酵素サイトなどの遺伝子組換えに便利な配列を挿入している．この制限酵素サイトに cDNA を挿入し，ファージゲノムの複製とともに cDNA を増幅する．cDNA の挿入に用いる制限酵素サイトより左側のファージゲノム領域をレフトアーム（left arm）といい，右側の領域をライトアーム（right arm）とよぶ．なお，λ ファージのキャプシドの容量は一定であり，50 kbp 以上の長さの DNA は入らない．また，約 40 kbp 以下の DNA では，キャプシドを形成することができない．そのため，ファージベクターの長さを約 40 kbp として，最大 10 kbp の cDNA が挿入できるように

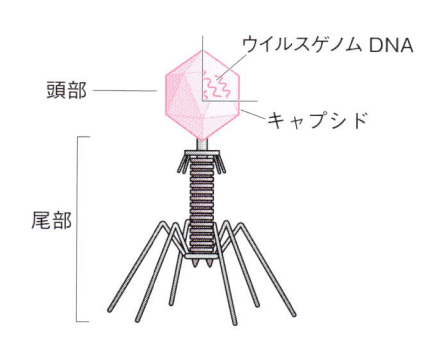

図 3.1　バクテリオファージの構造

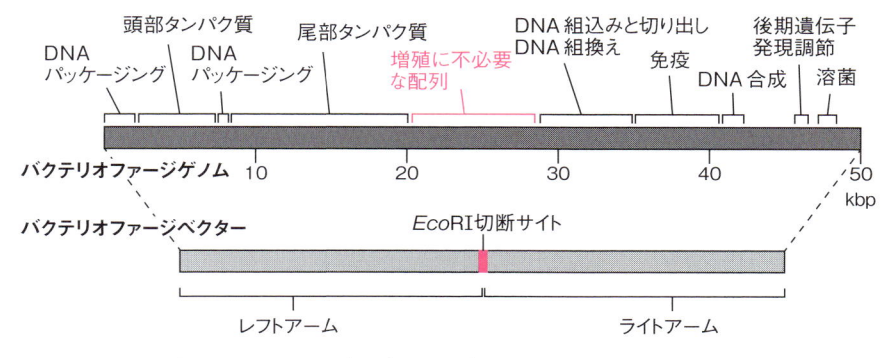

図 3.2　バクテリオファージ・ゲノムとバクテリオファージベクターの構造

している（図 3.2）．

> **コラム　λgt10 ベクターに EcoRI サイトが少ない理由**
> EcoRI は，5′-GAATTC-3′ の 6 塩基を認識して切断する制限酵素である．EcoRI サイトの 6 塩基の配列が存在する確率は，$4^6=4096$ bp に 1 か所であり，約 40 kbp の λgt10 ベクターの配列には約 10 か所の EcoRI サイトが存在するはずである．1 か所しかないのは，その他の EcoRI サイトの配列に変異を加え，EcoRI では切断されないようにしているからである．タンパク質をコードしている EcoRI サイトでは，コドンの揺らぎを利用して，指定するアミノ酸を変えないコドンにしている．

3.2　バクテリオファージベクターへの組込み

2 本鎖になった cDNA の 5′ 末端は，3′ 突出 1 本鎖 DNA となっているため，ベクターに組み込むことができない．平滑化すればベクターと連結できるが，平滑末端（blunt end）同士の結合は効率が悪い．相補的に結合する付着末端（sticky end）をもつアダプター DNA 断片を cDNA の両端に付加して，ベクターの付着末端と連結する．最大の問題は，cDNA 同士が連結してベクターに入る可能性があり，誤ったライブラリーが構築されることである．この問題を回避する原理を学ぼう．

「実験 1」　cDNA 末端の平滑化の概略
操　作
1. T4 DNA ポリメラーゼ反応溶液中の 2 本鎖 cDNA を 70℃で 5 分間加熱する
   ［5′ 末端に残る RNA が除去される］
2. T4 DNA ポリメラーゼを加え反応させる ❶
   ［2 本鎖 cDNA の末端が平滑化される］
3. ボルテックスなどで激しく撹拌する ❸

3.2 バクテリオファージベクターへの組込み

試薬・溶液

T4 DNA ポリメラーゼ（T4 DNA polymerase）反応溶液：67 mM Tris-HCl（pH8.8），6.7 mM $MgCl_2$，16.6 mM $(NH_4)_2SO_4$，1 mM DTT，0.0167％ BSA，0.2 mg/mL 2本鎖 cDNA，330 µM 各 dNTPs ❷

「原理と解説」

❶ 3' 突出 1 本鎖 DNA の除去

プライマー RNA の除去により，1本鎖になった 1st-strand cDNA の 3' 末端は，T4 DNA ポリメラーゼの 1 本鎖 DNA 特異的 3' → 5' エキソヌクレアーゼ活性により削除する．ヌクレオチド除去反応は 2 本鎖 DNA になったところで止まるため，平滑化される．

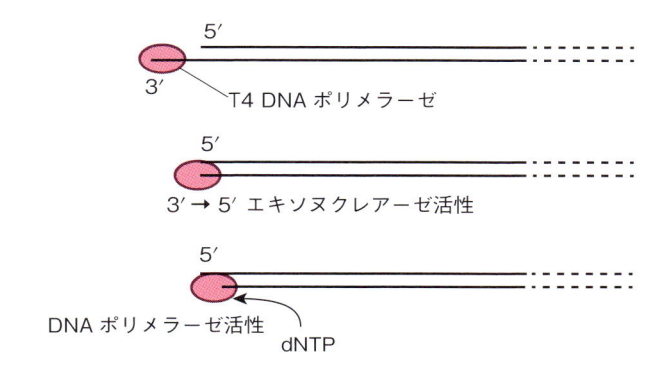

T4 DNA ポリメラーゼ は，DNA ポリメラーゼであるが，本操作ではポリメラーゼ活性は事実上使わない．

参考　T4 DNA ポリメラーゼの働き

T4 DNA ポリメラーゼは DNA ポリメラーゼ活性と，1 本鎖 DNA 特異的 3' → 5' エキソヌクレアーゼ活性をもつ．

図 3.3　T4 DNA ポリメラーゼの平滑化
上：エキソヌクレアーゼ活性により突出した 3' 末端を削除．中央：平滑化された末端．下：削除しすぎた 3' 末端をポリメラーゼ活性により修復．

❷ dNTPs を添加して削りすぎを抑える

　3′→5′エキソヌクレアーゼ反応には，DNA ポリメラーゼの合成反応で用いられる dNTPs は必要ないが，dNTPs を反応液に添加しておく（図 3.3）．T4 DNA ポリメラーゼは 1 本鎖 DNA 特異的に 3′→5′エキソヌクレアーゼ活性を示すが，2 本鎖 DNA に食い込んで削ることがあるからである．その場合は，削られた 1st-strand cDNA がプライマーとなり，DNA ポリメラーゼ活性によって，3′末端に dNTPs が付加されて平滑化される．3′→5′エキソヌクレアーゼ反応と DNA ポリメラーゼ反応が拮抗する結果，平滑化される．

❸ 衝撃（撹拌）で T4 DNA ポリメラーゼを失活させる

　T4 DNA ポリメラーゼは撹拌による物理的衝撃に弱く，失活しやすい．そのため，酵素反応を行うときは穏やかに混合する．反応を止めるには，ボルテックスなどで激しく撹拌すればよい．

参考　T4 DNA ポリメラーゼの酵素活性単位

　T4 DNA ポリメラーゼの酵素活性単位は，熱変性した仔牛胸腺 DNA を鋳型／プライマーとして，37℃，pH8.8 で，30 分間に 10 nmol の各 dNTPs を TCA（トリクロロ酢酸）不溶性沈殿物に取り込ませる活性を 1 U とする．

「実験 2」　cDNA の両端の脱リン酸化の概略

　T4 DNA ポリメラーゼで平滑末端にした cDNA をそのまま連結反応すると，cDNA 同士がつながる可能性がある（図 3.4）．異なる遺伝子の cDNA が連結すると研究の混乱を招くため，cDNA の連結を防ぐ必要がある．

　cDNA の両端を脱リン酸化すると，cDNA 同士は結合しなくなる．cDNA の脱リン酸化にはアルカリ性ホスファターゼを用いる．

| cDNA B | cDNA A | cDNA C |

図 3.4　cDNA 同士が連結して本来はない配列となる

操　作

1. 平滑化した 2 本鎖 cDNA にウシ小腸由来アルカリ性ホスファターゼ（Calf

Intestine Alkaline Phosphatase：CIP）を加え，反応させる ❶
2. フェノール／クロロホルム抽出を行い，CIP を除去する ❷
3. エタノール沈殿により反応産物を回収する

「原理と解説」
❶ CIP：ウシ小腸由来アルカリ性ホスファターゼ
　CIP は，リン酸モノエステルを分解する．リン酸ジエステル，リン酸トリエステルは分解しない．1 本鎖や 5′ 突出末端のリン酸は容易に除去できるが，平滑末端や 3′ 突出末端の場合は，立体的障害によりリン酸に接近しにくいため除去する効率が低下する．反応温度を 50℃に高めると，平滑末端や 3′ 突出末端のリン酸も除去することができる．

❷その他のアルカリ性ホスファターゼ
　・BAP：大腸菌由来のアルカリ性ホスファターゼ
　リン酸モノエステルを分解する．リン酸ジエステル，リン酸トリエステルは分解しない．至適 pH8．非常に安定性の高い酵素のため便利であるが，活性が残存するため，次の反応に悪影響を及ぼすことがある．完全に失活させるためには，フェノール／クロロホルム抽出の必要がある．
　・SIP：エビ Shrimp（*Pandalus borealis*）由来のアルカリ性ホスファターゼ
　リン酸モノエステルを分解する．リン酸ジエステル，リン酸トリエステルは分解しない．65℃で 15 分間の熱処理により簡単に失活させることができる．不可逆的に完全に失活するため，次の反応に影響しない利点がある．

「実験 3」　アダプターの付加の概略
　付着末端をもつ *Eco*RI アダプター（adapter）を cDNA 鎖の末端に付加することで，ファージベクターとの連結効率を高める．
　操　作
1. 平滑・脱リン酸化した 2 本鎖 cDNA に *Eco*R I アダプターを混合する ❶
2. T4 DNA リガーゼを加え 16℃，30 分反応させる
3. 70℃，30 分加熱し，T4 DNA リガーゼを失活させる

■3章 cDNAライブラリーの作製

4. アダプター連結反応産物をスピンカラムにかけ，アダプターと短い cDNA 断片を除去する❷
5. エタノール沈殿により反応産物を回収する

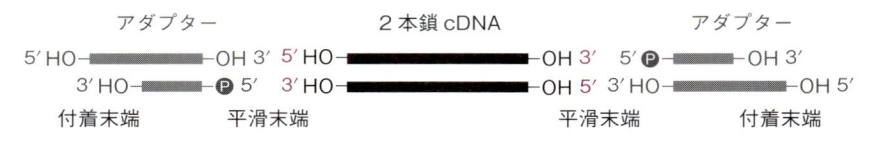

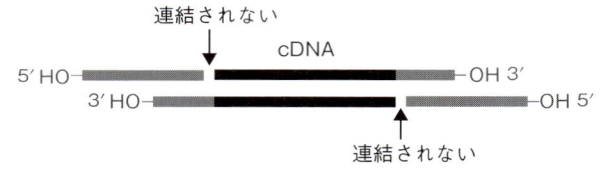

図3.5 アダプターが付加された cDNA

「原理と解説」
❶平滑末端でも連結できる

　cDNA 鎖の末端が平滑末端でも，ファージベクターの組込みサイトが平滑末端ならば連結することができる．しかし，効率が悪い．平滑末端と付着末端は，それぞれ握りこぶしと，開いた手にたとえられる．握りこぶしでは握手できない．DNA 2 本鎖の端の片方の鎖を突出させ，別の DNA 2 本鎖の鎖の端と相補的結合できる付着末端にすると結合させやすくなる．

　相補的な付着末端は，分子のランダムで激しい熱運動の中で，一瞬だけ付着する．付着した瞬間に，たまたま DNA リガーゼがその場に居合わせると，鎖を連結する．相補的な付着末端同士が方向性をもって接近したり，DNA リガーゼが 2 本の DNA 鎖を呼び込んで鎖をつないだりするわけでもない．平滑末端同士は相補的に結合するわけではないため，DNA の末端同士が接する時間は，相補的な付着末端同士が付着する時間に比べて短い．そのため，結合効率は低い．しかし，DNA 分子や DNA リガーゼの濃度が一定以上あり，

3.2 バクテリオファージベクターへの組込み

末端同士が接する機会があれば,平滑末端でも結合させることができる.

❷アダプターと短い cDNA 断片を除去する

アダプターの 5′ 突出末端を -OH にしておくと,アダプター同士が連結した長い DNA 断片は生じない(図 3.5).2 つのアダプターが連結した短い断片は生じるが,スピンカラムにより短い cDNA 断片とともに除去される.アダプターの平滑 5′ 末端はリン酸化されているため,平滑末端が脱リン酸化された cDNA と連結する.

「実験 4」 バクテリオファージベクターへの組込みの概略

操 作

1. アダプターとの連結反応を行った cDNA 溶液をスピンカラムにかけ,短い DNA 断片を除去する
2. cDNA とファージベクターのレフトアーム とライトアーム を混合する
3. T4 DNA リガーゼ を作用させる ❶❷
   ［cDNA とレフトアーム とライトアームが連結される］
4. フェノール／クロロホルム抽出,クロロホルム抽出を行う
5. エタノール沈殿により反応産物を回収する

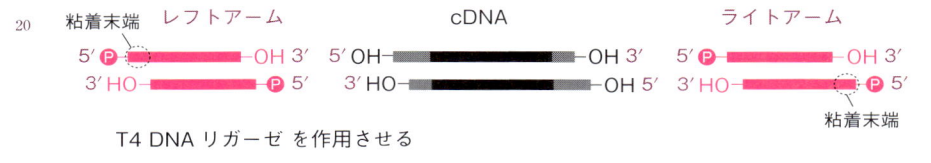

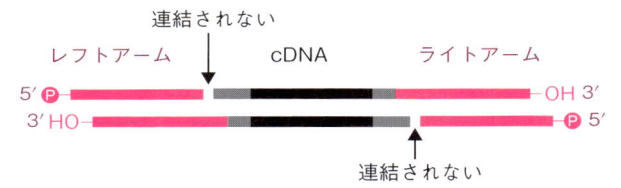

図 3.6 バクテリオファージベクターへの cDNA の組込み

「原理と解説」

❶ DNA リガーゼで連結されなかった末端は大腸菌の中で連結される

つながらなかった -OH HO- は，バクテリオファージにして大腸菌に感染させると，5′末端の -OH が，大腸菌の中でリン酸化され，大腸菌の DNA リガーゼで連結される（図 3.6）．

❷ T4 DNA リガーゼの作用でファージ DNA はコンカテマーになる

レフトアームの左側末端とライトアームの右側末端は突出しており，レフトアームとライトアームが相補的に結合するような粘着末端（cos: cohesive end）になっている（図 3.6）．粘着末端は，制限酵素の切断端の付着末端より相補的結合する塩基の数が多く，比較的安定に結合する．T4 DNA リガーゼを作用させると，cos で連結され，ファージベクターが多数連なったコンカテマー（concatemer）とよばれる構造になる．大腸菌に感染したバクテリオファージも，複製の過程でコンカテマーとなり，コンカテマーの状態から，個々のバクテリオファージ DNA が切り出され，キャプシドに取り込まれてウイルスとなる（p.53 の図 3.7 を参照）．

3.3　組換えファージ DNA のウイルス化

cDNA を挿入したバクテリオファージベクターは，そのままでは単なる DNA であり，感染力はない．バクテリオファージは複数種類のタンパク質と DNA で構成された精巧な形態をもつ．遺伝子組換えしたファージゲノムを，感染力のあるウイルスにするには，ファージを構成する1セットのタンパク質とファージゲノム DNA 配列の一部，全長が 40 kbp〜50 kbp の DNA があればよい．ゲノム DNA を取り込んでウイルスの構造を作り上げることをパッケージングといい，パッケージングは試験管の中でもできる．

このようにしてつくられた個々のバクテリオファージには，それぞれ異なる配列の cDNA が組み込まれている．細胞や組織には多くの種類の mRNA が存在しており，その mRNA をもとに合成された cDNA も多くの種類があるからである．さまざまな種類の遺伝子や cDNA が組み込まれたベクター

の集団をライブラリーという．

「実　験」　パッケージング操作の概略

STRATAGENE 社のパッケージングエキストラクトを例に概説する．詳細は，STRATAGENE 社のマニュアルを参照．

操　作
1. cDNA・ファージベクターにパッケージングエキストラクト R を加える ❶
2. 口が広いピペットチップで穏やかに混合する
3. 30℃で 90 分保温する
4. パッケージングエキストラクト B を加える ❷
5. 30℃で 90 分保温する
　［ファージベクターがウイルスになる］
6. SM バッファーで希釈してボルテックスで激しく撹拌する ❸
7. 微量のクロロホルムを加え，軽く撹拌する

試薬・溶液
SM バッファー：NaCl，$MgSO_4$ と，微量のゼラチンを含むトリスバッファー（pH7.5）

「原理と解説」

❶コンカテマーとパッケージング効率

ファージゲノムが連結しているコンカテマー（100 kbp 以上）の方がパッケージング効率がよい．そのため，なるべく DNA が切断されないように操作する必要がある．DNA の長さが 100 kbp 以上になると，1 分子が 30 μm 以上にもなり，粘性が高く，ピペッティング操作によって切れやすくなる．パッケージングエキストラクト R の反応では，流体が狭いところを通過する際に生じる引っ張り力を避けるため，口が広いピペットチップを用い，穏やかに混合する．

❷自律的に形成されるバクテリオファージの構造

大腸菌に感染したファージは，DNA 複製をくり返してゲノム DNA を増やす．やがて，遺伝子を発現させてウイルスの殻を構成するタンパク質を合

成する．T4ファージでは，殻は約70種類のタンパク質からなることが知られている（図3.7）．ウイルスが形成される直前の大腸菌を壊して搾り取ると，ファージを構成する1セットのタンパク質を得ることができる．この搾り汁をパッケージングエキストラクトといい，市販されている．パッケージングエキストラクトを，全長が40 kbp～50 kbpでパッケージング配列をもつDNAと混合すると，試験管の中で自律的に感染力のあるバクテリオファージが形成される．ファージの自律的形成にエネルギーの供給は必要ない．

※補足　パッケージングの過程：ファージの頭部にあたるDNAが収められる殻をキャプシドという．パッケージングエキストラクト中のタンパク質に，宿主の大腸菌由来のgroEとよばれるタンパク質があり，groEがキャプシドを構成するタンパク質に作用すると，キャプシドが自律的に形成される．

　パッケージングされる前のファージDNAは，多数のファージDNAが粘着末端で連結したコンカテマーを形成している．レフトアームの粘着末端近くにパッケージング配列があり，ファージ由来のタンパク質Nu1とAがパッケージング配列に結合すると，コンカテマーDNA・Nu1・Aの複合体はキャプシドに結合するようになる．次に，タンパク質FIが複合体に結合するとファージDNAは折れ曲がりながらキャプシドの中に入り込む．DNAが挿入されると，キャプシドのサイズが20％程度大きくなる．これをD（decoration）タンパク質が認識すると，Dタンパク質がキャプシドに結合する．この段階では，DNAはコンカテマーのまま，ファージゲノムの1単位がキャプシドに入っており，残りのコンカテマーDNAは，クラゲの長い触手のようにキャプシドに結合している．レフトアームとライトアームの粘着末端領域は，キャプシドの入り口で隣接する．次に，Aタンパク質が働き，コンカテマーを切断して粘着末端が形成される．

　ファージの尾部は，キャプシドと同様に，自律的に構成されており，ファージゲノムの1単位を取り込んだキャプシドがあると，キャプシドと尾部は自律的に結合し，ファージが完成する．

❸パッケージングが完了すると物理的衝撃に強くなる

　パッケージングエキストラクトBを加えると，ファージベクターのパッケージング配列に結合しているNu1・Aタンパク質に，キャプシドや尾部のタンパク質が結合する．コンカテマーになっていたファージベクターDNA

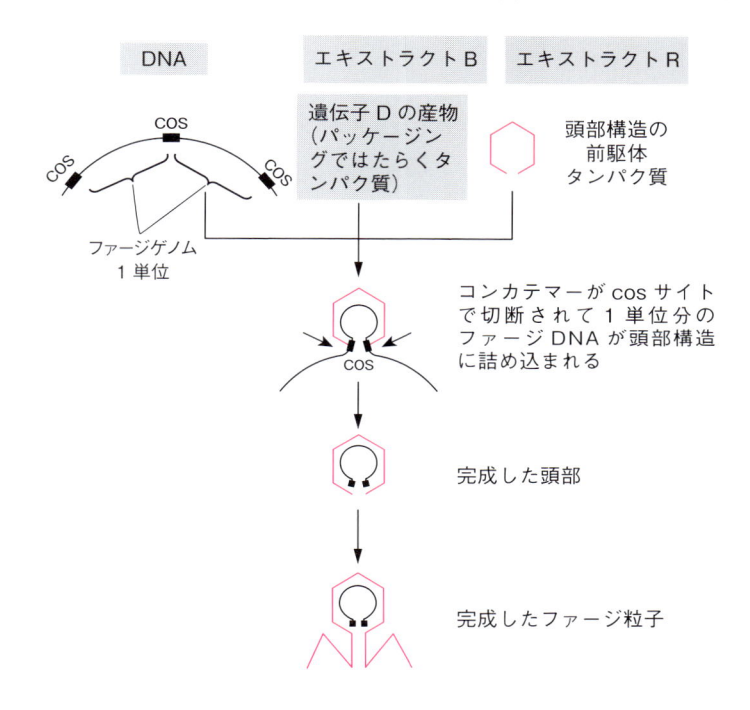

3.3 組換えファージ DNA のウイルス化

図 3.7 ファージのパッケージング

　は，単位ごとに切断され，キャプシドに取り込まれる．DNA はコンパクトにウイルス粒子の中に収められているため，反応液の粘性は低下する．ウイルス粒子を個々に分散させるため，SM バッファーの中で激しく撹拌する．個々のウイルス粒子は異なる cDNA をもつ．ウイルス粒子が結合していると，複数のウイルスが 1 つの大腸菌に感染することになり，クローンを得られない．SM バッファー中で激しく撹拌するのは，クローンを得るために必要な工程である．

　微量のクロロホルムは，細菌の繁殖を妨げ，ウイルス粒子の崩壊を抑え，安定化させる働きがある．タンパク質濃度が低い溶液では，タンパク質が不安定化する．SM バッファーに含まれるゼラチンは，溶液中のタンパク質濃度をある程度高く保つことにより，ウイルス粒子を安定化させる働きがある．

コラム　タンパク質複合体の自律的構成

　キャプシドを構成するタンパク質は，そのままでは互いに結合することはないが，groE が作用すると，それをきっかけとして精巧なキャプシドが構築される．キャプシドにファージ DNA を組み込むのも，Nu1 と A がパッケージング配列に結合することをきっかけとして，さまざまなタンパク質が連鎖的に働くことによる．きっかけとなる反応が起こると，その反応により特定のタンパク質の立体構造が変化し，立体構造が変化したタンパク質に別のタンパク質が結合するというように，立体構造の変化・結合の連鎖反応によって，自律的にバクテリオファージの構造が形成されると考えられる．パッケージング反応は試験管の中でも自律的に起こる．このタンパク質の自律的構成は，ファージに限ったことではなく，生物に普遍的な現象である．タンパク質複合体や，細胞骨格，細胞小器官も同様に，タンパク質の立体構造の変化と，自律的構成により形成される．

　ファージのキャプシドの形成にかかわる groE タンパク質は大腸菌由来である．これは，宿主の大腸菌が侵入した天敵の増殖を援助しているように見える．しかし，本来のファージは大腸菌を破壊することなく，溶原化して大腸菌のゲノム中でおとなしくしており，新たな遺伝子を大腸菌にもたらす働きもある．groE タンパク質は大腸菌とバクテリオファージの共進化の産物かもしれない．

コラム　ライブラリーとは

　特定の細胞や組織からつくられた cDNA ライブラリーは，歴史図書館，科学図書館，文学図書館のように特化された図書館にたとえられる．活発に発現している遺伝子の mRNA は含まれる量が多いので，ライブラリーに占める割合も多くなる．図書館というより，ニーズに合わせた専門書店にたとえた方がよいかもしれない．また，すべての細胞の生存に不可欠な解糖や呼吸などのハウスキーピング遺伝子とよばれる遺伝子も発現しているため，一般書も揃えられているといえる．一方，ゲノム DNA ライブラリーは，発現の有無にかかわらず，ゲノムの DNA が均等に含まれているため，読まれる本も，ほとんど読まれない本も一様に備えてある総合図書館にたとえられる．

4章 バクテリオファージのクローン化

パッケージされたバクテリオファージは，それぞれ異なる配列のcDNAをもつ．個々のファージを分離したまま，クローンとして増やすことができれば，増殖したクローンには同じ配列のcDNA分子が存在するため，同じ配列のDNA分子を大量に得ることができ，化学的に検出することが可能になる．本章では主にλgt10を例に述べる．

4.1 スクリーニングプレートの作製

液体培地中の大腸菌に，ライブラリーのファージを感染させては，混じりあったファージが得られるだけであり，クローン化はできない．多数のファージを，個々に分離した状態で増殖させるには，宿主の大腸菌とファージをゲルの中に閉じ込めて，ほとんど動けないようにして増殖させればよい．ここで用いるゲルは，大腸菌が分泌する消化酵素で分解されない寒天（アガー：agar）とアガロース（agarose）を用いる．ライブラリーから特定のクローンを探す操作をスクリーニングという．

「実験1」 宿主となる大腸菌の調製の概略

操 作
1. 大腸菌株 C600 hfl（→ p.60）を白金耳でとり，LB寒天培地（寒天2%）にストリーキングにより撒く
2. 小さいコロニーを選んで採取する ❶
3. マルトース（maltose）を含むNZY培地にクローン化したC600 hfl を接種する ❷
4. 37℃，激しく撹拌して4～6時間培養する ❸
5. 遠心分離により大腸菌を回収する

■4章　バクテリオファージのクローン化

6. 大腸菌を 10 mM $MgSO_4$ で懸濁し，希釈して OD_{600} を 0.5 に合わせる ❺
7. 4℃で保存する（48 時間は使える）❹

試薬・溶液
NZY 培地：栄養源としてカゼインペプトン（casein peptone）（別名：NZ amine）と酵母抽出物（yeast extract）を含み，$MgSO_4$ と NaCl を添加している．
LB 培地：栄養源として Bacto-tryptone と酵母抽出物を含み，NaCl を添加している．
LB 寒天培地：2%の寒天を含む LB 培地

「原理と解説」

❶宿主大腸菌のクローン化

大腸菌を遺伝子操作に使う場合，混入している可能性がある変異大腸菌を除くために，クローンで構成されたコロニーを形成させ，クローン大腸菌を得る．実験がうまくいかない場合は，使用した大腸菌に変異が入っている可能性があるため，別のコロニーのクローンを用いる．*hfl* に変異をもつ大腸菌 C600*hfl* は，変異をもたない大腸菌より増殖速度が遅い．したがって，小さめのコロニーの大腸菌を選ぶ．

❷マルトースは大腸菌のファージ受容体の形成を促進する

マルトースを含む培地で大腸菌を培養すると，大腸菌の表面にある λ ファージの受容体の形成が促進され，λ ファージの感染効率が高くなる．

❸ファージを増殖させるには増殖期の大腸菌が必要

大腸菌の培養を 4 ～ 6 時間で止めるのは，活発に増殖している大腸菌を得るためである．大腸菌が一定以上の密度になると，培地の栄養が枯渇し老廃物が蓄積する．そのような状態になると，大腸は増殖を止め，休眠に入る．感染したバクテリオファージは，大腸菌の DNA 複製システムを拝借して増殖するため，活発に DNA 複製をしている大腸菌を使う必要がある．

❹大腸菌を断食させて増殖状態のまま維持する

大腸菌を 10 mM $MgSO_4$，4℃で保管するのは，急激に栄養素を絶ち，大腸菌の生存に不可欠な Mg^{2+} だけを供給することにより，増殖期の活発な DNA 複製システムを維持したまま保存するためである．

❺ 濁度で大腸菌の密度を測定する

OD_{600} の 600 は，600 nm の吸光度を意味しており，600 nm の光は濁度の測定に用いられる．濁度は微粒子の密度を表している．10 mM $MgSO_4$ に懸濁された大腸菌の OD_{600} が 0.5 の場合は，わずかに白濁した程度であるが，200 μL あたり約 10^8 個の大腸菌が存在する．

※補足　Bacto-tryptone と NZY：LB 培地の窒素源は Bacto-tryptone，NZY 培地は NZ アミンであるが，どちらもカゼインをタンパク質分解酵素で加水分解したものである．NZY 培地は，LB 培地に比べて NaCl 濃度が低い．バクテリオファージを培養する場合は NZY 培地が使われることが多い．

※補足　寒天とアガロース：寒天は，テングサなどの紅藻類の細胞壁に含まれる物質からつくられる．寒天には，アガロースとアガロペクチンが含まれており，アガロースとアガロペクチンはともに，ガラクトースのポリマーである．アガロペクチンはマイナスの電荷をもつ硫酸基やグルクロン酸，ピルビン酸がガラクトースに結合しており，保水力が高い．寒天独特の，滑らかで弾力性があり，丈夫なゲルの性質は，アガロペクチンによる．アガロースは硫酸基をほとんど含まないため，電荷を帯びていない．そのため，電気泳動に適している．

※補足　寒天培地：　大腸菌の増殖に必要な栄養素を含ませた寒天ゲルを寒天培地という．1.5％以上の濃度の寒天を含む培地には，寒天ゲルの網目が大腸菌の大きさより小さいため大腸菌が入り込めない．大腸菌は，培地の栄養を吸収して培地上に積み重なるように増殖する．そのため，クローンからなる大腸菌のコロニーがドーム状に形成される．1 個の大腸菌が増殖して形成されるコロニーは，37℃，12 時間培養すると，眼に見える程度（～1 mm）の大きさになる．大腸菌の培養に用いる寒天培地は，一般的には直径 90 mm，深さ 15 mm の円形プラスチックシャーレを用いる．

「実験 2」　バクテリオファージ密度の測定の概略

ファージを培養する場合は，2 層の固形培地を用いる．プレートの底にボトムアガー（bottom agar）とよばれる 1.5％寒天を含む固形培地をつくり，その上にトップアガロース（top agarose）とよばれる 0.7％アガロースを含む固形培地を重ねる．ボトムアガーは大腸菌の増殖に必要な栄養分を供給す

る働きをもつ．大腸菌とファージはトップアガロースのゲルの中で動きを制限された状態で増殖する．

操　作
・ボトムアガープレートの作製
1. 1.5%の寒天粉末を含むNZY培地をオートクレーブして寒天を溶かす
2. 寒天培地をプレートにそそぎゲル化させる
3. クリーンベンチ内でプレートの蓋をずらしゲル表面を乾かす
・大腸菌のファージ感染とトップアガロースの作製
1. 大腸菌C600hfl懸濁液200 μLにSMバッファーに懸濁したλgt10を1 μL加える ❹
2. 37℃，15分間保温してλgt10を大腸菌に付着させる
3. 0.7%アガロースを含むNZY培地を加熱し溶かす（トップアガロース）
4. 50℃に冷却したトップアガロースと，λgt10を付着させた大腸菌を混合する
5. ボトムアガープレート上に流し込む ❼
6. 冷却してトップアガロースをゲル化させる
7. プレートを上下反転させ37℃で培養する ❺
8. 大腸菌がトップアガロースゲルの層の中で増殖し，トップアガロースゲル層が白濁する ❶
9. 白濁したゲル層の中に，プラークとよばれる透明なスポットができる ❷❸❻
10. プラークの数が，大腸菌に付着させたファージの数となる

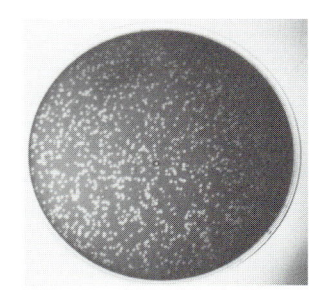

図 4.1　プラーク
斜光で撮影しているため大腸菌は暗く，プラークは明るく見える．

4.1 スクリーニングプレートの作製

「原理と解説」

❶ トップアガロースの中では大腸菌の動きが大きく制限される

0.7％アガロースゲルのトップアガロースでは，ゲルの網目の大きさが大腸菌とほぼ同じであり，大腸菌の動きは大きく制限される．プレート（径 90 mm × 15 mm）に撒いた 10^8 個の大腸菌は，プレート上に点在する程度であるが，増殖するにつれてゲルの網目を潜り抜け，球状に大腸菌のコロニーが拡大する．やがて，隣のコロニーと接するようになり，12 時間程度でトップアガロースの層をすべて埋め尽くす．

❷ トップアガロースの中では増殖したファージはゆっくり拡散する

径 90 mm のプレート上に形成されるプラークの数を数えるには，SM バッファーファージ液の中のファージ粒子の数を，1 μL あたり 100 個程度にするのが望ましい（図 4.1）．1 個の大腸菌に感染したファージは，大腸菌の中で増殖し，溶菌により外に出る．0.7％アガロースゲルの網目はファージより大きいが，培地の液体がゲルに保持され動かないためファージの拡散は限定的である．ゆっくり拡散するファージが，増殖中の隣の大腸菌に接すると侵入して増殖し，溶菌する．これをくり返すことにより，最初にファージに感染した大腸菌の位置を中心とする大腸菌のいない円形の領域ができる．この領域をプラークとよぶ．ファージに接しなかった大腸菌は増殖をくり返し，トップアガロースを埋め尽くすと増殖を停止する．

❸ 増殖を停止した大腸菌の中ではファージは増殖しない

増殖を停止した大腸菌は DNA 複製システムが働いていないため，ファージが感染してもファージは増殖せず，溶菌もしない．こうして，拡大を続けたファージのプラークは，大腸菌の増殖停止とともに拡大が止まるため，直径は 1 mm 程度より大きくならない．

❹ 1 つのプラーク内のファージがクローンになるよう感染させる

10^8 個の大腸菌に 100 個のファージが感染する場合，1 個の大腸菌に 2 つのファージが感染する確率は極めて低い．したがって，1 つのプラークを構成するファージはクローンといえる．したがって，プラークの数を数えることにより，ファージ粒子の数を推定することができる．ライブラリーを構

■ 4章　バクテリオファージのクローン化

成するファージ粒子の数を，プラークを形成する能力 pfu（plaque formation unit）として表す．

❺ プレートを上下反転させ雑菌が混入しないようにする

恒温器の内部のような無風状態の閉鎖空間では，菌は重力によって上から舞い落ちてくる．この菌ができるだけ混入しないように，プレートを上下さかさまに置いて培養する．

❻ cDNA を組み込まなかったファージは増殖させない

cDNA が組み込まれなかったファージベクターもバクテリオファージとなる．cDNA をもたないファージがライブラリーにあっては，無駄であり，スクリーニングの手間も多くなる．cDNA などの外来 DNA を組み込まなかったファージは増殖しないようにするしくみが，λgt10 には組み込まれている．

λgt10 には，*cI*（シーワン）遺伝子があり（図 4.2），*cI* をもつファージは溶原化する（図 4.3）．したがって，*cI* をもつファージは大腸菌に感染しても爆発的に増殖することはなく，宿主の大腸菌のゲノムの中に組み込まれたままになる．*cI* 遺伝子は，λgt10 のレフトアーム と ライトアーム の間に挿入されており，cDNA を *cI* 遺伝子の中の *Eco*RI サイトに組み込むようになっている．cDNA が挿入されると，*cI* 遺伝子が分断・破壊され，溶原化できなくなる．そのため，大腸菌に感染すると，溶菌サイクルに入り，増殖して大量の cDNA が得られる．cDNA が挿入されなかった λgt10 は溶原化するため，ほとんど増えない．

宿主の大腸菌にも工夫がある．大腸菌の *hfl*（high frequency lysogeny）遺伝子は，感染したバクテリオファージを溶菌サイクルに入らせる遺伝子である．*hfl* 機能が欠損すると溶原化しやすくなる．バクテリオファージの *cI* 遺伝子と，宿主の大腸菌の *hfl* 遺伝子により，cDNA が挿入されなかったファージが増殖しないように二重に抑制している．

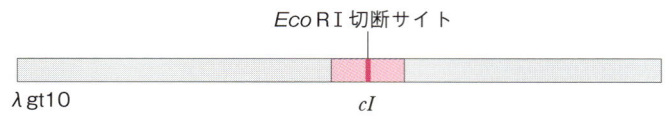

図 4.2　λgt10 の特徴

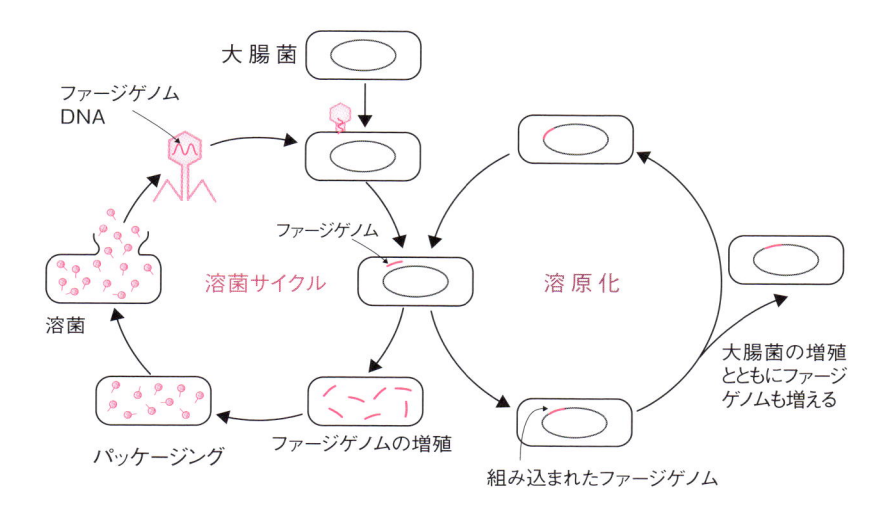

図 4.3　溶菌サイクルのバクテリオファージ

❼トップアガロース にはアガロースを用いる

　ボトムアガーには文字通り寒天を用い，トップアガロースにはアガロースを用いる．アガロースは寒天から精製するため，高価であるが，寒天に比べて固まりにくいため，ボトムアガー上に均一に滑らかに展開するだけの余裕が得られる．また，後に述べるブロッティングでは，寒天は粘着力が強いため，トップアガーにすると，ナイロンメンブレンに張り付き，トップアガーごと剥がれてしまうからである．同様にボトムアガー表面を乾燥させるのは，トップアガロースをボトムアガーにしっかり張り付かせるためである．ボトムアガー表面が濡れていると，メンブレンを剥がす時にトップアガロースがメンブレンとともに剥がれる．

コラム　溶原化と溶菌

　λファージは 48502 bp のゲノムをもつ．大腸菌に感染すると，ゲノムを大腸菌に注入する．通常は，ファージゲノムは大腸菌ゲノム DNA に組み込まれ，プロファージとなる．この状態を溶原化といい，プロファージが生成するリ

■ 4 章　バクテリオファージのクローン化

プレッサーによってファージが増殖しないように抑制されている．UV 照射や，マイトマイシン C などの化学物質処理により，リプレッサーが不活性化されると，ファージが増殖するための遺伝子が発現する．増殖したファージは大腸菌を溶かし，外に出て別の大腸菌に感染する．溶原化とは，溶菌する可能性をもつプロファージが大腸菌ゲノムに組み込まれていることを意味する．

　ウイルスにとっては，増殖して宿主を殺すよりは，宿主のゲノム DNA の複製とともに自己複製する方が生き残り戦略としては合理的である．宿主が死滅してしまえば，ウイルスも死滅するからである．遺伝子操作では，バクテリオファージの爆発的な増殖能力を利用するため，溶原化しないようファージゲノムに変異を加えている．

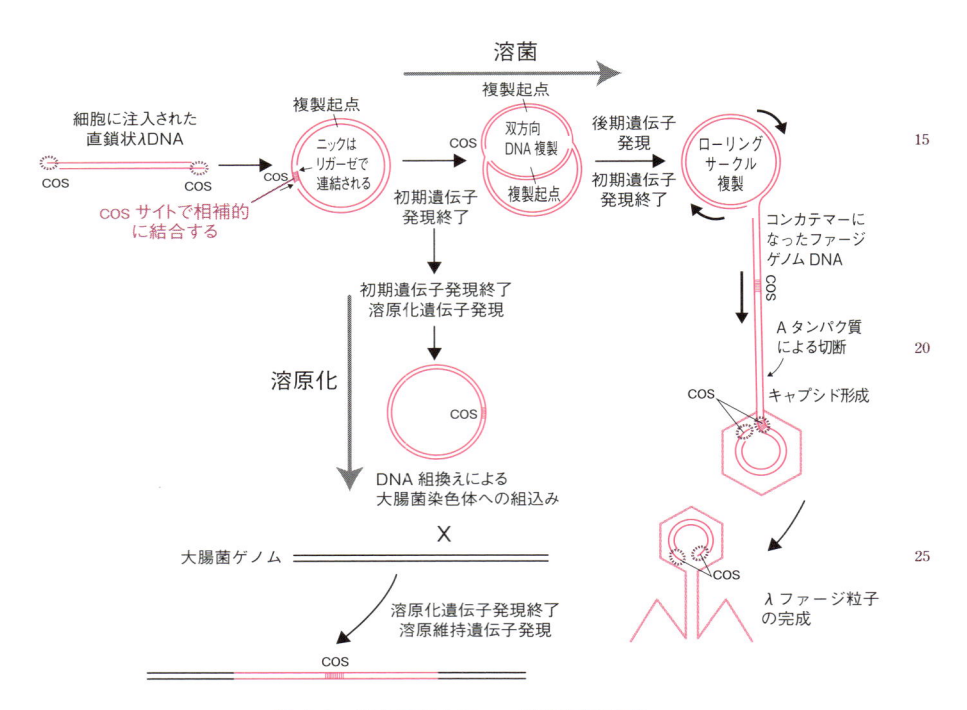

図 4.4　バクテリオファージの複製様式

参考　バクテリオファージの DNA 複製

　バクテリオファージのゲノムは直鎖であるが，真核生物の染色体 DNA のように DNA 複製のたびに DNA が短くなることはない（図 4.4）．バクテリオファージのゲノムの両端は，平滑末端ではなく，両端が互いに相補的に結合する粘着末端になっている．粘着末端は 12 塩基が 5′ 突出している．バクテリオファージが複製するときは，粘着末端で連結し，環状になって DNA が複製される．

　※補足　プラーク内のファージの数：プラークには溶けた大腸菌の死骸とともに，莫大な数のファージクローンが存在する．λgt10 はファージベクターの中でも増殖力が強く，大きなプラークを形成した場合は，プラークあたり約 $10^7 \sim 10^8$ 個のクローンが存在する．増殖力が弱いファージベクターでもプラークあたり $10^5 \sim 10^6$ 個のクローンがいる．

「実験 3」　クローンの増殖と培地プレート上での展開の概略

　径 90 mm のプレート上に，1000 〜 10000 個のプラークを形成させ，プラーク内にある増殖したクローンを検出する．

操　作

1. 200 μL の大腸菌 C600*hfl* 懸濁液に 1000 〜 10000 pfu のバクテリオファージを加える
2. 37℃，15 分保温し大腸菌にバクテリオファージを付着させる
3. 50℃まで温度を下げたトップアガロースにバクテリオファージを付着させた大腸菌を懸濁する
4. 混合したトップアガロースをボトムアガープレート上に流し込む
5. 冷却してトップアガロースをゲル化させる
6. 37℃で 12 時間保温する
7. pfu と同じ数のプラークが形成される

「原理と解説」　プレートあたりのプラーク数

　1000 pfu では，1000 個の大き目のプラーク（径 〜 1 mm）が，隣のプラークとほとんど接することなく形成される．10000 pfu では，小さな点のようなプラークが隣のプラークと接するように形成されるが，個々のプラーク

を識別することはできる．スクリーニングで強いシグナルを得たい場合は，1000 pfu 程度とする．多数のファージをスクリーニングする必要がある場合は，10000 pfu 程度とする．

4.2 プローブの合成

cDNA の塩基配列に相補的な配列をもつ DNA 鎖があれば，特異的に相補結合する性質を利用して，特定の塩基配列を検出するプローブとして用いることができる．

「実験 1」 プローブのデザインの概略
操 作
1. ペプチドシーケンスにより精製したタンパク質のアミノ酸配列を決定する
2. mRNA の配列を予測する ❸〜❼
3. 予測した配列の情報を用いて，プローブとなる 1 本鎖 DNA を合成する ❶❷

「原理と解説」
❶センスプローブとアンチセンスプローブ

特定の塩基配列をもつ DNA 鎖は容易に安価に合成することができる．cDNA は 2 本鎖であるため，mRNA と同じ配列の（センス sense）DNA 鎖をプローブとすることも，反対の鎖の配列をもつ（アンチセンス antisense）DNA 鎖をプローブとすることもできる．

❷プローブの特異性

20 塩基ほどの長さがあれば，十分な特異性のあるプローブとなる．16 個連続した特定の塩基配列が存在する確率は $4^{16} \fallingdotseq 3 \times 10^9$ 分の 1 となり，確率的にヒトゲノム上に 1 か所しか存在しない．20 塩基では，$4^{20} \fallingdotseq 8 \times 10^{11}$ 分の 1 となり，さらに特異性が高くなる．アミノ酸配列が 7 アミノ酸決まれば，21 塩基のプローブをつくることができる．実際には，30 塩基〜40 塩基の合成 DNA プローブを用いることが多い．

4.2 プローブの合成

❸ コドンの縮重が阻む100%相補性

アミノ酸はトリプレットコドンによってコードされているが，多くのアミノ酸では1種類のアミノ酸に対して複数のコドンが対応する縮重（degeneracy）がある．したがって100％相補的に結合する配列をもつDNAをつくることはできない．

解決策として，以下がある．(1)縮重の少ないアミノ酸が多い領域を選ぶ，(2)可能性のあるすべての配列をプローブとする，(3)コドンユーセージの情報を用いる，(4)塩基の代わりにイノシンを用いる．

❹ 縮重の少ないアミノ酸を多く含む領域を用いる

コドンが1つしかないメチオニンやトリプトファンは100％の相補性がある．一方，6種類のコドンがあるロイシン，アルギニンは避けなければならない．

❺ 縮重プローブを用いる

縮重のあるコドンすべてに対応する塩基配列をもつDNAプローブを縮重プローブ（degenerate probe）という．多くのアミノ酸のコドンはトリプレットの3番目の塩基が複数ある．バリン，セリンのように3番目の塩基が異なる4種類のコドンをもつアミノ酸を3つ含む場合は，$4^3 = 64$通りの配列をもつプローブとなり，100％の相補性で標的配列に結合するプローブは，全プローブ分子の64分の1しかないことになる．なお，64通りものプローブを合成するのは大変に思えるかもしれない．しかし，DNA合成機は，塩基を1つ1つ連結していく反応をくり返すため，反応液に4種類の塩基を加えれば，その4種類の塩基のいずれか1つだけが付加される．したがって，単一の塩基配列をもつDNA合成をする工程と変わらない．

❻ コドンユーセージの利用

使われるコドンの頻度が異なることを利用して，確率の高いコドンを選ぶことができる．コドンの利用頻度をコドンユーセージ（codon usage）といい，コドンユーセージは生物種によって異なる．生物種ごとのコドンユーセージは，かずさDNA研究所のウェブサイトで公開されている（http://www.kazusa.or.jp/codon/）．

❼ イノシンを用いる

　非相補的な塩基は反発し合うため，相補しない塩基がプローブ DNA に含まれていると，標的配列への結合を妨げる．30 塩基のプローブの場合，2〜3 個の非相補的配列が含まれていても，その他の塩基で標的配列に結合することができるが，結合力は小さくなる．イノシンは塩基とよく似た構造をしており，どの塩基とも弱く結合し，反発することはない（図 4.5）．縮重のある塩基では，デオキシリボヌクレオチドの代わりにデオキシイノシン一リン酸（図 4.6）を連結すると，非相補的塩基による反発が軽減される．イノシンを含むプローブは高価なことが難点である．

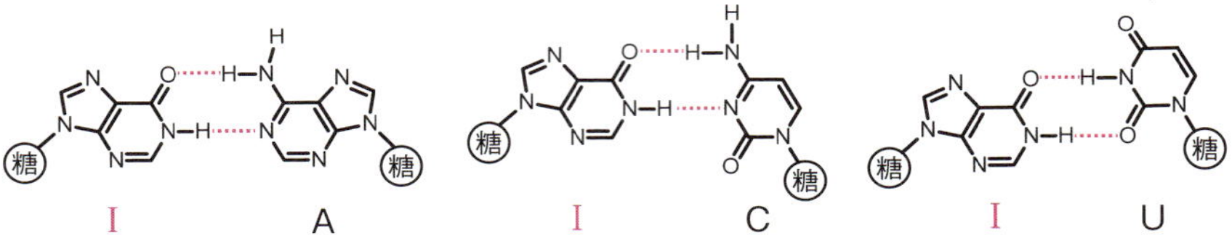

図 4.5　イノシンと塩基の相補的結合

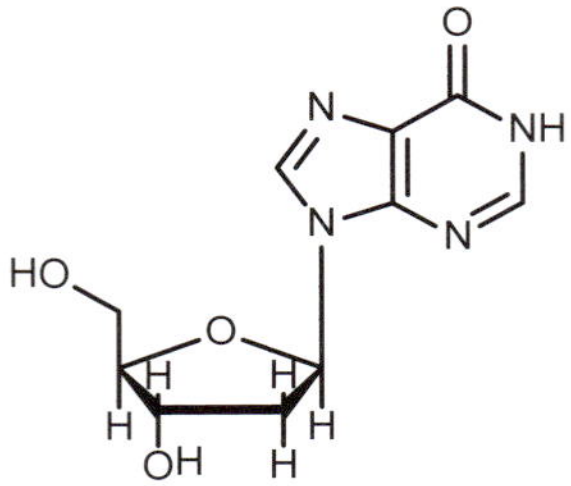

図 4.6　デオキシイノシンの構造

参考　メルティング・アニーリング・ハイブリダイゼーション

　もともと相補的な 2 本鎖 DNA を解離させることをメルティング（melting）といい，これを再度，相補的に結合させることをアニーリング（annealing）という．起源が異なる DNA 鎖同士，RNA 鎖と DNA 鎖を相補的に結合させると，ハイブリッドの 2 本鎖ができることから，ハイブリダイゼーション（hybridization）という．プローブを標的配列に結合させることは，ハイブリダイゼーションである（図 4.7）．

4.2 プローブの合成

```
           5'             プローブ              3'
              GCCATTACCGTAACCA
              ↓↓↓↓↓↓↓↓↓↓↓↓↓↓↓↓
3' AGCCATGACGGTAATGGCATTGGTAGTTAG 5'
```

図 4.7 ハイブリダイゼーション

参考　T_m 値

DNA 2 本鎖，RNA・DNA 2 本鎖の解離は温度に依存する．解離する温度を Melting Temperature（T_m）といい，塩基組成，鎖の長さ，塩濃度が影響する．T_m は経験的に以下の式で表される．塩濃度が 0.4 M 以上の場合は，塩濃度の変化は T_m に大きく影響しないが，0.01～0.20 M の範囲では塩濃度が大きな影響を与える．

塩濃度が 0.01～0.20 M，pH7 の場合

$$T_m(℃) = 81.5 + 16.6 \times \log_{10}[S] + 0.41 \times (\% \text{ GC}) - (500/n)$$

S：塩のモル濃度，n：塩基数，（% GC）：GC の割合（%）

塩濃度が 0.4 M 以上で，pH7 の場合は，簡易的に以下の計算式が当てはまる．相補的結合が 3 つの水素結合による GC は 4℃，2 つの水素結合の AT は 2℃としている．

$$T_m(℃) = 4 \times (G + C) + 2 \times (A + T) + 35 - 2n$$

n：塩基数，(G + C)：G と C の合計の塩基数，(A + T)：A と T の合計の塩基数

ハイブリダイゼーションなど DNA の再会合の効率が最も高い温度は，T_m 値より 16℃～32℃低い温度である．なお，pH が高くなると T_m 値は下がる．

※注意　相補結合のミスマッチは T_m を下げる

プローブの配列と標的配列の相補結合にミスマッチがあると T_m が下がる．ハイブリダイゼーション，非特異的ハイブリダイゼーションの除去の条件を緩くする必要がある．

「実験 2」　プローブの標識の概略

プローブとするオリゴヌクレオチドに標識となるジゴキシゲニン（digoxigenin：DIG）を連結し，抗 DIG 抗体でプローブの位置を認識する．

■4章 バクテリオファージのクローン化

操 作

プローブとするオリゴヌクレオチドと，DIG標識したデオキシヌクレオチドを混合し，ターミナルトランスフェラーゼ（terminal transferase）を作用させる．オリゴヌクレオチドの3′末端がDIGで標識される．❶❷

「原理と解説」
❶標識シグナルの強度の増強と非特異的結合

基質としてDIG-dUTP（図4.8）だけを加えると，3′末端に2～3個のDIG-dUTPが付加される（図4.9）．プローブのシグナルを強くするためには，DIG-dUTPにdATPを1：10の割合で加える．dATPは他のデオキシヌクレオチドに比べてターミナルトランスフェラーゼによる取り込み効率がよい

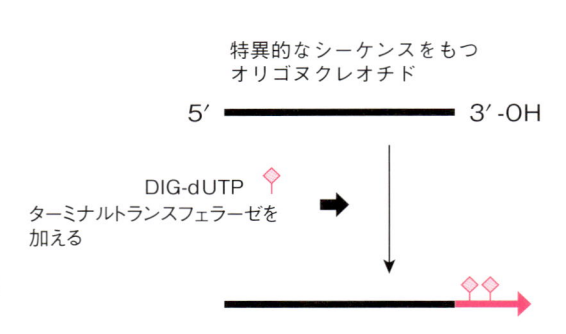

図4.8 ジゴキシゲニン標識ジデオキシウリジン三リン酸(DIG-dUTP)の構造

図4.9 ターミナルトランスフェラーゼによるDIG標識

ので用いる．約 50 個の主に dATP からなるテールが付加され，そのうち約 5 個の DIG-dUTP が取り込まれる．テールの配列はプローブ分子ごとに異なるが，A リッチな配列が付加されるため，非特異的なシグナルが生じる可能性があることに注意が必要である．DIG-ddUTP（図 4.10）を用いれば，3′末端に 1 個だけ DIG-ddUTP が付加される．プローブのシグナル強度と，テールの非特異的結合を勘案して，標識する．

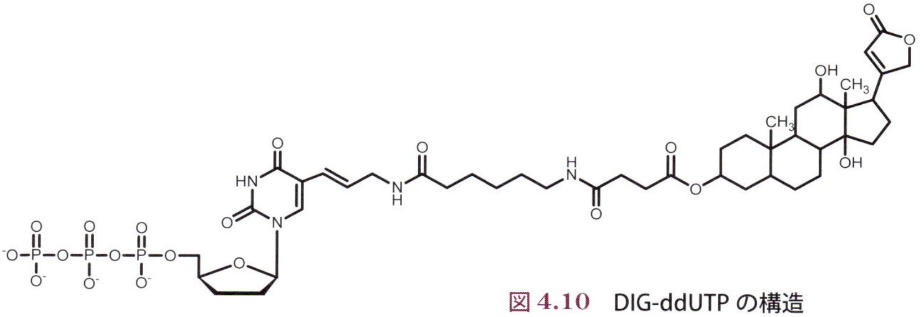

図 4.10　DIG-ddUTP の構造

❷ DIG が標識に使われる理由

DIG は，植物のジギタリス固有のジゴキシン（Digoxin）の誘導体である．スイスのロシュ社が，心臓病の治療薬としてジゴキシンの研究を行っている間に，ジゴキシンには強い抗原性があることを発見した．熱に安定であり，分子の標識によく用いられる．

4.3　ブロッティング

トップアガロースの中にいるバクテリオファージクローンの配列を，プローブで見つけ出すことはできない．プローブはトップアガロースのゲルの網目の大きさよりはるかに小さく，トップアガロースに浸み込む．ゲルに浸み込んだプローブを洗い落すことは困難であり，標的配列に特異的に結合したプローブと見分けがつかなくなるからである．クローンをプローブで検出するには，プローブが内部まで浸みこまないメンブレンにファージを吸着させ，メンブレン上で標的配列にプローブを相補的に結合させて検出する．

■ 4章　バクテリオファージのクローン化

　タンパク質や，DNA，RNA をメンブレンに吸着させることをブロッティング（blotting）という．ブロッティングとは，吸い取り紙で吸い取って乾かすという意味である．トップアガロース上の位置の情報を維持したまま，メンブレンに吸着させるにはどのようにすればよいだろうか．

「実　験」　ブロッティング操作の概略

操　作

1. 市販されているブロッティング用のナイロンメンブレンを用いる
   ［直径 90 mm のプレートの場合，82 mm ナイロンメンブレンを用いるとよい］
2. ナイロンメンブレンをトップアガロース上に密着させる ❶
3. 墨汁を付けた注射針でメンブレンを貫いてメンブレンと寒天培地に印をつける
4. 印は 3 か所，三角形の頂点に（・）（・・）（・・・）のように付ける
5. メンブレンをトップアガロース に密着させてから 30 秒後ににはがす
6. メンブレンをアルカリ溶液（0.5 M NaOH，1 M NaCl）に 60 秒間浸す ❸
7. メンブレンを 3 M CH$_3$COONa（pH5.5）に浸し，中和する
8. 5×SSC に移し，5×SSC 中でトップアガロース に密着させたメンブレン面をキムワイプで擦り，メンブレン面の汚れを落とす ❹
9. メンブレンに 254 nm の UV を照射する ❺
10. 同じ寒天培地のトップアガロースに 2 枚目のメンブレンを載せ密着させる ❷
11. 墨汁を付けた注射針で，1 枚目のメンブレンで寒天培地に付けた印と同じ位置に印をつける．
12. メンブレンをトップアガロースに密着させてから 60 秒後にはがす
13. 以下，1 枚目と同様に，アルカリ処理，中和，5×SSC 中でメンブレン洗浄，UV 照射する

試薬・溶液

20×SSC：1L に 175.3 g NaCl，88.2 g クエン酸ナトリウム（pH7）
使用する 5×SSC の塩濃度は，約 0.74 M NaCl となる．

4.3 ブロッティング

「原理と解説」
❶毛細管現象でメンブレンにブロッティングする

ナイロンメンブレンは，DNA や RNA，タンパク質を吸着する性質がある．この性質を利用して，トップアガロースの中にいるファージをメンブレンに写し取る．0.7％トップアガロースのゲルに閉じ込められているファージ粒子は，わずかではあるが拡散する．ブロッティングに使用するナイロンメンブレンは，正電荷をもつ親水性のナイロン製の多孔性の膜である（図4.11）．メンブレンの表面は，見た目は滑らかであるが，多数の孔がある吸水性の膜である．孔径は平均 2 μm のものがよくつかわれる．通常のナイロンメンブレンは 400 μg/cm^2 の吸着力がある．正電荷をさらに強化させて，DNA，RNA の吸着効率を高めた製品（600 μg/cm^2）も市販されている．

メンブレンをトップアガロースに密着させると，トップアガロースに含まれる培地液が毛細管現象によってメンブレンに移動する．液体の流れに乗ってバクテリオファージがメンブレンに移動する（図4.12）．ファージ粒子はメンブレンの孔径より小さいが，凸凹したメンブレンの孔に吸着される．吸着されたファージクローンのメンブレン上の位置は，トップアガロースのプラークの位置関係と一致している．この位置関係をメンブレン上に記録するため，墨汁を付けた針でメンブレンと寒天培地を貫き，印をつける．

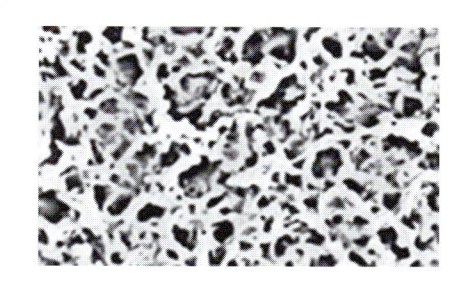

図4.11　ナイロンメンブレン

❷スクリーニング精度を上げるためレプリカをとる

プラーク中のファージ粒子のすべてがメンブレンに吸着されるわけではなく，むしろ大部分がトップアガロースのプラークの中に残っている．各プラークからは 10^5 ほどのクローンがメンブレンに吸着される．1 枚目のメンブレンでブロッティングした後，2 枚目のメンブレンでブロッティングすると，プラークに残っているファージ粒子がメンブレンに吸着する．1 枚目のメン

■4章　バクテリオファージのクローン化

ブレンと2枚目のメンブレンはレプリカとなり，同じ位置パターンでファージクローンがブロッティングされている．レプリカを取るのは，目的のクローンの検出精度を高めるためである．通常，メンブレンのレプリカを2枚以上とる．

1回目のブロッティングは30秒，2回目以降は1回ごとにブロッティング時間を30秒延長する．トップアガロース中のファージ粒子は，ブロッティングのたびに徐々に少なくなっていく．そのため，ブロッティングのたびに吸着の時間を延長して，メンブレンに吸着されるファージ粒子の数が一定になるようにする．

❸ ファージ粒子の溶解と DNA 2 本鎖の解離

メンブレンをアルカリ液に浸すと，ファージ粒子のタンパク質が溶け，DNAが露出する．また，DNA 2 本鎖も 1 本鎖に解離して，プローブが標的配列にアクセスできるようになる．

❹ メンブレンに付着したアガロースの除去

トップアガロースからはがしたメンブレンにはトップアガロースの断片が付着している．アガロースゲルは，プローブを非特異的に付着するため取り除く必要がある．5×SSC 中で，キムワイプを用いてメンブレン表面を丹念にふき取る．DNA はメンブレンの孔の中にあるため，ふき取ることによって失われることはない．

❺ DNA のメンブレンへの固定

DNAはメンブレンに静電的に付着しているが，遊離する可能性もある．UV 照射すると，DNA とメンブレンのナイロン繊維との間に共有結合が形成され，固定される．

4.4　メンブレンのブロッキング

ナイロンメンブレンはさまざまな物質を吸着するため，プローブも非特異的に吸着する．この非特異的なプローブの吸着を防ぐ必要がある．この操作を，プローブの非特異的吸着を阻止するという意味でブロッキング

4.4 メンブレンのブロッキング

(blocking) という．ハイブリダイゼーションを行うための溶液には，ブロッキング剤が含まれており，プローブでハイブリダイゼーションを行う前に，メンブレンをハイブリダイゼーション溶液に浸しブロッキングする．ハイブリダイゼーション溶液中でメンブレンをブロッキングする操作をプレハイブリダイゼーションという．

「実　験」　ブロッキングの概略
操　作
1. ブロッティングしたメンブレンをハイブリダイゼーション用のプラスチックバッグに入れる
2. ハイブリダイゼーション溶液をバッグに入れメンブレンを浸す ❶
3. 空気の泡をバッグから除く
4. ポリシーラーでバッグの切り口をふさぎ，65℃，2 時間加熱する

試薬・溶液
ハイブリダイゼーション溶液：サケ精子 DNA，スキムミルク，*N*-ラウロイルサルコシンナトリウム，SDS を含む 5×SSC ❷

「原理と解説」
❶ブロッキングのポイントは一層の分子膜コート

　ブロッティングによりメンブレン表面には，ファージ粒子の他，破壊された大腸菌の断片，培地に含まれるタンパク質や DNA などが吸着している．しかし，何も吸着していない部分も残っており，その部分はプローブが非特異的に吸着する．そこで，メンブレンの表面を非特異的な DNA やタンパク質で完全に覆い，それ以上は吸着できない状態にする．ブロッキングによりメンブレンの表面は 1 分子の厚さで覆われているため，ファージ DNA はブロッキングにより埋もれることなく，表面に露出している．ブロッキング剤として，プローブと化学的に性質が同じで安価なサケ精巣 DNA と，溶けやすくタンパク質がきめ細かいスキムミルクが用いられる．

❷余分なブロッキング剤を除去する界面活性剤

ラウロイルサルコシンナトリウムと SDS は，共に界面活性剤（洗剤）であり，メンブレンへの余分な物質の付着を防ぎ，標的の DNA がブロッキング剤で埋もれないようにしている．

4.5 ハイブリダイゼーションによるスクリーニング

プローブを塩基の相補的結合により標的配列に結合させる操作をハイブリダイゼーション（→ p.129）という．ハイブリダイゼーションでは，塩基の水素結合の結合力と，DNA 鎖，RNA 鎖のリン酸同士の反発力のバランスと，熱エネルギーによるプローブ分子の運動を利用する．

「実　験」 ハイブリダイゼーションによるスクリーニングの概略

操　作

1. プローブを純水に溶かし，100℃加熱，急冷する
2. プレハイブリダイゼーションを行ったプラスチックバッグに切れ目を入れる
3. 切れ目からプローブ溶液を入れる
4. 空気の泡をプラスチックバッグから排除する
5. ポリシーラーで切り口をふさぐ
6. 65℃，18 時間保温し，プローブを標的にハイブリダイゼーションさせる ❶～❸
7. メンブレンを乾かさないようにすばやく洗浄液 I で洗う
8. メンブレンを洗浄液 II で 65℃，15 分間，2 回振盪して洗う ❶

試薬・溶液

洗浄液 I：2×SSC，0.1% SDS
洗浄液 II：0.5×SSC，0.1% SDS

「原理と解説」

❶緩い条件でプローブを標的配列に結合させる

5×SSC（0.74 M NaCl），65℃のハイブリダイゼーションの条件では，相補

4.5 ハイブリダイゼーションによるスクリーニング

性が100％でなくてもプローブが結合する．最初は条件を緩くして，できるだけ多くのプローブを標的配列に結合させる．洗浄は低塩濃度で行い，非特異的に結合したプローブを解離させる．100％の相補性で結合したプローブだけを残すには，さらに塩濃度を下げ，0.1×SSC で洗浄する．

❷高い温度でプローブの標的配列へのアクセス効率を高める

ハイブリダイゼーションは T_m に依存する．T_m は塩濃度を低くすると低下するため，低塩濃度，低温でハイブリダイゼーションさせてもよいように思える．しかし，低温では熱エネルギーによるプローブの分子運動が低くなり，標的配列に出会う機会が少なくなる．適度に高温に保つことにより，プローブの分子運動を高め，標的配列へのアクセスの機会を高めている．

❸不完全な相補性のプローブを標的配列に結合させるには

コドンユーセージの情報でプローブを作製したり，イノシンを用いたりした場合は，相補性が100％にならず，T_m 値が低くなると予想される．その場合は，洗浄液の塩濃度を高めにしたり，洗浄の温度を下げたりする．

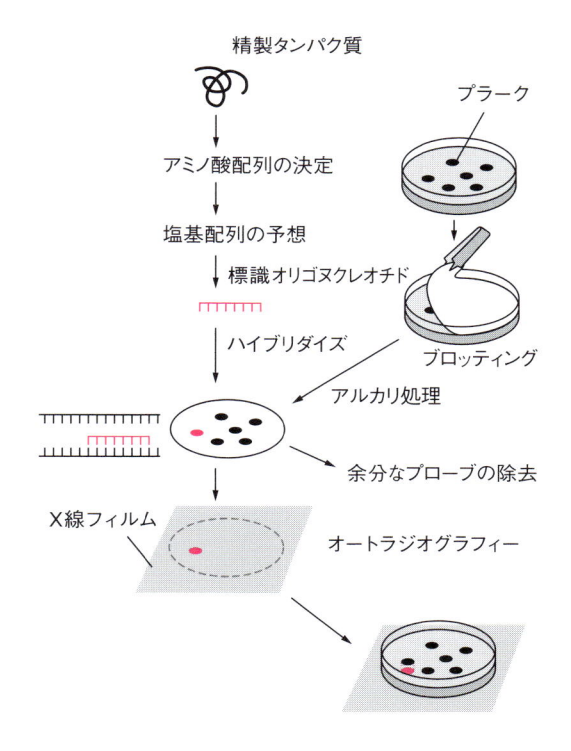

図 4.12　スクリーニング操作の流れ

❹ リサイクルできるプローブ溶液

プローブは高価なため，リサイクルするとよい．プローブはハイブリダイゼーション溶液には大過剰に入っており，たとえば 30 塩基のプローブとすると，一般的に用いる量の 1 pg で 3×10^{10} 分子あることになる．標的配列がたとえば 10^5 分子あって，標的にすべてのプローブが結合したとしても，残るプローブ分子の数は $3 \times 10^{10} - 10^5 \fallingdotseq 3 \times 10^{10}$ となり，計算上はプローブの分子数は減っていない．

4.6 プローブの検出

DIG 標識されたプローブは，アルカリ性ホスファターゼ（AP）で標識した抗 DIG 抗体を用いて検出する．抗 DIG 抗体を介してプローブに結合したアルカリ性ホスファターゼが，化学発光試薬を脱リン酸化することにより発する光を X 線フィルムなどで検出してプローブが存在する位置を特定する．

「実　験」　プローブのシグナル検出の概略

操　作

1. ハイブリダイゼーションを行ったメンブレンを AP 検出液 1 に入れ，1 分間静置する
2. メンブレンを AP 検出液 2 に入れ，90 分間静置する
3. 抗 DIG 抗体を AP 検出液 2 で 1 万倍に希釈する
4. メンブレンを，ブロッティングされた面を上にして，ポリラップの上に置く
5. メンブレンをプラスチックバッグに入れる
6. 抗 DIG 抗体液をバッグに入れ，30 分間反応させる
7. メンブレンを AP 検出液 1 で 15 分間，2 回洗浄する
8. メンブレンを AP 検出液 3 に 5 分間入れ，平衡化させる
9. 100 µL の CDP-Star をポリラップ上に滴下する
10. メンブレンのブロッティング面を下に，CDP-Star を滴下したラップに載せる
11. メンブレンの上にプラスチックシートをかぶせ，ラップとの間に挟む

12. プラスチックシートが下になるように反転させる
13. CDP-Star がメンブレンの全面に行き渡るようにする
14. 気泡が入らないようシールする
15. 暗所・室温で 5 分間反応させる
16. メンブレンのブロッティング面を上にして X 線フィルム感光カセットに入れる
17. メンブレンの近くに三角形にした蛍光テープを張り付ける
18. 暗室で X 線フィルムをメンブレンの上に載せ,感光カセットを閉じる
19. 室温で 5 〜 25 分間露光させる
20. X 線フィルムを現像する

試薬・溶液

AP 検出液 1：100 mM Tris-HCl pH7.6, 150 mM NaCl

AP 検出液 2：Buffer1 + 5% Skim milk, 0.1% Tween-20

AP 検出液 3：100 mM Tris-HCl (pH9.5), 100 mM NaCl, 50 mM $MgCl_2$

抗 DIG 抗体溶液：ジゴキシゲニン特異的ポリクローナル羊抗体を AP 検出液 2 で 1 万倍に希釈

CDP-Star：アルカリ性ホスファターゼ発光基質（ロシュ社）

「原理と解説」 CDP の発光

CDP-Star はアルカリ性ホスファターゼにより脱リン酸化されると,やや不安定な dioxetane phenolate anion を形成する.dioxetane phenolate anion が崩壊するときに,466 nm の光を発する.CDP-Star が脱リン酸化してから,数分で発光する（図 4.13）.

※注意　メンブレンは乾かしてはならない

　プローブや抗体を反応させた後,メンブレンを乾かすとプローブや抗体が非特異的に結合するため,素早くメンブレンを洗浄する必要がある.

※注意　X 線フィルムはぬらしてはならない

　X 線フィルムが濡れると感光したように黒くなるので,露光前にラップを確実にシールする.

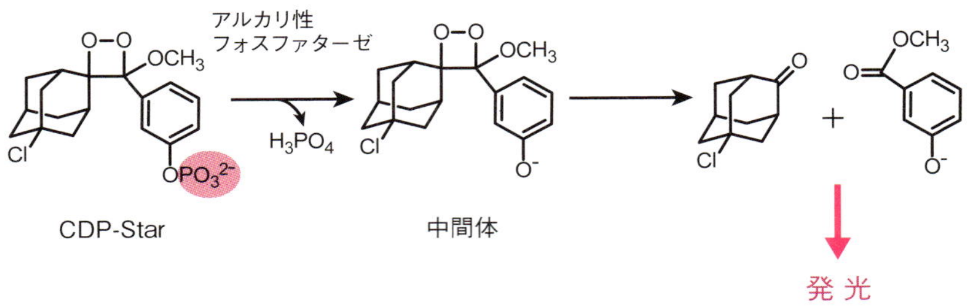

■ 4章　バクテリオファージのクローン化

図 4.13　CDP-Star の発光機構
CDP-star：Disodium 2-chloro-5-(methoxyspiro {1, 2-dioxetane-3, 2′-(5′-chloro) tricyclo [3.3.1.1^{3,7}] decan}-4-yl) phenyl phosphate

※補足　プローブを直接 AP 標識する

　抗 DIG 抗体を用い検出系は，非常に感度がよいため幅広く用いられているが，プローブ DNA を直接アルカリ性ホスファターゼで標識するシステム AlkPhos Direct も GE ヘルスケア社から市販されている．AlkPhos Direct を用いれば，抗体反応の過程を省くことができる．

4.7　cDNA のクローニング

　ブロッティングしたメンブレンには，各プラークの cDNA クローンが，プレート上のプラークの位置関係を保ったまま写し取られている．プローブが相補的に結合するクローン配列があれば，CDP-Star の発光により，X 線フィルムが感光し，標的配列の存在を示すシグナルは黒い点としてフィルムに表示される．X 線フィルムとプレートを重ね合わせると，プローブが結合したプラークを特定することができる．

「実　験」　ファージプラークの特定とクローニングの概略
　操　作
1. 蛍光テープの位置を目印に X 線フィルムとメンブレンとを重ね合わせる
2. X 線フィルムに，メンブレンに針で記された点（・）（・・）（・・・）の位置を記す ❶

4.7 cDNAのクローニング

3. 複数のレプリカメンブレンについてX線フィルム上のシグナルの位置が一致すれば特異的シグナルと判断する ❸
4. X線フィルム上のシグナルの位置と一致するプラークの培地をパスツールピペットで抜き取る
5. 培地をSMバッファーに懸濁する
6. ファージを大腸菌に感染させ，プレートに撒いてpfu（ファージ密度）を調べる
7. プレートあたりプラークが10個程度になるようにプラークを形成させる
8. ブロッティングとプローブによるスクリーニングを行う
9. ポジティブなプラークを特定しパスツールピペットでプラークのある培地を抜き取る
10. 培地をSMバッファーに懸濁する
11. ファージを大腸菌に感染させ，プレートに撒いてpfu（ファージ密度）を調べる
12. プレートあたりプラークが1個程度になるようにプラークを形成させる ❷
13. ブロッティングとプローブによるスクリーニングを行う
14. 1枚のプレートに1個のプラークが形成され，ポジティブであればクローン化されたとみなす
15. クローン化されたファージを大量培養する
16. ファージからDNAを回収（→ p.88）する
17. ファージベクターからcDNAを切り出しプラスミドに組み込む（→ p.96）
18. cDNAのシーケンス（→ p.115）を行う
19. 塩基配列からアミノ酸配列を推定する
20. 推定アミノ酸配列とペプチドシーケンスにより得られた配列と一致することを確認する ❹

「原理と解説」

❶ プラーク，メンブレン，X線フィルムの位置関係の記録

X線フィルム上の感光スポットと，ブロッティングしたメンブレン，プレー

ト上のプラークの位置が1対1に保存され，それが明確にわかるようにする必要がある．そのため，墨汁を付けた針でメンブレンとプレートの培地を貫き，メンブレンと培地上のプラークの位置を記録する．メンブレンとX線フィルムの位置関係は蛍光テープで記録し，露光・現像後にメンブレンに記した培地との位置関係の目印をX線フィルムに記す．X線フィルムに記された目印と，培地の目印を重ねて一致させ，プラークの位置を特定する．

❷クローニングには最低3回のスクリーニングが必要

　プラークは隣のプラークと接しており，ファージも少しずつ拡散するため，プラークのクローンは，隣のプラークのクローンと混じりあっている．そのため，パスツールピペットで抜き取ったプラークには複数のクローンが存在する．単一のクローンにするためには，低密度でファージを培養し，隣のプラークと接しないプラークを形成させ，再度スクリーニングを行う．ポジティブなプラークからファージを抽出すれば，クローンが得られると考えられるが，この段階でも，複数のクローンが存在する可能性が高い．なぜならば，ブロッティングしたメンブレンを培地から剥がす時に，メンブレンと培地の接しているところは毛細管現象が起き，培地の液とともにファージ粒子がメンブレンと培地の隙間に移動する．その結果，プラーク以外のところにもファージクローンが存在することになる．1プレートに1プラークとなるようにファージを培養し，ハイブリダイゼーションしてポジティブであることが確認できれば，クローン化されたといえる．

❸ライブラリー中のクローンの割合は遺伝子の発現量を反映する

　クローン化したcDNAを鋳型にプローブを作製し，ライブラリーをスクリーニングした場合，発現量が多い遺伝子ほど多数のポジティブなシグナルが得られる．活発に発現している遺伝子のmRNAの分子数が多いため，合成されるcDNAの分子数も多く，ライブラリーの中の割合も多くなるからである．1万個のクローンをスクリーニングして，100個のポジティブなシグナルが得られた場合，その遺伝子のmRNAは，全mRNAの約1％を占めると予想される．

❹目的のクローンが得られない場合の対応

クローン化された cDNA の塩基配列を決定すれば，アミノ酸配列を推定することができ，目的のタンパク質の cDNA がクローニングされたか検証することができる．ポジティブなシグナルが得られても，アミノ酸配列が一致しないこともある．プローブの塩基配列はアミノ酸の配列から推定しているので，標的の配列とは 100％の相補性がない可能性が大きく，似ている配列をもつ異なる遺伝子の cDNA がクローニングされることもある．このような場合は，複数のクローンについて配列を調べ，正しいクローンを選択する．また，ハイブリダイゼーションの温度を変えたり，プローブの洗浄の塩濃度を変えたり，試行錯誤が必要となる．

4.8 発現ベクターライブラリーのスクリーニング

バクテリオファージは，大腸菌に感染して溶菌するまでの間に，ファージの遺伝子を大腸菌の中で発現させる．ファージ DNA に，大腸菌の中で働くプロモーターと連結した状態で cDNA が組み込まれていれば，cDNA が転写され，大腸菌のタンパク質合成システムにより cDNA がコードするタンパク質が合成される．組み込んだ cDNA のタンパク質を，宿主の中で発現させるベクターを発現ベクターとよぶ．

精製したタンパク質があれば，そのタンパク質でウサギやマウスを免疫すると，特異的な抗体が得られる．この特異抗体をプローブに用いて，ライブラリーをスクリーニングする．また，転写因子のように特異的な DNA 配列に結合するタンパク質の場合は，2 本鎖の標的配列をプローブとして目的のタンパク質をコードする cDNA クローンをスクリーニングすることができる．ここではファージ発現ベクターとして λgt11（図 4.14）を例に解説する．

「実験 1」 抗体を用いたスクリーニングの概略

操 作

1. 大腸菌 Y1090 株にファージを感染させ，終濃度 0.64 mg/mL の X-gal を含むトッ

■ 4 章　バクテリオファージのクローン化

　　　プアガロースと混合する ❷❹
2. ボトムアガープレートに流し込み，42℃で培養（約 4 時間）する
3. 微小なプラークが形成されたころ，IPTG を浸み込ませたニトロセルロースメンブレンを培地の上に載せ，密着させる ❶❸
4. 培地とメンブレンを密着させたまま 42℃で 15 分間保温する
5. 37℃でさらに培養（約 12 時間）する
6. メンブレンを剥がしブロッキングする
7. ブロッキングしたメンブレンに抗体を反応させる
8. 標識した二次抗体でシグナルを検出し，プラークを特定する

試薬・溶液

X-gal 溶液：200 mg X-gal（5-bromo-4-chloro-3-indolyl-β-D-galactopyranoside）を 10 mL の DMF（dimethylformamide）に溶解．-20℃で保存（図 4.18）．

IPTG 溶液：240 mg の IPTG（Isopropyl β-D-1-thiogalactopyranoside）を 10 mL の純水に溶解．凍結保存（図 4.16）．

発現ベクター：λgt11 はレフトアームとライトアーム の間に，*lacZ* 遺伝子を配置してあり，*lacZ* の β-ガラクトシダーゼをコードする領域に cDNA を組み込む．

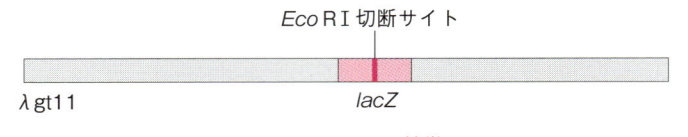

図 4.14　λgt11 の特徴

「原理と解説」

❶ *lacZ* プロモーター

　lacZ プロモーターは，大腸菌がラクトース（lactose）（図 4.15）を栄養源にするために発現させるラクトースオペロンのプロモーターである．環境に栄養源のグルコースがまったくなく，かつ代替の栄養源の乳糖（ラクトース）が存在する時に，*lacZ* プロモーターは働く．*lacZ* プロモーターのすぐ下流には，オペレーターとよばれる配列があり，オペレーターにリプレッサーと

よばれるタンパク質が強固に結合している．そのため，RNA ポリメラーゼはコード領域を転写することができず，β- ガラクトシダーゼは発現しない．大腸菌に取り込まれたラクトースは，細胞内で異性化してアロラクトースになる．アロラクトースはリプレッサーに結合する性質があり，アロラクトースが結合したリプレッサーは立体構造が変化して，オペレーターに結合できなくなる．オペレーターからリプレッサーが外れると，プロモーターに結合したRNA ポリメラーゼはコード領域を転写できるようになり，β- ガラクトシダーゼが合成される．

実際の操作では，アロラクトースではなく，代謝されないため安定的に効果を示す IPTG を用いて，タンパク質合成を誘導する（図 4.16）．

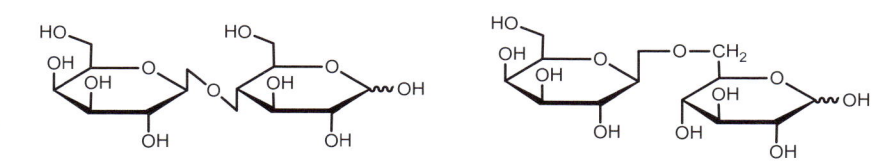

図 4.15　左：β-ラクトース，右：アロラクトース

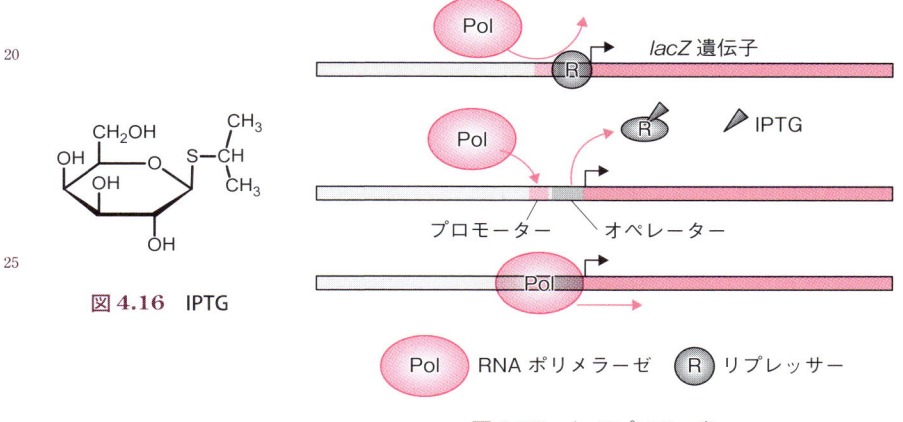

図 4.16　IPTG

図 4.17　*lacZ* プロモーター

■ 4章　バクテリオファージのクローン化

❷ 宿主の大腸菌 Y1090 は外来タンパク質の合成に適している

　宿主として大腸菌株 Y1090 を用いる．Y1090 は，立体構造が異常になったタンパク質を分解するプロテアーゼをコードする *lon*（→ p.157 参照）が欠損しているため，cDNA がコードするタンパク質が比較的安定に存在する．外来遺伝子のタンパク質が大腸菌の中で生産されると，大腸菌が異物と認識し，増殖が停止することがしばしばある．そのため，増殖の初期は外来タンパク質を合成させないようにする．ファージに感染した大腸菌が十分に増殖してから，外来タンパク質の合成を誘導できれば，合成量も多くなる．Y1090 は，リプレッサーの遺伝子 *lacI* を高発現する変異（*lacI^q*）も加えてあり，多数のリプレッサーが存在するため，cDNA がコードするタンパク質の合成が抑えられている．IPTG の添加によりタンパク質の合成が誘導される．

❸ タンパク質の発現とコドンの読み枠

　β-ガラクトシダーゼのコード領域に cDNA が挿入されていると，*β*-ガラクトシダーゼと cDNA がコードするタンパク質の融合タンパク質が合成される．しかし，cDNA が挿入されていれば融合タンパク質が合成されるというわけではなく，*β*-ガラクトシダーゼのトリプレットコドンの読み枠と，cDNA の読み枠が一致しなくてはならない．読み枠がずれていると，アミノ酸配列がまったく異なったタンパク質が合成される．また，終止コドンとなる可能性が高くなる．cDNA が *β*-ガラクトシダーゼをコードする遺伝子と反対方向に挿入されても正しいタンパク質は合成されない．そのため，cDNA が挿入されたとしても，タンパク質が合成されるのは，読み枠で 1/3，挿入方向で 1/2 の確率となり，1/6 の確率でしかタンパク質が合成されない．また，λgt10 のように，cDNA が挿入されなかった場合は増殖できなくなるしくみはなく，cDNA が挿入されなかったファージベクターも増殖してプラークを形成する．

❹ cDNA が挿入されなかったファージの検出

　λgt11 は *β*-ガラクトシダーゼをコードする遺伝子をもち，大腸菌に感染すると大腸菌に *β*-ガラクトシダーゼを発現させる．cDNA は，λgt11 の *β*-ガラクトシダーゼのコード領域に挿入されるため，cDNA が挿入されたファー

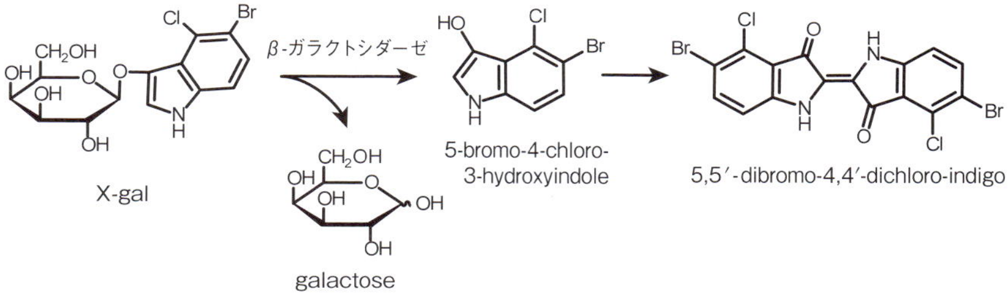

図 4.18　X-gal の発色機構

ジでは β- ガラクトシダーゼの C 末端側が消失するか，N 末端側と C 末端側の間に，cDNA 由来のポリペプチドが挿入されることになる．そのため，β-ガラクトシダーゼの活性を失う．

　トップアガロースに X-gal を加えておくと，β- ガラクトシダーゼが発現していれば X-gal から galactose が外れ，青い色素の 5,5′-dibromo-4,4′-dichloro-indigo が形成される（図 4.18）．そのため，cDNA が挿入されなかったファージのプラークは青く見える．一方，cDNA が挿入されたファージのプラークは無色となり，cDNA のベクターへの組込み効率を知ることができる．X-gal を用いて青白で DNA の挿入を判別する方法をカラーセレクションという．野生株の大腸菌は *lacZ* をもち，β- ガラクトシダーゼを発現するため，カラーセレクションには使えない．宿主には β- ガラクトシダーゼを発現しない大腸菌株を用いる．Y1090 は *lacU169* の欠損変異があり β- ガラクトシダーゼを発現しない．そのため，X-gal が存在しても大腸菌は青くならない．

　※補足　X-gal とインディゴ

　タデ科植物のタデアイ（蓼藍）などさまざまな植物に含まれ，浴衣やジーンズの染色に用いられる色素のインディゴ（Indigo）の構造と，5,5′-dibromo-4,4′-dichloro-indigo の構造はよく似ている（図 4.19）．

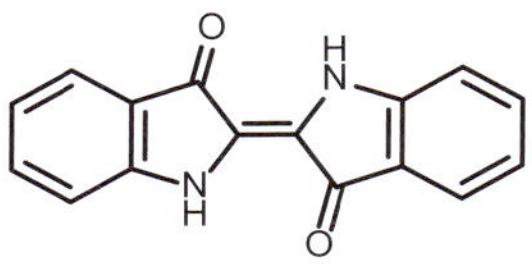

図 4.19　インディゴ

コラム　可視光を吸収するから発色する

　色があるということは，発色物質が，可視光の特定の波長を吸収しているということである．吸収された特定の波長の補色が色として見えるのである．X-gal は紫外線を吸収するが，可視光を吸収しない．したがって人間の目には無色に見える．加水分解により X-gal から galactose が外れると，X-gal と galactose を連結していた酸素原子 O は OH となり，5-bromo-4-chloro-3-hydroxyindole となる．5-bromo-4-chloro-3-hydroxyindole は不安定で，空気中の酸素により酸化され，二量体の暗青色不溶性の 5,5'-dibromo-4,4'-dichloro-indigo となり沈着する．

コラム　発色には共役二重結合がかかわる

　単結合と二重結合が交互に連なった結合を共役二重結合という．共役二重結合では，二重結合をつくる電子が自由に動けるため，単結合と二重結合とが混じり合った中間的な状態になっている．共役二重結合が 8 個より少ないと，紫外線しか吸収しないため，人間の眼には無色に見える．二重結合が増えるにつれ，より長波長の光を吸収し，化合物は黄色から赤色を呈する（図 4.21）．発色には，共役の範囲を伸ばし電子の偏りを助長する原子団がかかわる．共役にかかわる原子団に対して電子供与性や電子求引性をもつ原子団を助色団という．青や緑の呈色には，共役二重結合などの発色団もかかわるが，助色団の影響も大きい．

　　発色にかかわる原子団
>C=C<, 　>C=O, 　>C=N-, 　-N=N-, 　-N=O
　　発色団の呈色に影響を及ぼす助色団
-CH_3, 　CN, 　-COOH, 　-O-, 　-OH, 　-OR, 　-NH_2, 　-NR_2, 　-Cl, 　-Br, 　-NO_2, 　-SO_3H

参考　ペンタジエン

　共役二重結合をもつ最も単純な化合物はペンタジエン（図 4.20）である．共役二重結合単独では，発色は黄色に始まり，共役二重結合が増えるにつれ長波長を吸収して発色は赤に近づく．さらに共役二重結合が長くなると，可視光のほとんどが吸収され，褐色，黒色を呈するようになる．

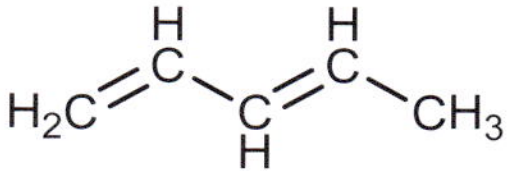

図 4.20　1,3-ペンタジエンの構造

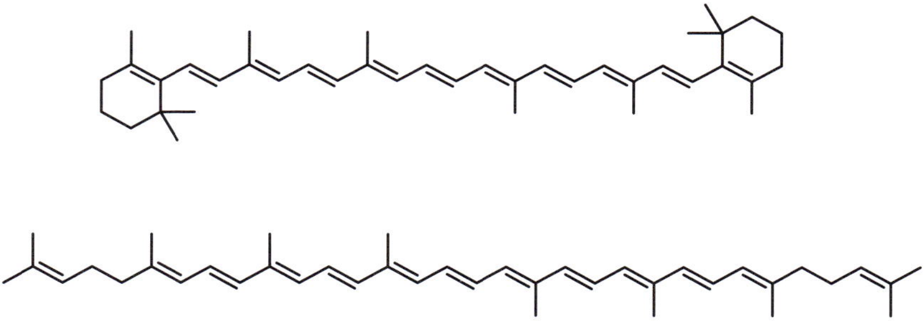

図 4.21　上：β-カロテン（ニンジンの橙色），下：リコペン（トマトの赤色）

「実験 2」　2 本鎖標的配列を用いたスクリーニングの概略

操　作

1. 大腸菌にファージを感染させ，プレートに撒いて 42℃で培養（約 4 時間）する
2. 微小なプラークが形成されたころ，IPTG を浸み込ませたニトロセルロースメンブレンを培地の上に載せ，培地とメンブレンを密着させる
3. 42℃に 15 分間保温
4. 37℃でさらに培養（約 12 時間）
5. メンブレンを剥がしブロッキングする
6. 2 本鎖 DNA の 3′末端を DIG 標識したプローブでスクリーニングする
7. 抗 DIG 抗体でタンパク質に結合したプローブを検出する

■ 4章　バクテリオファージのクローン化

「原理と解説」　転写因子の DNA 結合ドメイン

　転写因子の DNA 結合ドメインは，30〜60 アミノ酸からなり，タンパク質の全体がなくてもドメインだけで結合するものが多い．真核生物の多くの転写因子は DNA 結合ドメインと標的配列の結合力が弱いので，実際にはこのスクリーニング法は適していないが，強い親和性の DNA 結合ドメインをもつ転写因子を網羅的にスクリーニングするためには有効である．

4.9　クローンファージの回収と DNA の抽出

　ファージは，増殖期にある大腸菌の DNA 複製システムと，タンパク質合成システムを利用して増殖する．大腸菌が培地に多量にあると，短時間で大腸菌の密度が飽和に達し，増殖を停止する．最大の効率でファージを増やして回収するには，大腸菌が増殖しつつ，大腸菌の密度が飽和に達する少し前に，すべての大腸菌が一斉に溶菌し，増殖したすべてのファージが培地に飛び出すような条件に設定する必要がある．

「実験 1」　クローンファージの回収の概略

　クローン化したファージを感染させた大腸菌を，アガロース培地に撒き，ファージが十分に増殖し，すべての大腸菌が溶菌したところで，回収する．この操作をプレートライセート法という．スクリーニングでは，ボトムプレートに寒天を用いたが，ボトム，トップともアガロースを用いる．

操　作

1. 1.5%アガロースを含む NZY 培地プレート（径 90 mm × 15 mm）を用意する ❷
2. 200 μL の大腸菌懸濁液（OD_{600}：0.5）を試験管に入れる ❶
　　［λgt10 の場合の大腸菌は C600hfl，λgt11 の場合は Y1088 を用いる］
3. SM バッファーで希釈したファージを，λgt10 の場合は 10^4 pfu，λgt11 の場合は 10^5 pfu 加える
4. 37℃，15 分間保温し，バクテリオファージを大腸菌に付着させる
5. 50℃に冷却したトップアガロースと，ファージを付着させた大腸菌を混合

4.9 クローンファージの回収とDNAの抽出

する
6. ボトムアガロース(bottom agarose)プレート上に流し込む
7. 冷却してトップアガロースをゲル化させる
8. 37℃で6〜7時間培養する
   ［プレート表面が透明で滑らかになる］
9. プレートを4℃に冷却する
10. 1プレートあたり，5 mLのSMバッファーをプレートにそそぎ，ゲルから遊離するファージを回収する
11. 遠心分離により大腸菌の断片を除く
    ［1プレートあたり，約10^{10}個のファージが得られる.］
    ファージからのDNA抽出に進む.
    ファージを，感染能力を保ったまま保存するときには以下の操作を行う.
12. クロロホルムを数滴入れ，4℃で保存する ❸
13. 長時間保存する場合は等量のグリセリンを加え，−80℃で保存する

「原理と解説」
❶大腸菌の増殖と並行してファージを増殖させる

増殖期にある大腸菌にファージが感染すると，ファージは増殖する．大腸菌は培地上に低密度で撒かれると，十分な養分を吸収して指数関数的に増殖する．しかし，高密度になり，養分が枯渇すると増殖を停止する．大腸菌が増殖を停止すると，増殖システムが働かないため，ファージも増殖しない．そればかりでなく，大腸菌に取り込まれたままになり回収することができなくなる．1個の大腸菌に1個のファージが感染すると，ファージは約100個に増殖する．そのためファージは，大腸菌より速く増殖する．培地に撒く大腸菌の数（10^8）をファージの数（10^4）より多くし，大腸菌をできるだけ増殖させて，増殖を停止する直前にすべての大腸菌を破壊してファージが外に出るように大腸菌とファージの数を調整している．遊離したファージは，培地の上に注がれたSMに拡散させることで回収する．

❷ボトムプレートには寒天ではなくアガロースを用いる

　大腸菌のコロニーや，ファージのプラークを固形培地上につくらせるには，ボトム培地には安価な寒天を用いる．しかし，ファージを回収してDNAを精製する場合は，培地にアガロースを用いる．寒天には，DNAと性質が似ている硫酸化ガラクタンが含まれており，遺伝子操作に使う酵素の働きを阻害する．そのため，ファージDNAを回収する時には，硫酸化多糖を寒天から除去してあるアガロースを用いる．

❸クロロホルムで大腸菌の細胞膜を破壊する

　クロロホルムは大腸菌の細胞膜に孔をあける働きがあり，大腸菌に閉じ込められたファージが回収される．プレートライセート法では，大腸菌はほとんど溶菌するため問題はないが，液体培養の場合は培地の酸素不足のため溶菌しない大腸菌もある．このような大腸菌を破壊してファージを回収するのにクロロホルムは有効である．また，クロロホルムの滅菌作用により，ファージ溶液を無菌に保つ働きもある．クロロホルムはプラスチック容器の壁を容易に通過するため，しばらくすると揮発して，次の操作に影響を及ぼすことはない．

「実験2」　クローンファージからのDNA抽出の概略

操　作

1. SMでプレートから抽出したファージ液10 mLあたり1 μLの10 mg/mLリボヌクレアーゼAと10 μLの1 mg/mLデオキシリボヌクレアーゼIを加え，37℃で30分間保温する ❶
2. 10 mLの20% PEG6000，2 M NaCl，SMを加える ❸
3. 0℃で2時間静置する
4. 15,000 ×g，4℃，20分間遠心分離する
   ［沈殿に10^{10}個程度のファージが回収される］
5. ファージの沈殿に0.7 mLのSMを加え沈殿を均一になるまで懸濁する ❹
6. 15,000 ×g，4℃，2分間遠心分離する
7. 上清に14 μLの0.5 M EDTA (pH 8.0)，2 μLの10 mg/mLリボヌクレアーゼA

4.9 クローンファージの回収と DNA の抽出

を加え，37℃，30 分間保温する ❺
8. 4 μL の 20% SDS を加え，65℃，15 分間保温する ❻
 ［ファージのキャプシドが壊れ，DNA が遊離する］
9. フェノール抽出，フェノール・クロロホルム，クロロホルム抽出する
10. 水層に 0.6 倍量の 20% PEG6000，2.5 M NaCl を加え，0℃，10 分間静置する
11. 15,000 ×g，4℃，10 分間遠心分離する
12. 沈殿に 100 μL の TE を加え，クロロホルム抽出，エタノール沈殿する
13. 100 μL の TE を加え DNA を溶解させる
 ［1 プレートあたり約 0.5 μg の DNA が回収される］

試薬・溶液
ウシすい臓由来リボヌクレアーゼ A（RNaseA）：10 mg/mL リボヌクレアーゼ A のストック溶液を 100℃，10 分間煮沸したものを使う．❷
TE：10 mM Tris-HCl (pH8.0), 1 mM EDTA

「原理と解説」
❶大腸菌のゲノム DNA と RNA を除去する
　SM に回収されたファージ粒子の周りには，大腸菌由来の DNA と RNA が付着している．これらを除去するためにデオキシリボヌクレアーゼ I とリボヌクレアーゼで消化する．ファージ DNA はキャプシドで囲まれているため，分解されることはない．
❷リボヌクレアーゼ A に混入するデオキシリボヌクレアーゼを失活させる
　市販のリボヌクレアーゼにはデオキシリボヌクレアーゼが混入していることがある．リボヌクレアーゼは 100℃ でも失活しないが，デオキシリボヌクレアーゼは失活するため，煮沸により簡便に，混入するデオキシリボヌクレアーゼ活性を除去することができる．
❸ファージのキャプシドを壊さないようにファージを回収する
　SM に懸濁したファージを沈殿させて回収するが，キャプシドタンパク質から DNA を容易に遊離できるようにするため，エタノールや酢酸など，タンパク質を固定する能力のある沈殿剤は用いない．ファージ粒子は大きく沈

殿しやすいため，マイルドに沈殿させる PEG が用いられる．

❹キャプシド中のファージ DNA は物理的衝撃に強い

ファージ粒子の周りには，破壊された大腸菌タンパク質や RNA，DNA が付着している．SM 中でファージを激しく撹拌することにより，ファージ粒子を個々に分散させ，粒子に付着した物質を落とす．ファージ DNA は 50 kbp の長さがあるが，キャプシドの中で凝縮しているため衝撃に強い．

❺ファージ粒子に付着した RNA を除去する

EDTA 存在下でデオキシリボヌクレアーゼ活性を抑え，さらにリボヌクレアーゼ処理してキャプシドに付着した RNA を除去する．

❻ SDS でキャプシドタンパク質を溶解する

SDS を加え加熱することにより，キャプシドのタンパク質が変性して遊離する．この段階で DNA が外に出る．フェノール・クロロホルム抽出によりタンパク質を除去すると，ファージ DNA が回収される．

第 II 部
基本的な実験操作の原理

　得られた cDNA クローンを用いれば，タンパク質の合成や，合成したタンパク質の機能解析，遺伝子の発現解析もできる．また，cDNA をプローブとしてゲノムライブラリーから遺伝子をクローニングし，遺伝子発現調節機構の解析も可能になる．このような実験のために，さまざまな技術が開発されている．第 II 部では，cDNA クローンを増幅させるプラスミドベクターと，ベクターを増殖させるための特殊な大腸菌株について学び，塩基配列の決定法，特定の塩基配列を検出するハイブリダイゼーション法，試験管の中で特定の塩基配列をもつ DNA 断片を増幅させる PCR 技術など，遺伝子操作の基本原理を学ぼう．

5章 プラスミドベクターへのサブクローニング

　ファージベクターの増殖システムを利用して cDNA 断片を増やすことはできるが，操作が繁雑で収量が少ない．また，ファージは感染性があるため，他の実験で用いる大腸菌に感染すると，遺伝子操作の妨げにもなる．そこで，感染性のないベクターのプラスミドを利用する．

5.1　コンピテントセル

　大腸菌を Ca^{2+} などの 2 価陽イオン存在下で急冷すると，大腸菌の細胞膜はプラスミドなどの小さな DNA を透過するようになり，プラスミドは大腸菌に取り込まれる．このように，プラスミドを取り込む能力をもたせた大腸菌をコンピテントセル（competent cell：能力のある細胞）という．

「実　験」　コンピテントセル作製法の概略
　操　作
1. LB 培地で大腸菌を 25℃で激しく振とうしながら培養する．
2. OD_{600} が 0.5 になったところで，培養液を小分け（50 mL）する ❶
3. 氷水で急冷し，氷水中で 30 分間静置する
4. 1500 ×g，4℃，5 分遠心分離する
5. 沈殿に氷冷した 50 mM $CaCl_2$ を加え，大腸菌を穏やかに懸濁する ❷
6. 懸濁液を 1 時間氷中で静置
7. 1500 ×g，4℃，5 分遠心分離する
8. 沈殿に氷冷した 5 mL の 50 mM $CaCl_2$/20%（w/v）グリセロールを加え懸濁する ❸
9. 氷上で 100 μL ずつ 1.5 mL チューブに分注
10. 液体窒素で急冷し，－80℃で保存する

「原理と解説」

❶コンピテントセルにできるのは対数増殖期の大腸菌

増殖速度が遅いか，増殖を停止した大腸菌は，細胞壁を硬化させ，悪い環境への耐性を獲得する．このような大腸菌の中にプラスミドを導入することはできない．OD_{600} が 0.5 になったところで大腸菌を回収するのは，盛んに増殖しており，かつ十分量の菌を得ることができるからである．

❷ Ca^{2+} 存在下で急冷して細胞膜タンパク質の構造を変化させる

カルシウムイオンはタンパク質の立体構造を変化させる．急冷することにより，細胞膜の流動性が低下し，細胞膜タンパク質の立体構造が変化すると，細胞膜に孔ができる．この隙間から，プラスミドが大腸菌の中に入る．

❸グリセロールは凍結による細胞損傷を軽減する

細胞膜に孔が生じた大腸菌は瀕死の状態であるが，グリセロール溶液の中で凍結すると，生命を保持したまま維持できる．グリセロールを添加することにより，凍結の際に形成される氷結晶の大きさが小さくなり，細胞の物理的損傷が軽減される．

※補足　マンガンとルビジウム

カルシウムイオンに加え，陽イオンとしてマンガンやルビジウムを添加する方法や，培養を低温（18℃）で行い，マンガン，カリウムを添加する方法が開発されている．詳細は，専門書を参照されたい．

参考　コンピテントセルの能力の表し方

1 µg のプラスミドあたり生じたコロニー数で表す．10^8 となれば，最上級のコンピテントセルといえる．コンピテントセルの作製は，遺伝子操作の最も重要な技術であり，性能の悪いコンピテントセルしかできなければ，実験の効率が悪くなる．1 µg のプラスミドの分子の数は，プラスミドの長さが 3 kbp とすると 3×10^{11} となる．実際にコンピテントセルの能力を測定する場合は 1 pg のプラスミドを用いて，1 µg に換算する．

■ 5章　プラスミドベクターへのサブクローニング

5.2　プラスミドベクターへの組換え

　プラスミドは大腸菌の中で複製する環状の2本鎖DNAである（図5.1）．複製起点となる配列 *ori* をもち，大腸菌を宿主として増殖することができる．市販されている遺伝子操作用のプラスミドは，長さ約3 kbpであり，13 kbp程度までのDNAを挿入することができる．ファージベクターに比べれば，小さい体で力持ちといえる．

「実　験」　プラスミドベクターへのcDNAの組込みの概略
操　作
1. ファージクローンから，組み込んだcDNAを制限酵素消化により切り出す ❷
   [λgt10の場合は，*Eco*RIサイトでcDNAを組み込んであるので *Eco*RIで消化する]
2. アガロースゲル電気泳動（→ p.106）により，ベクターとcDNAを分離し，cDNA断片を回収する

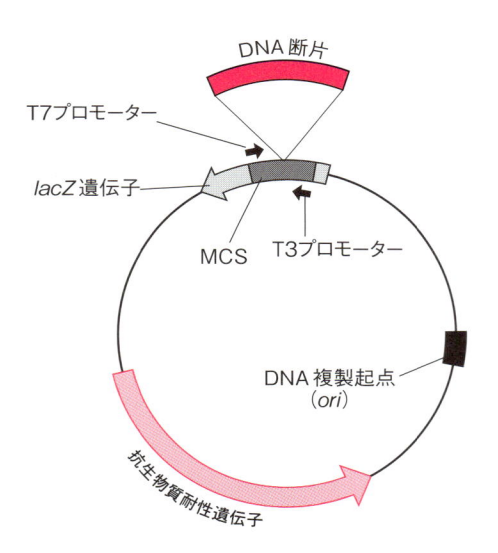

MCS：Multi Cloning Site（複数の制限酵素サイト）

図 5.1　プラスミドの基本構造

3. プラスミドベクターを *Eco*RI 消化後，ホスファターゼで脱リン酸化し cDNA と混合する ❶❸❹

4. DNA リガーゼによりプラスミドベクターに cDNA を組み込む

「原理と解説」

❶ベクターの脱リン酸化により，セルフライゲーションを防ぐ

プラスミドベクターを *Eco*RI 消化したものを直接用いると，cDNA と結合するよりも，自分自身の結合が優先的に起こる．そのためベクターの 5′ 末端のリン酸基を除く．なお，cDNA の 5′ 末端にはリン酸基があるので cDNA とベクターの結合は可能である．

❷制限酵素で cDNA が切断される場合の対処法

ファージベクターには，組込みサイト以外に *Eco*RI 認識配列はないが，組み込まれた cDNA に *Eco*RI 認識配列が存在する場合がある．その場合は，cDNA が断片化される．断片をそれぞれプラスミドに挿入することになるが，*Eco*RI 認識配列が近接する場合は，バンドとして検出されないため見落とす可能性がある．低濃度の *Eco*RI を作用させ，部分的に消化すると，全長の挿入 DNA 断片が得られる．

❸プラスミドの増殖には大腸菌の DNA 複製システムが使われる

大腸菌ゲノム DNA の複製は，*oriC* とよばれる特定の配列を起点として開始される．*ori* は複製の発端 origin にちなんで名づけられている．天然のプラスミドにも *ori* があり，大腸菌の中で DNA 複製起点として働く．大腸菌の *oriC* は，細胞周期ごとに 1 回だけ複製起点として働くための制御配列が含まれるが，プラスミドの *ori* は制御が甘くなっており，大腸菌の細胞周期 1 回の間に複数起点として複数回働く．そのため，天然のプラスミドの F 因子（約 100 kbp）は，大腸菌あたり複数（1〜3）コピーになり，ColE1（6646 bp）は大腸菌 1 個当たり約 25 分子となる．遺伝子操作で用いる多くのプラスミドは，ColE1 の *ori* を組み込んでいる．

❹ *ori* の配列を改変してプラスミドのコピー数を増やす

さらに多くのプラスミドを得るために，*ori* 配列の改変が試みられ，大腸

菌あたり500〜700分子のプラスミドが得られるようになった．開発したのは，カリフォルニア大学（University of California）の研究者だったため，開発されたプラスミドは大学の名前にちなんでpUCとよばれるようになった．

参考　大腸菌の複製開始機構

大腸菌の複製起点 *oriC* は，アスパラギン合成酵素遺伝子の近くの245塩基の中にある．*oriC* には9塩基のくり返し配列（5′-TT (A/T) T (A/C) CA (A/C) A-3′）が5か所にあり，その隣に13塩基の縦列反復配列（5′-GATCTNTTNTTTT-3′：Nは任意の塩基）が存在する（図5.2）．複製開始の際には，複製開始タンパク質DnaAが，9塩基のくり返し配列に結合し，さらにDnaAタンパク質どうしが結合して，約30個のDnaAからなる樽状の複合体を形成する．DnaA複合体はDNAを巻き付けた格好になり，DNAにねじれが生じる．すぐ隣にある13塩基の縦列反復配列はATに富むため，ほどけやすく，ねじれの力により1本鎖に解離する．次に，解離した1本鎖DNAにDnaB/DnaC複合体が結合し，DnaBのヘリカーゼ活性により，DNA2重らせんが大きく解かれ，ここにプライマーゼやDNAポリメラーゼが入り込み，DNAの複製反応が開始される．

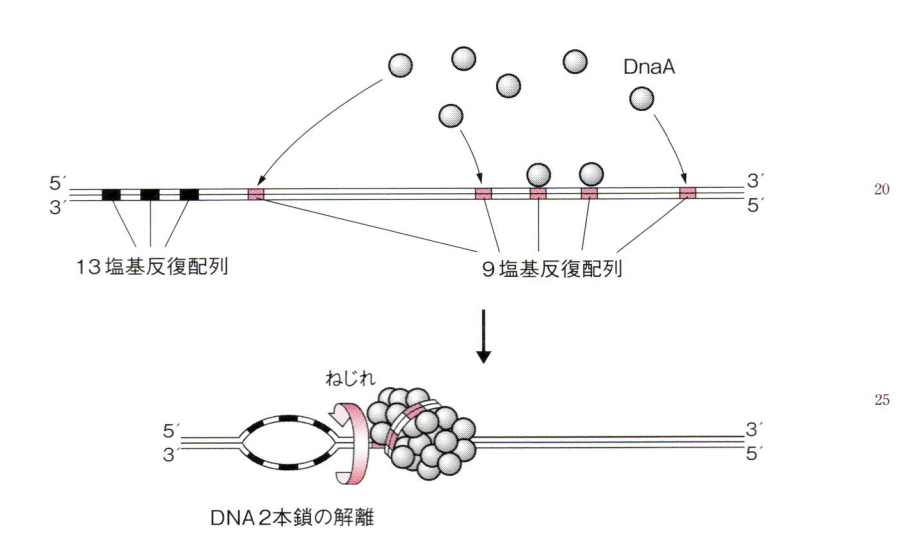

図5.2　大腸菌の複製起点

5.3 大腸菌の形質転換操作

大腸菌がプラスミドなどの外来遺伝子を取り込むと，大腸菌の形質が変わるため，大腸菌にプラスミドを導入することを形質転換という．

「実　験」　プラスミドによる大腸菌の形質転換操作の概略
操　作
1. 凍結保存したコンピテントセルを解凍する
2. プラスミドを添加し，氷上で 25 分間静置する
3. 45℃の湯で 45 秒間熱ショックを与え，1 分間氷冷する ❶❷
4. 1 mL の SOC 培地を加え，37℃で 60 分間培養する ❹
5. LB アンピシリン培地に大腸菌・プラスミド混合液を乗せ，液体をガラスロッドスプレッダーで広げてゲルに浸み込ませる ❸
6. プレートを上下反転させ 37℃で培養すると 12 時間程度で大腸菌のコロニーが現れる

試薬・溶液
SOB 培地：純水 900 mL, Bacto-tryptone 20 g, 酵母抽出物 5 g, NaCl 0.5 g を含む．1 M KOH で pH7.5 に調製し，オートクレーブする．使用直前に滅菌した 1 M $MgSO_4$ を 20 mL 加え，滅菌水を加えて 1000 mL にする．

SOC 培地：20 mM のグルコースを含む SOB 培地

アンピシリン溶液：市販のアンピシリンナトリウム 1 g を，200 mL の 50% エタノールに溶解して − 20℃で保存する．

LB アンピシリン寒天培地：1/100 容量のアンピシリン溶液を LB 寒天培地に加え，プレートに注ぎゲル化させる．

「原理と解説」
❶ヒートショックでプラスミドが細胞膜を通過しやすくなる
ヒートショックの熱エネルギーにより，細胞膜に空いた孔の周辺が激しく動き，孔が開閉する．その間に，孔からプラスミドが細胞内に入り込む．

■5章 プラスミドベクターへのサブクローニング

❷プラスミドはほとんど大腸菌に入らない

大腸菌に孔を開けても，プラスミドはほとんど入らない．たとえば，3 kbのプラスミドが 1 pg あると，約 30 万分子あることになるが，これを 10^8 個の大腸菌に混合したとしても，100 個程度の大腸菌にしかプラスミドが入らない．感染力のあるファージベクターとは大きな違いである．

❸プラスミドを取り込んだ大腸菌だけを生かすことで選別する

プラスミドが入らなかった大部分の大腸菌は，操作を進めるにあたり邪魔な存在である．細菌は抗生物質が存在すると死滅することを利用して，プラスミドを含まない大腸菌を排除する．プラスミドには抗生物質耐性遺伝子を組み込んであり，プラスミドで形質転換した大腸菌は，抗生物質を無毒化するか排出する能力を獲得する．遺伝子操作では抗生物質のアンピシリンとアンピシリン耐性遺伝子 Amp^r の組み合わせがよく用いられる（図 5.3）．アンピシリンは β- ラクタムを骨格とした抗生物質であり，細菌の細胞壁を作るために必要なペプチド転移酵素を不活性化する．その結果，細菌の細胞壁の形成が阻害され，溶菌して死滅する．

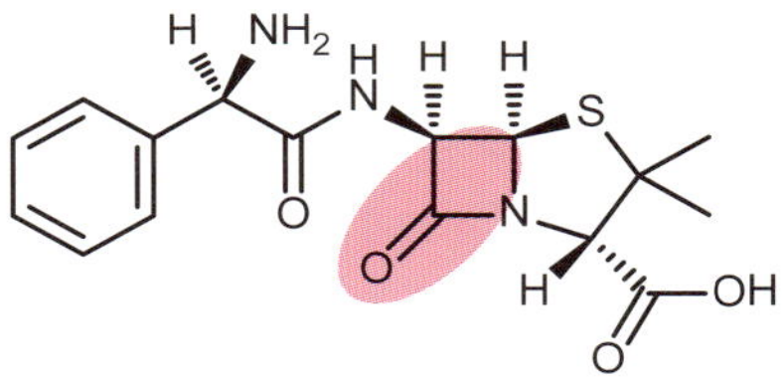

> ※補足　β- ラクタム系抗生物質
>
> β- ラクタム系抗生物質には，他にペニシリンやセファロスポリンがある．Amp^r は細菌由来の β- ラクタマーゼをコードしており，β- ラクタマーゼは β- ラクタム系抗生物質を加水分解して無毒化する．β- ラクタマーゼ遺伝子が伝達性薬剤耐性プラスミド (drug resistance plasmid) によって他の細菌に伝播すると，薬剤耐性菌が発生する．

図 5.3　アンピシリンの構造
ピンクの部分は β- ラクタム構造

❹グルコースは傷ついた大腸菌を癒す

プラスミドを導入されたコンピテントセルは瀕死の状態にある．そのまま，アンピシリン培地に撒くと，アンピシリンの効果で死滅する．大腸菌にとってグルコースは最高の栄養源であり，体の修復に使われる ATP の即効的な源となる．グルコースを含む SOC 培地で 60 分間培養することにより，大腸

菌は健全な状態になり，その間にタンパク質合成も開始される．導入されたプラスミドのアンピシリン耐性遺伝子も発現し，アンピシリンが存在しても生存できるようになる．この段階で，LB アンピシリン寒天に撒く．プラスミドを取り込まなかった大腸菌は死滅する．

参考　形質転換体の選別によく用いられるその他の薬剤と耐性遺伝子

カナマイシン (kanamycin)：アミノグリコシド系抗生物質．真正細菌の放線菌に属すグラム陽性菌のストレプトマイセス・カナマイセティカス (*Streptomyces kanamyceticus*) 由来．1957 年，梅澤濱夫が発見した（図 5.4）．

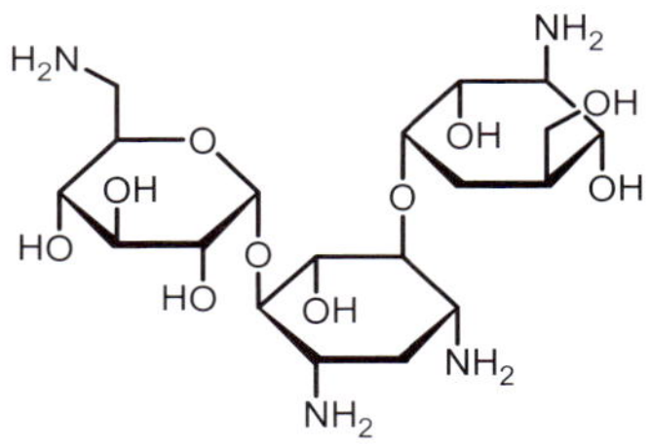

カナマイシン耐性遺伝子：アミノグリコシド 3′-ホスホトランスフェラーゼをコードする．カナマイシンをリン酸化して無効化する．

図 5.4　カナマイシン

テトラサイクリン（tetracycline）：テトラサイクリン系抗生物質．真正細菌に属す複数種の放線菌が合成する（図 5.5）．

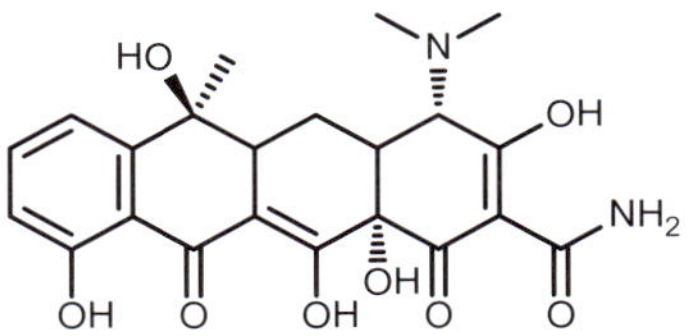

テトラサイクリン耐性遺伝子：テトラサイクリン排出トランスポーターをコードする．プロトンとのアンチポーターであり，テトラサイクリンを菌体外に排出する．

図 5.5　テトラサイクリン

> **コラム　ペニシリンとアンピシリン**
>
> アオカビ由来の抗生物質のペニシリンは（図 5.6），黄色ブドウ球菌などのグラム陽性菌に有効であるが，外膜と内膜の二重の生体膜で構成される細胞壁をもつ大腸菌などのグラム陰性菌には効果が少ない．ペニシリン分子の構造を化学的に修飾することにより，グラム陰性菌にも有効な抗生物質が作り出された．それらをペニシリン系抗生物質とよび，アンピシリンもその 1 つである．アンピシリンはペニシリン G にアミノ基を付加したものであり，グ

ラム陰性菌の外膜を透過するようになったため，大腸菌にも有効になった．

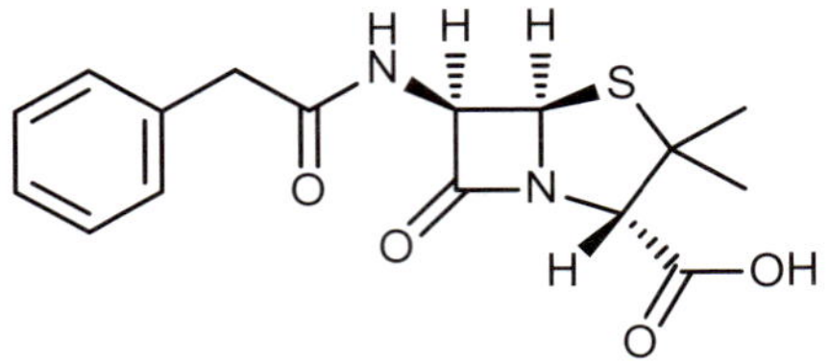

図 5.6 ペニシリン G

5.4　コロニーからのプラスミドの回収

　プラスミドは，外来 DNA を組み込んでいなくても，大腸菌に入れば ori によって増殖し，薬剤耐性遺伝子によって薬剤存在下でも大腸菌を生存させ，コロニーを形成させる．外来遺伝子を組み込んでいないプラスミドをもつ大腸菌は操作に邪魔な存在であり，排除したい．外来遺伝子が挿入されていないプラスミドをもつ大腸菌のコロニーは青色となり，挿入されているプラスミドをもつ大腸菌のコロニーは白色となるように工夫が施されている．

「実験1」　カラーセレクションの概略
操　作
1. 寒天培地に X-gal 溶液 20 μL（→ p.82 参照）と IPTG 溶液 10 μL（→ p.82 参照）を滴下する❶
2. ガラスロッドスプレッダーで，X-gal 溶液と IPTG 溶液を均一になるように広げ，寒天培地に吸収させる
3. プラスミドを取り込ませたコンピテントセル懸濁液を滴下する
4. ガラスロッドスプレッダーで均一になるように広げ，寒天培地に吸収させる
5. 37℃で 12 時間培養する
6. 青いコロニーと，白いコロニーが形成される❷

「原理と解説」

❶ プラスミドが大腸菌にβ-ガラクトシダーゼを合成させる

宿主としてβ-ガラクトシダーゼ遺伝子が発現しない大腸菌を用い，ベクターとして *lacZ* 遺伝子をもつプラスミドを用いる．*lacZ* 遺伝子はβ-ガラクトシダーゼをコードしており，プラスミドの *lacZ* 遺伝子が IPTG により誘導されて（→ p.83 参照）大腸菌で発現すると，β-ガラクトシダーゼが合成される．培地に X-gal が存在すると，X-gal を取り込んで分解した大腸菌は青いコロニーを形成する．*lacZ* 遺伝子のコード領域に MCS（multi cloning site）（→ p.96 参照）が挿入されているが，この MCS 配列は *lacZ* 遺伝子のトリプレットコドンの読み枠を変えないように設計されている．また，MCS 配列から合成されるペプチドが，β-ガラクトシダーゼのアミノ酸配列に挿入されることになるが，酵素活性を阻害しない配列になっている．

❷ MCS に DNA が挿入されると *lacZ* が破壊される

MCS に DNA が挿入されると，読み枠のフレームシフトが起こる可能性が高く，多くの場合は活性をもつβ-ガラクトシダーゼは産生されない．そのため，プラスミドで形質転換された大腸菌であっても，白いコロニーを形成する．フレームが適合していても，長いポリペプチドが挿入されるとβ-ガラクトシダーゼの立体構造が変化し，活性を失う．しかし，短い cDNA 断片がフレームシフトを起こさずに入った場合は，β-ガラクトシダーゼの立体構造の変化が小さいため，著しい活性の低下が見られず，コロニーの色が水色を呈することがある．

「実験 2」 アルカリ・SDS 法によるプラスミドの回収操作の概略

操　作

1. 大腸菌培養液 50 μL を 100 μL の 0.1M NaOH, 0.5% SDS を含む TE に懸濁する ❶❷
2. 30 秒間静置する
3. 50 μL の 3 M CH_3COOK（pH5.2）を加え軽く混ぜる ❹
4. 10,000 ×*g* 室温で 2 分間遠心分離する
5. 上清をエタノール沈殿する

6. 沈殿となったプラスミドを回収する ❸❺

「原理と解説」
❶アルカリ・SDS は大腸菌を破壊し RNA を分解する
　SDS を含むアルカリ条件では，タンパク質が変性し，脂質も可溶化する．そのため，大腸菌の細胞壁，細胞膜が破壊され，プラスミドが大腸菌から拡散により飛び出す．RNA はアルカリ条件で加水分解される．

❷プラスミド DNA はアルカリで変性しない
　アルカリ条件では，DNA 2 本鎖は 1 本鎖に解離するはずである．しかし，プラスミドは大腸菌からアルカリ条件で抽出しても，2 本鎖 DNA として回収される．大腸菌から抽出される DNA は 2 本の鎖がねじれており，2 本鎖が解離しても鎖が互いに交差しているため，離れることはない．サイズが小さく相補的な DNA 鎖が離れないでいるため，中性にもどされると熱エネルギーによる運動で，ただちにアニーリングする．

ccDNA
(closed circular DNA)

ニック

ocDNA
(open circular DNA)

linear DNA

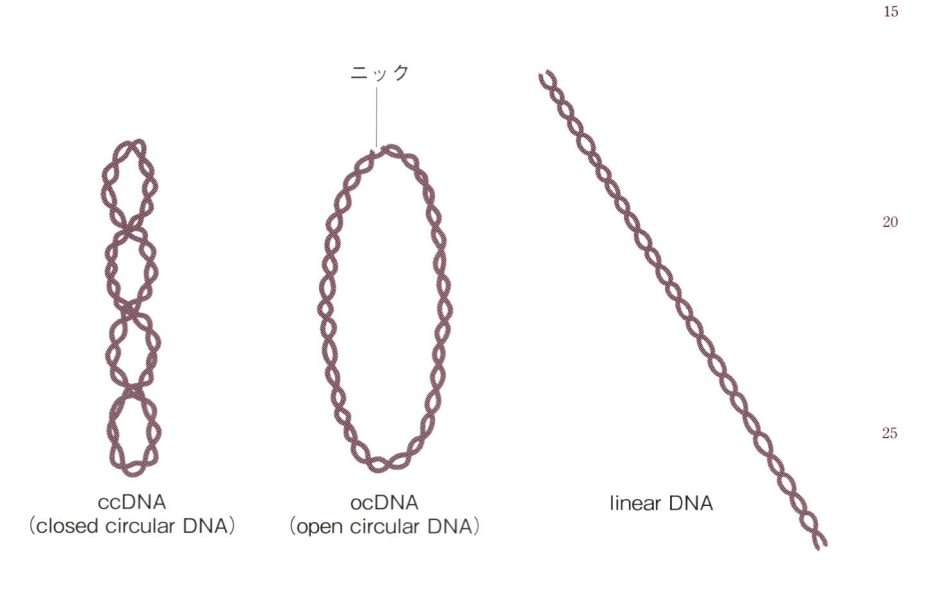

図 5.7　プラスミドのトポロジー

❸ 大腸菌から抽出されたプラスミドがねじれている理由

　生体内では，トポイソメラーゼの働きで，DNA 二重らせんに張力がかからないよう（リラックス状態）になっている．大腸菌で増殖したプラスミド DNA はタンパク質に巻き付いており，タンパク質に巻き付いた状態でリラックス状態にあるが，抽出の段階でタンパク質が外れると，張力がかかりねじれが生じる．この状態のプラスミド DNA を ccDNA（closed circular DNA）という．片方の鎖に切れ目（ニック）が入ると，ねじれが解消されてリラックス状態になる．この状態のプラスミド DNA を ocDNA（open circular DNA）という．また，2 本鎖の両鎖がほぼ同じ個所で切断されると，プラスミドは直線になる．直鎖状のプラスミド DNA を linear DNA という．ocDNA と linear DNA はアルカリ処理で 2 本鎖が解離する（図 5.7）．

❹ CH_3COOK はタンパク質と SDS を除去する

　CH_3COOK（pH5.2）は，アルカリを中和するとともに，タンパク質を沈殿させる．K^+ は SDS と結合して SDS を沈殿させる．原核生物のゲノム DNA も，真核生物のヒストンと類似したタンパク質が結合しているため，大腸菌のゲノム DNA は沈殿として除去される．本操作では，タンパク質のすべてを除去することはできない．また，タンパク質が結合していない多糖類は上清に残る．

❺ アルカリ・SDS 法で抽出されたプラスミドの精製度

　アルカリ・SDS 法で抽出されたプラスミドは，精製度は低いが電気泳動するには十分である．プラスミドを制限酵素処理する場合は，フェノール抽出するとよい．

　※補足　カラム法

　イオン交換クロマトグラフィー，シリカ吸着クロマトグラフィーを利用すると，さらに精製度の高いプラスミドが得られる．QIAGEN 社からプラスミド調製用のカラムが市販されている．

6章 電気泳動

電場をかけたゲルの中を，DNA や RNA，タンパク質を泳動させると，分子篩効果により分子の長さに応じて分画することができる．塩基配列の解析には，ゲル電気泳動の原理が利用される．

6.1 DNA ゲル電気泳動

DNA のゲル電気泳動の支持体として，アガロースやポリアクリルアミドが用いられる．分画しようとする DNA の長さによってそれらを使い分ける．

「実　験」　アガロースゲル電気泳動の概略

操　作
1. 1×TAE（pH8.0）・0.7%アガロース溶液を加熱し，アガロースを溶解した後，50℃程度に温度を下げ，ゲルメーカーに注ぎゲル化させる ❶
2. 泳動層に 1×TAE を注ぎ，アガロースゲルを 1×TAE 中に沈める
3. ローディング バッファーを加えた DNA または RNA 溶液を，スロットに載せる
4. 50〜100 V で電気泳動する ❷
5. EtBr 溶液（→ p.110）で染色する
6. トランスイルミネーター上で DNA または RNA の泳動パターンを撮影する

試薬・溶液
ローディング（loading）バッファー：50%グリセロール, 0.1% BPB（bromophenol blue）と 0.1% キシレンシアノール（xylene cyanol）を含む TAE
50×TAE 泳動バッファー：1 L 中に Tris 242 g，酢酸 57.1 mL，0.5 M EDTA 100 mL を含む．

「原理と解説」

❶分子篩効果

　溶液に電場が加わると，電荷をもつ物質が一方の極に向かって移動する現象を電気泳動という．ゲルに電場が加わると，分子篩効果により，大きい分子ほど移動度が低くなる．ゲルの中で行う電気泳動をゲル電気泳動という（図6.1）．ゲル濃度が一定の場合，分子の大きさ（長さ）の対数値と移動度は逆比例する．pH8の条件では，DNAやRNAは負に帯電しているため，プラス極に向かって移動する．分画できるDNAの長さは，ゲルの濃度に依存している．高い濃度のゲルは，分子篩の目が細かいため，短いDNAの分画に適しており，低い濃度のゲルは長いDNAの分画に適している（図6.2，表6.1）．

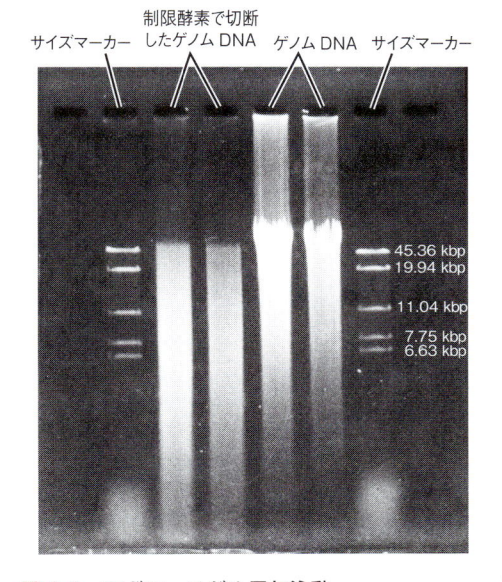

図6.1　アガロースゲル電気泳動
制限酵素で切断したプラスミドを電気泳動してエチジウムブロマイド（→ p.111）で染色している．

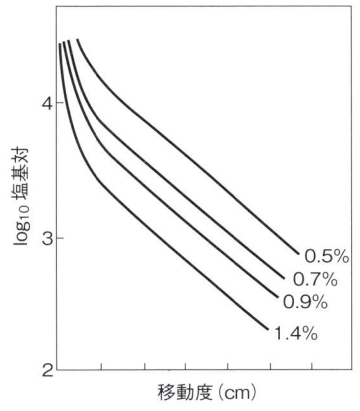

図6.2　移動度とアガロースゲル濃度

表 6.1　アガロース濃度と分画範囲

アガロース濃度（%）	DNA分子の分画範囲（kbp）
0.3	60〜5
0.6	20〜1
0.7	10〜0.8
0.9	7〜0.5
1.2	6〜0.4
1.5	4〜0.2
2.0	3〜0.1

・アガロースゲル

0.4〜4％のゲルを作る場合は，アガロース（図6.3）を用いる．アガロースの分子は長く，溶液の粘性が高いため，低濃度のゲルを作製することができる．逆に，粘性が高いため高濃度のゲルを作ることはできない．アガロースゲルは，100 bp〜数十 kbp の DNA を分画するのに適している．2〜4％のゲルを作る場合，粘性が比較的低い短いアガロースを用いる．短くて硫酸基がほとんどないアガロースで作製したゲルは，比較的低温で融解するため，LMP（low melting point）アガロースの商品名で市販されている．

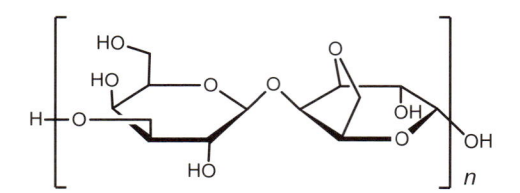

図6.3　アガロースの構造

・ポリアクリルアミドゲル

ポリアクリルアミドは，アクリルアミドとメチレンビスアクリアミドの付加重合によって4〜15％のゲルを作製することができる．約20 bp〜200 bp 程度の DNA を分画するには15％ゲルを用い，数百 bp〜1000 bp では4％を用いる．シーケンス反応では，100 bp〜1000 bp 程度の長さの DNA 断片が合成されるため，塩基配列の決定にはポリアクリルアミドが適している（図6.4）．

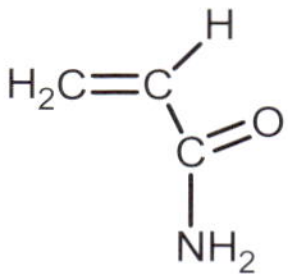

アクリルアミド

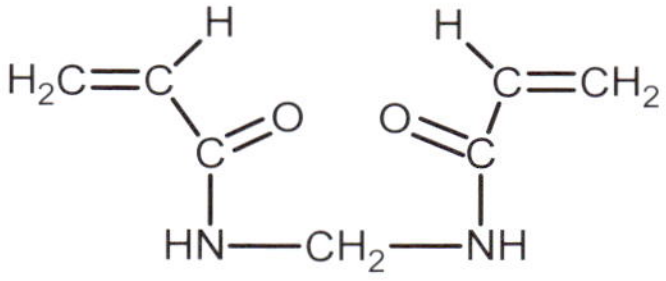

メチレンビスアクリルアミド

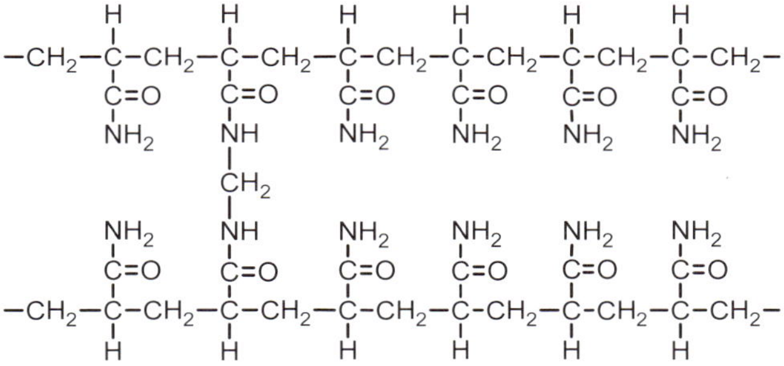

ポリアクリルアミドゲル

図 6.4 アクリルアミド，メチレンビスアクリルアミド，ポリアクリルアミドゲルの構造

❷低電圧で電気泳動すると分解能が高くなる

アガロースゲル電気泳動では，高電圧に比べ低電圧の方が，分離能が高くなる．アガロースゲルで泳動する DNA は長く分子量が大きいため，熱エネルギーによる運動が低く，短い DNA 鎖に比べて回転も遅い．したがって，高電圧で DNA 鎖をプラス極に引き付けると, DNA 鎖の長軸方向に泳動され，長さに依存した泳動度が得られなくなる．低電圧では，ゆっくり泳動されるため DNA 鎖の回転の効果が発揮されて鎖の長さ依存的に泳動される．

※補足　BPB (bromophenol blue) とキシレンシアノール

BPB とキシレンシアノールは，それぞれ青と緑の色素である．アガロースゲルの網目の径よりはるかに小さいため，分子篩効果によっては分画されないが，移動度で電気泳動の状況を判断することができる．BPB はキシレンシアノールより負の電荷密度が高い

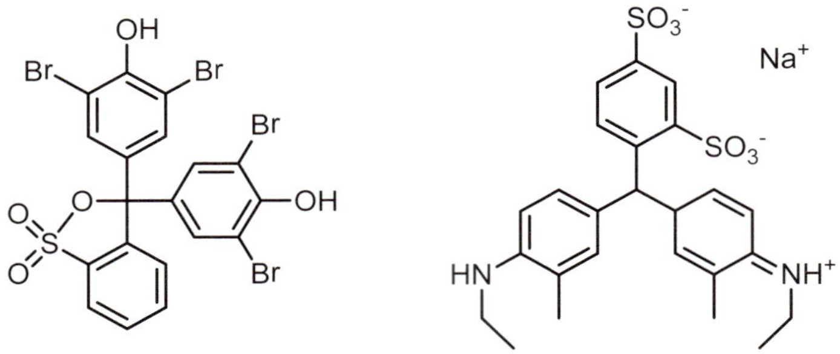

図 6.5　BPB（左）とキシレンシアノール（右）の構造

ため速く泳動される．一般に，BPB がゲルから外に出る前に電気泳動を終了させる．1%アガロースゲルの場合は，BPB は長さ 500 bp の DNA とほぼ同じ位置に泳動され，キシレンシアノールは長さ 4 kbp の DNA と同じ位置に泳動される（図 6.5）．

参考　DNA の塩基数と長さ

3 kbp → 1 μm

ヒトゲノム　3×10^9 bp → 1 m

6.2　核酸の染色と検出

DNA や RNA は，特異的に結合する蛍光色素で染色すると，高感度に検出することができる．

「実　験」　エチジウムブロマイド染色の概要

操　作

1. エチジウムブロマイド（Ethidium bromide：EtBr）1% 水溶液を作製する（図 6.6）
2. 電気泳動したゲルを 1 万倍希釈した EtBr 溶液に浸し，EtBr を DNA または RNA に結合させる ❶❺
3. 紫外線（UV）を照射し EtBr の蛍光を写真撮影する ❷〜❹

「原理と解説」
❶蛍光の原理
　DNA に結合した EtBr は，UV を照射すると赤橙色の蛍光を発する．しかし，EtBr 溶液は励起光を当ててもほとんど蛍光を発しない．水溶液の EtBr は，周囲を水分子に囲まれており，EtBr が蓄積した励起光のエネルギーが，熱エネルギーとして水分子に吸収され，蛍光にならないからである．なお，蛍光強度が低下することをクエンチング（quenching）という．EtBr は DNA 2 本鎖の塩基対と塩基対の間にはまり込む性質がある（図 6.7）．分子が，二層になった別の分子または分子集団の間に入り込むことをインターカレーション（intercalation）といい，EtBr は DNA 2 本鎖にインターカレートする．インターカレートした EtBr は水分子から遠ざかることになり，クエンチングせず，励起光によって蛍光を発するようになる．

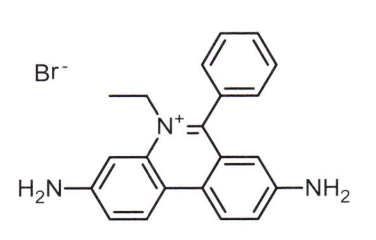

図 6.6　エチジウムブロマイド（EtBr）の構造

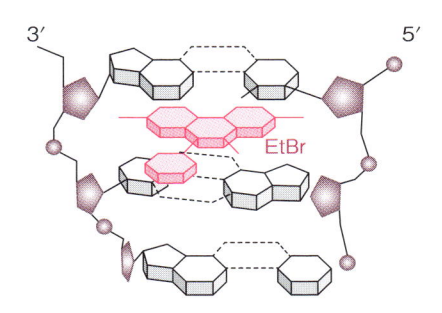

図 6.7　インターカレートの模式図

❷中波長 UV による EtBr の励起
　励起光の照射装置はトランスイルミネーターの名称で市販されている．一般に，短波長（254 nm），中波長（312 nm），長波長（365 nm）の 3 つのタイプが使われている．EtBr は，300 nm の励起光で，蛍光極大 590 nm の蛍光を発するため，300 nm に最も近い中波長タイプが用いられる．

❸短波長 UV による EtBr の励起
　EtBr が励起されない短波長を使うこともある．短波長の UV で EtBr が蛍光を発するのは，DNA を介して EtBr に励起光のエネルギーが伝えられるか

■ 6 章　電気泳動

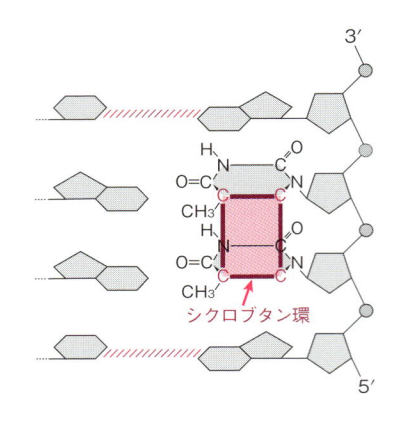

図 6.8　ピリミジンダイマー

らである．DNA は 254 nm の UV を最もよく吸収する．254 nm を吸収してエネルギーを蓄積した DNA の塩基は，インターカレートしている EtBr を励起し，蛍光極大 590 nm の蛍光を発する．EtBr 自身は励起されないため，DNA にインターカレートしていない EtBr は蛍光を発することなく，バックグラウンドが低減され，DNA の存在が明瞭に浮かび上がる．しかし，短波長 UV は DNA に吸収され，そのエネルギーによりピリミジンダイマーを形成するなど，DNA の構造（情報）を変化させる危険性がある（図 6.8）．そのため，可視化した DNA を抽出して，次の遺伝子操作を行う場合は使用を避けた方がよい．

❹長波長 UV の利点

長波長タイプは励起能力が低く，蛍光も弱いが，DNA，RNA やタンパク質に対する影響が少なく，健康に対する影響もほとんどないため安心して使える利点がある．

❺ RNA にも EtBr がインターカレートする

RNA は 1 本鎖であるが，rRNA や tRNA は分子内相補結合による 2 本鎖の部分が多いため EtBr で染色することが可能である．また，mRNA も部分的にではあるが，2 本鎖になるところがあるため，効率は悪いが検出することができる．

　※注意　EtBr の変異原性

　EtBr は強い変異原性があり，皮膚・眼・粘膜などへの刺激性もある．2 本鎖 DNA にインターカレートして，DNA の複製や転写を阻害することにより変異原性を示すと考えられている．

6.2 核酸の染色と検出

参考　その他のDNA染色試薬

・サイバーグリーン（SYBR Green）

　EtBrの代替えとしてSYBR Greenがある．SYBR Green I は2本鎖DNAにインターカレートして，緑色蛍光(蛍光極大522 nm)を発する(図6.9)．EtBrより検出感度が高く，励起光は青色光（吸収極大488 nm）であり，UVを使わないため安全である．DNA結合能があるため無害ではないが，変異原性は低いとされる．

図 6.9　サイバーグリーンの構造

・DAPI (4′,6-diamidino-2-phenylindole)

　DNAを特異的に染色する蛍光色素としてDAPI（図6.10）がある．DAPIは固定した細胞の核や染色体の検出に用いられる．DNAのAT配列の副溝に結合し（インターカレーションではない），紫外線で励起され（吸収極大358 nm），青い蛍光（蛍光極大461 nm）を発する．AT配列に結合するため，ATリッチな領域がより強く蛍光を発する．ATリッチな領域の多くは，ヘテロクロマチンとよばれるクロマチンが凝縮した領域にあるため，転写していないクロマチン領域の簡便な検出法と

図 6.10　DAPI
　左：DAPIの構造，右：DAPIのDNA副溝への結合

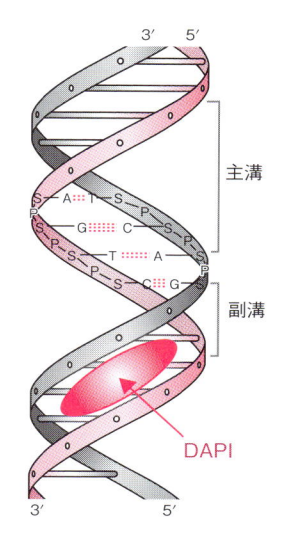

しても使われる．

- **ヘキスト**（Hoechist）

ヘキスト（図6.11）は，生きている細胞にも取り込まれるため，固定した細胞だけでなく，生細胞の核や染色体の検出に用いられる．ヘキストもDAPIと同様に，DNAのAT配列の副溝に結合する．AT選択性もDAPIと同じである．

Hoechst 33258　励起光（350 nm），蛍光（461 nm）
Hoechst 33342　励起光（352 nm），蛍光（461 nm）

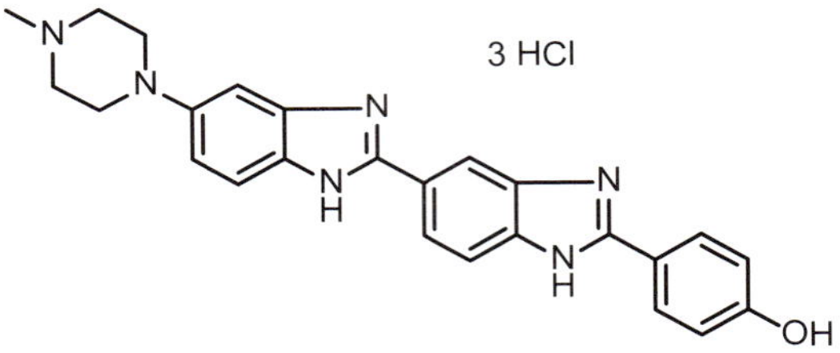

図 6.11 Hoechist 33258 の構造

6.3　アガロースからの DNA の回収

組換えプラスミドを，制限酵素で切断してアガロースゲル電気泳動すると，EtBr染色によりバンドとして検出される．複数のバンドの中の特定のバンドのDNAを抽出する方法はいくつかあり，それぞれ目的によって使い分ける．

「実験1」　TE による希釈法の概略

電気泳動用のアガロースは比較的精製度が高いが，少量の硫酸化多糖の混入があり，硫酸化多糖は遺伝子操作を妨げる．そのため，DNAをアガロースから回収する場合は，硫酸化多糖をほとんど含まないLMP（low melting point）アガロース（→ p.108）を用いる．

操 作

1. トランスイルミネーター上で EtBr の蛍光を目印にバンドを切り出し，2 倍量の TE（→ p.91）を加える．
2. LMP アガロースゲルは 65℃で融解し，2 倍量の TE で希釈されると室温でもゲル化しなくなる．LMP アガロースを含んだ DNA 溶液は，そのまま次の遺伝子操作に用いることができる．

「実験 2」 凍結法の概略

凍結すると，氷の結晶ができて溶質が濃縮される原理（→ p.19）を利用する．凍結により，アガロース分子を凝集させ，互いに絡まらせることで不溶化させる．不溶化したアガロースは加熱しない限り溶けない．そのため，凍結後に融解すると溶液にアガロースはなく，アガロースを除去した DNA を回収することができる．

操 作

1. 切り出したアガロースを，底に注射針で穴を空けた 0.5 mL プラスチックチューブに入れて凍結させる．
2. 0.5 mL チューブを 1.5 mL チューブに入れ，15,000 ×g，10 分間遠心分離する
3. 1.5 mL チューブに DNA を含む TAE 液（→ p.106）が回収される

「実験 3」 フェノール法の概略

フェノール処理により，アガロースの構造を破壊し，DNA を回収する．

操 作

1. 2 倍量の TE で希釈した後，フェノール抽出（→ p.3）を行う
2. DNA は水層に回収され，アガロースの多くは中間層として凝集する

6.4 塩基配列の解析

DNA の合成反応は，DNA ポリメラーゼにより，1 本鎖 DNA を鋳型として dNTP（dATP，dTTP，dCTP，dGTP）を基質に行われる．この反応溶液

■ 6章　電気泳動

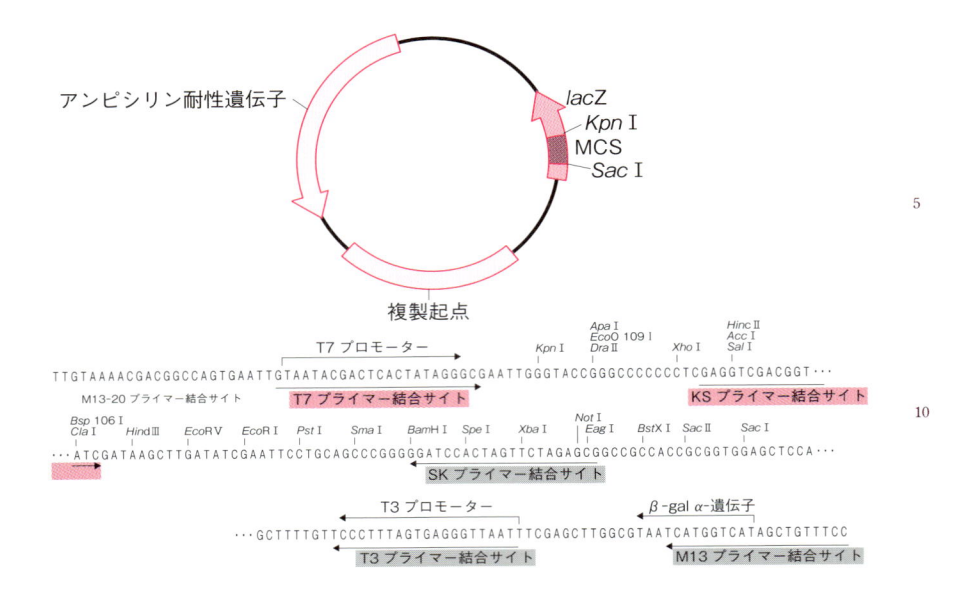

```
                    lacZ
アンピシリン耐性遺伝子     Kpn I
                    MCS
                    Sac I

        複製起点
```

```
                    T7プロモーター              Kpn I   ApaI      Hinc II
                                                    EcoO 109 I  Acc I
                                                    Dra II      Sal I
                                                              Xho I
TTGTAAAACGACGGCCAGTGAATTGTAATACGACTCACTATAGGGCGAATTGGGTACCGGGCCCCCCTCGAGGTCGACGGT···
M13-20 プライマー結合サイト    T7 プライマー結合サイト                          KS プライマー結合サイト

Bsp 106 I
Cla I   Hind III  EcoRV   EcoR I  Pst I  Sma I  BamH I  Spe I  Xba I  Not I  BstX I  Sac II  Sac I
                                                              Eag I
···ATCGATAAGCTTGATATCGAATTCCTGCAGCCCGGGGGATCCACTAGTTCTAGAGCGGCCGCCACCGCGGTGGAGCTCCA···
                                              SK プライマー結合サイト

               T3 プロモーター                        β-gal α-遺伝子
       ···GCTTTTGTTCCCTTTAGTGAGGGTTAATTTCGAGCTTGGCGTAATCATGGTCATAGCTGTTTCC
               T3 プライマー結合サイト              M13 プライマー結合サイト
```

図 6.12　プラスミドの構造とプライマー結合サイト

にddNTPを加えると，ddNTPを取り込んだところで合成反応が停止する．たとえば，ddATPを加えたDNA合成反応を行うと，塩基がAの箇所で反応が停止したさまざまな長さのDNA鎖が生じる．各塩基について，このような反応を行い，得られたDNA鎖の長さをゲル電気泳動により分析することにより塩基配列の情報を得る．DNA分子をポリアクリルアミドゲルの中で電気泳動すると，塩基数が多いDNAほど移動度が遅くなり，1塩基単位で鎖の長さを区別することができる．この性質を利用して塩基配列を決定する．シーケンスをする場合，一般的には配列を知りたいDNA断片をプラスミドに挿入しておく．挿入したDNAの前後にはそれぞれ異なるプライマーの結合配列がある．したがって，市販のプライマーの種類を選択することにより，どちらの方向からもシーケンスを行うことができる（図6.12）．

6.4 塩基配列の解析

「実　験」　ポリアクリルアミドゲル電気泳動によるシーケンスの概略
　操　作
1. シークエンス反応には Applied Biosystems Big Dye Terminator v3.1 Cycle Sequencing Kit などのキットとサーマルサイクラー（→ p.121）を用いて行う ❶❸❹
2. 7 M 尿素，TBE を含む 6%ポリアクリルアミドゲル（ゲル高 80 cm）を用意する ❷
3. シーケンス反応したサンプルをローディングバッファーに入れ，100℃，3 分間加熱後，急冷する
4. サンプルをゲルのスロットに載せる
5. TBE で 50 W，1500 V で約 2 時間電気泳動する

　試薬・溶液
泳動バッファー TBE (pH8.3)：0.09 M Tris，0.09 M ホウ酸（boric acid），0.2 mM EDTA
ローディング（loading）バッファー：95% formamide，10 mM NaOH，0.05% BPB，0.05% キシレンシアノール

「原理と解説」
❶シーケンス反応
　シーケンス反応系には基質のデオキシヌクレオチド（dNTP）の他に，適当量の dNTP 類似体ジデオキシヌクレオチド（ddNTP）を加えておく（図6.13）．DNA ポリメラーゼは DNA を鋳型にしてプライマーの 3′ 末端に dNTP を付加する反応を触媒するが，ddNTP を付加すると DNA 鎖の伸長反応が停止する．ddNTP の 3′ 位が -OH でなく -H なので，次の dNTP を付加することができないからである．ddNTP の付加はランダムに起こる．最初の数塩基で ddNTP が付加される鎖もあれば，1000 塩基を過ぎてはじめて付加される鎖もある．たとえば，ddATP を反応系に適当な割合で混合すると，塩基配列上の A のところで伸長反応が停止したさまざまな長さの DNA 鎖が合成されることになる．同様に G，C，T についても同じ反応を行い，それぞれ別のレーンで電気泳動して，移動度を解析することにより塩基配列を決

定する．DNA鎖の移動度は，DNA鎖を蛍光標識することで知ることができる．プライマーを標識する方法と，ddNTPを標識する方法がある．4種類のddNTPを，それぞれ異なる蛍光色素で標識すると，1本の試験管内ですべての反応を行うことができ，1レーン（または1本のキャピラリー）で4種類の配列を同時に読みとることが可能である．

❷ 1000 と 1001 塩基の長さを区別するしくみ

合成される DNA は 1 本鎖なので，分子内で相補的水素結合が形成されれ

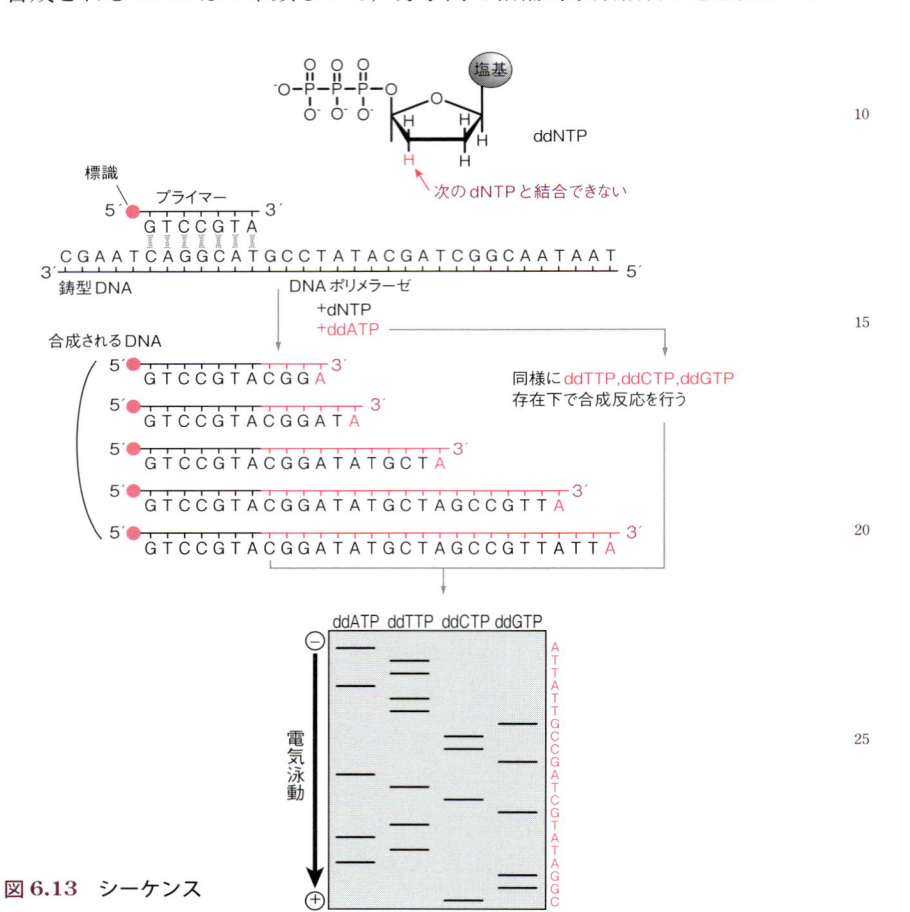

図 6.13　シーケンス

ば，ヘアピンのように折れ曲がったり，折りたたまれたりする．折りたたまれると，DNA分子の見かけの大きさは小さくなり，DNA鎖の長さで区別することはできなくなる．そこで，ローディングバッファーに，DNA鎖が分子内相補的結合しないようホルムアミド（→p.138）とNaOHを添加している．また，泳動は高濃度の尿素（7 M）が存在する条件で行う．尿素は，DNA鎖間の相補的水素結合を妨げるため（→p.9），DNA鎖は直鎖となる．

　直鎖のDNAが，鎖の長軸方向に向かってアクリルアミドゲルの分子篩を通ると，どのDNA鎖も同じ太さのため，鎖の長さに依存した移動度を示さないように思えるかもしれない．実際には熱エネルギーにより，DNA鎖は激しく振動し，1秒間に100万回も回転しているといわれている．したがって，DNA鎖は球体のように振舞うと考えてよい．ポリアクリルアミドゲルの網の目の大きさも，一定の範囲内でめまぐるしく拡大縮小している．球体が通過する網の目の数は，無数ともいえるほど多く，通過するたびに引っ掛かり，長いDNA分子（大きい球体）ほど遅く泳動されることになる．

❸ プライマーで決まるシーケンス反応の開始点

　シーケンスしたいDNA断片をプラスミドベクターに挿入した場合は，プラスミドのMCSに組み込まれたプライマー結合配列に結合する市販のプライマーを用いることが多い．しかし，シーケンス反応の開始点を自由に決めることもできる．1回のシーケンス反応によって配列を決められるのは約1000塩基である．たとえば，プラスミドに挿入されたDNA断片が長く，DNA断片の両端からシーケンスしても中央部分の配列までシーケンス反応が届かない場合，途中までの塩基配列の情報を利用してプライマーを合成する．このプライマーを用いてシーケンスすれば，既読の配列に隣接する領域の配列を知ることができる．

❹ シーケンス反応でPCR用のサーマルサイクラーを使う利点

　DNA合成は1本鎖DNAを鋳型として行われるが，プラスミドは2本鎖である．加熱すると2本鎖DNAは1本鎖に解離する．PCR（→p.121）で用いる耐熱性DNAポリメラーゼとプライマーを用いれば，DNA2本鎖を解離させ，プライマーの結合部位からDNA合成を開始することができる．また，

■6章 電気泳動

サーマルサイクラーを用いると，何回もシーケンス反応をくり返すことができ，反応産物が多くなる．そのため，電気泳動で得られる蛍光シグナルが強くなり，より鮮明に配列を検出することができる．

※補足　キャピラリー電気泳動によるシーケンス

最近のシーケンスは板状のポリアクリルアミドゲルではなく，キャピラリーが用いられている．キャピラリーの中にゲルを作らせると詰まるため，キャピラリーの再生ができない．また，ゲルの分子篩能は劣化するので，くり返し用いることができない問題がある．キャピラリーを十分に細くすると，電気泳動の過程で発生する熱による対流が起きなくなる．この性質を利用し，分子篩効果のある高分子を含む液体をキャピラリーに充填し，高分子溶液の中で電気泳動する．キャピラリー内の液体は自動で交換され，キャピラリーは再生する．キャピラリー電気泳動が導入されたことにより，キャピラリーを連続してくり返し用いることが可能になり，シーケンスが自動化された．

7章 PCR

　PCR（Polymerase Chain Reaction）とは，反応液の温度を周期的に変えることにより，特定の領域のDNAを，くり返し複製させる技術である．試験管の中でDNA鎖を鋳型となる1本鎖に解離させるため高温にする必要があり，PCRでは耐熱性のDNAポリメラーゼが使われる．PCRでは，DNAポリメラーゼが複製を開始するにはプライマーが必要という性質を利用する．塩基配列に特異的に相補結合するプライマーを用いれば，鋳型となるDNAの特定の配列から複製を開始することができ，逆方向の2種類のプライマーでPCRすれば，DNAの特定の領域を増幅することが可能となる．

7.1　PCR

　PCRは反応液の温度を周期的に変える装置のサーマルサイクラーと耐熱性のDNAポリメラーゼを用いて行う（図7.1）．

「実　験」　PCRの概略
　操　作
1. 得ようとするDNA断片の両方の鎖の3′末端に相補的な2つのプライマーを合成する
2. 反応液に鋳型となる2本鎖DNA（10 pg）とプライマーを加える
3. 95℃，2分加熱する
　　［DNA 2本鎖が1本鎖に解離する］
4. 60℃，30秒 保温する
　　［プライマーが鋳型DNAの相補配列に結合する］
5. 72℃，40秒保温する ❷
　　［TaqポリメラーゼがDNA複製を開始する］❶❺

6. 95℃，10秒加熱する
7. 60℃，30秒保温する
8. 72℃，40秒保温する
9. 以降，95℃ → 60℃ → 72℃ → 95℃をくり返す．
10. 30サイクルPCRした後，4℃で保存する．
    [PCR産物は1サイクルで2倍になるため，30サイクルでは2^{30}となり，約10億倍になる]

試薬・溶液

Taq DNAポリメラーゼ：*Thermus aquaticus*からクローニングしたDNA Polymerase遺伝子を改変して，大腸菌で大量発現させ，精製している．天然のTaq DNA Polymeraseと同じ機能を有する．

PCRの反応溶液：dATP, dCTP, dGTP, dTTP（各200 μM），2 mM Tris-HCl (pH 7.5)，10 mM KCl，100 μM dithiothreitol (DTT)，1.5 mM MgCl$_2$，0.05% Tween 20 (v/v)，0.05% Nonidet P40 (v/v)，5% グリセロール (v/v) ❸

プライマー：T_mが60℃（約25塩基）のプライマーDNAを合成する． ❹

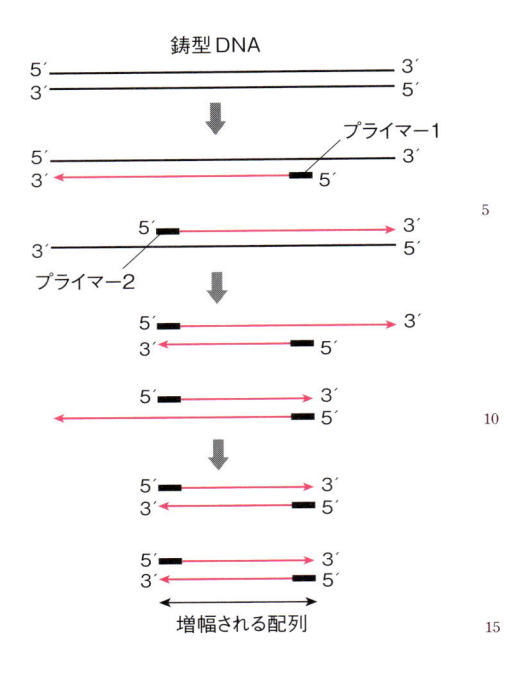

図7.1　PCRの原理

「原理と解説」

❶高熱にも耐えるDNAポリメラーゼ

25塩基のプライマーのT_m値は約60℃であるから，特異的にプライマーを標的配列に結合させるには60℃という高温に保たなければならない．さらに，複製が完了したDNA 2本鎖に再びプライマーが結合して，複製を開始させるためには，2本鎖を1本鎖に解離する必要がある．長いDNA 2本鎖を解離させるには95℃に熱する必要がある．生体では，さまざまなタン

パク質が働くことにより，常温でDNA複製反応が進行するが，試験管の中ではこのような過酷な条件となる．ふつうのDNAポリメラーゼでは変性して活性を失う．PCRを可能にしたのは，熱水の中で生活する真正細菌の *Thermus aquaticus* のDNAポリメラーゼ（Taqポリメラーゼ）である．Taqポリメラーゼは耐熱性があり，95℃でも失活せず，72℃でDNA複製反応を触媒することができる．なお，*Thermus aquaticus* の成育限界温度は80℃，至適成育温度は72℃であり，米国イエローストーンの温泉で発見された．

❷ 72℃での合成反応はDNAの分子内相補結合を防ぐ

DNA合成を72℃で行うことにより，伸長反応を阻害するDNAの分子内相補結合を防いでいる．72℃はプライマーのT_mより高いが，60℃でプライマーを鋳型鎖に結合させる段階で，すでにポリメラーゼ反応が始まっており，プライマーに続くDNA鎖が付加されているため，72℃でもDNA鎖が解離することはない．

❸ PCRの反応液成分の役割

100 μM DTTは，酸化による酵素の失活を防止する働きがある．$MgCl_2$は，ポリメラーゼ活性に必須である．0.05% Tween 20 (v/v)，0.05% Nonidet P40 (v/v)，5%グリセロール (v/v) は，タンパク質の立体構造の安定化に働く．

❹ プライマーの長さと相補的結合の特異性

30億bpからなるヒトゲノムDNA中の特定の1か所からPCRによる複製を開始させるためには，少なくともプライマーの長さは16塩基以上（16塩基の配列は4^{16} bpに1か所しか存在しない確率になる）なければならない．特異性を高めようとすれば25塩基ぐらいが望ましい．cDNA断片はゲノム全体のDNAの長さから比べれば短いので，プライマーは短くてもよいように思えるが，特定の箇所に正確に安定的にプライマーが結合するには，25塩基程度の長さであることが望ましい．

❺ PCRによるDNA増幅は複製ミスがつきまとう

真正細菌由来のTaq DNAポリメラーゼには，3′→5′エキソヌクレアーゼ活性がないため，校正機能（→ p.40）がない．Taq DNAポリメラーゼは10万塩基につき約50か所に誤った塩基が入るとされている．複製のサイク

ルが増せば，それだけ誤りも増え，増幅したDNA断片の配列には誤りがある可能性がある．しかし，誤った塩基の取り込みはランダムに起こるため，DNA断片の集団としては，誤った塩基の数は圧倒的に少ない．配列を知るには，PCRに用いたプライマーをシーケンスプライマーとし，増幅したDNA断片の集団をそのままシーケンス（→ p.117）すれば，誤った塩基は正しい塩基配列に埋もれてシグナルとして検出されない．しかし，増幅されたDNA断片をクローン化する場合は注意が必要である．選択したDNA断片に誤った塩基配列があれば，それを用いて増幅したDNA断片のすべてが誤った塩基配列をもつことになるからである．クローン化した場合は，複数のクローンの塩基配列を確認しなければならない（→ p.40 参照）．

※補足　校正機能をもつ好熱性古細菌由来のDNAポリメラーゼ：深海の海底は，高圧のため海水の沸点が高くなる．海底火山の熱水噴出孔の海水は100℃以上になるが，そのような環境にも生物がいる．耐熱性，校正機能，高い合成速度の性質をもつDNAポリメラーゼを求めて，水深2000メートルより深いところに生息する好熱性古細菌の探索が続けられてきた．現在では，優れた機能をもつPCR用のDNAポリメラーゼが市販

表 7.1 PCRで用いられる耐熱性DNAポリメラーゼの特性

酵素名	由来	限界生育温度（℃）	至適成育温度（℃）	合成速度（塩基/秒）	校正機能	正確性
Taq	*Thermus aquaticus* 真正細菌	80	72	約60	なし	10万塩基に約50か所の間違い
KOD	*Thermococcus kodakaraensis* 古細菌	—	—	約130	あり	10万塩基に約1か所の間違い
Vent DNA polymerase	*Thermococcus litoralis* 古細菌	—	—	約20	あり	10万塩基に約20か所の間違い
Pfu DNA polymerase	*Pyrococcus furiosis* 古細菌	104	100	約20	あり	10万塩基に約10か所の間違い
Advantage HD DNA polymerase	Clontechniques XXI(3): 9参照	—	—	約100	あり	10万塩基に約5か所の間違い

されている．古細菌由来の校正機能をもつ耐熱性 DNA ポリメラーゼを使えば，複製の正確性は向上するが，大腸菌の複製機構の正確さには及ばない．大腸菌には，DNA ポリメラーゼ校正機能に加え，誤った複製を修復するシステムがあり，ベクターに組み込まれた DNA はほぼ正確に複製され，増幅される．PCR によるクローニングは簡便であるが，配列の検証が常に必要である（表 7.1）．

※補足　高い増幅能力をもつ校正機能欠失古細菌 DNA ポリメラーゼ：古細菌由来の DNA ポリメラーゼに変異を加えて，校正機能を人為的に欠失させた製品も市販されている．いずれも遺伝子を大腸菌に導入し，大腸菌でタンパク質を合成させ，精製している．校正機能を失わせることにより，合成速度を高くしている．このような酵素は，正確性を犠牲にしても高い収率が得られることを目的とするときに用いられる．

7.2　PCR を利用した遺伝子のクローニング

　DNA の塩基配列の一部の情報があれば，その配列を起点として PCR により，未知の塩基配列の DNA 断片を単離することが可能である．進化の研究などで，ゲノムの配列情報がない多様な生物の遺伝子をクローニングして解析する場合に有効な手法である．

「実験 1」　保存配列を利用したクローニングの概要

　さまざまな生物の cDNA や遺伝子がクローニングされ，その塩基配列が明らかになるにつれ，進化の過程で保存されているアミノ酸配列が存在することがわかってきた．適当な距離にある 2 つの保存領域のアミノ酸配列から塩基配列を推定し，プライマーを合成して，cDNA またはゲノム DNA を鋳型に PCR をすれば，保存領域に挟まれた領域の配列が種によって異なっていても，増幅させクローニングすることができる（図 7.2）．

　mRNA を最初の鋳型として PCR を行う場合は，逆転写酵素（Reverse Transcriptase）を用いて cDNA を合成するため，頭文字をとって RT-PCR という．

　図 7.2 は新口動物を代表する棘皮動物，半索動物，脊索動物の Hox11/13

■ 7章　PCR

プライマー1　　　　　　　　　　　　　　　　　　　　　　　　　　プライマー2
　→　　プライマー3　→　　　　　　　　　　　プライマー4　←　　←

```
SpHox11/13a   TRKKRKPYTKFQTFELEKEFLYNMYLTRDRRSHISRALSLTERQVKIWFQNRRMKLKKMR
SpHox11/13b   RRTKRRPYSKLQIYELEKEFTTNMYLTRDRRSKLSQALDLTERQVKIWFQNRRMKMKKLN
SpHox11/13c   RRTKRRPYTKLQIFELEKEFQAHQYLTRDRRARLSQSLSLSERQVKIWFQNRRMKQKKMN
PfHox11/13c   RRTKRRPYSKLQIFELEKEFQQNMYLTRDRRTLAQTLNLTERQVKIWFQNRRMKLKKMT
PfHox11/13a   NRKKRKPYTKYQTLELEKEFLYNMYLTRDRRTDISRALNLTERQVKIWFQNRRMKLKKMR
PfHox11/13b   RRTKRRPYSKMQIYELEKAFQQNAYLTRERRQKYSQQLNLTERQVKIWFQNRRMKSKKQV
BfHox11       TRKKRCPYTKYQTLELEKEFLFNMFVTRERRQEIARQLNLTDRQVKIWFQNRRMKMKRMK
BfHox12       SRKKRCPYSKVQLLELEKEFLYNMYITREQRGEIARKVNLTDRQVKIWFQNRRMKMKRMK
BfHox13       GRKKRCPYTKYQLSVLEQEYIQNRYVSRETRLELSQRLNLTDRQVKIWFQNRRMKQKRLE
MmHoxA11      TRKKRCPYTKYQIRELEREFFSVYINKEKRLQLSRMLNLTDRQVKIWFQNRRMKEKKIN
MmHoxA13      GRKKRVPYTKVQLKELEREYATNKFITKDKRRRISATTNLSERQVTIWFQNRRVKEKKVI
```

　　　　　保存領域　　　　　　　　非保存領域　　　　　　　保存領域

図7.2　Hox11/13の系統間アライメント
Sp：ウニ，Pf：ギボシムシ，Bf：ナメクジウオ，Mm：マウス．
保存されているアミノ酸に網掛けをしている．

のアミノ酸配列を比較しており，一部（ピンクの網掛け部分）の配列はすべての新口動物で保存されていると予想される．したがって，保存配列を利用してPCRすれば，未解析の新口動物についてもHox11/13遺伝子の断片を得られる可能性が高い．断片的な配列であっても，情報が得られればRACE法（→ p.160）によって全長のcDNAのクローニングが可能になる．

「原理と解説」
❶ネストプライマー

　用いるプライマーは100％相補的ではないため，目的のDNA以外のDNA断片も増幅される可能性がある．最初のPCRで用いたプライマー1，2の内側に結合するプライマー3，4（図7.2）を用いて，PCR産物を再度PCRすると，非特異的に増幅したDNA断片を排除することができる．最初のPCRで用いたプライマーの内側に結合するプライマーのことをネストプライマー（nested primer：入れ子プライマー）という．ネストプライマーの配列は，最初のプライマーの配列と一部重複していても，3′末端の位置がずれていれ

7.2 PCRを利用した遺伝子のクローニング

ば特異性は増す．

❷コドンの揺らぎとプライマー設計

コドンには揺らぎがあるため，100％相補的なプライマーを作製することはできない．コドンユーセージを考慮したり，縮重プライマー（→ p.65）としたり，イノシンを用いたり（→ p.66），プライマーを鋳型DNAに結合させる温度を調節したり，試行錯誤が必要である．プライマーが機能するためには，3′末端の少なくとも2塩基が，鋳型DNAに相補的である必要がある．多くのアミノ酸のコドンは，最初の2塩基は揺らぎがない．そのようなアミノ酸のコドンをプライマーの3′末端に配置するとよい．

「実験2」 インバースPCRの概要

cDNAなどの50塩基程度の塩基配列の情報があれば，これをもとにゲノムライブラリーがなくても，目的の遺伝子のゲノムDNA断片をクローニングすることが可能である．互いに逆方向のプライマーを用いるためインバース（inverse）PCRという（図7.3）．

操　作
1. ゲノムDNAを1種類の適当な制限酵素で切断する
2. 制限酵素で切断したDNA断片を希釈しDNAリガーゼを働かせる
   ［セルフライゲーションにより環状になったDNAが生じる］
3. 既知の配列に結合する互いに逆方向のプライマー1と2を作製する
4. プライマー1と2でPCRを行う
   ［既知の配列を両端にもつDNA断片が得られる］

「原理と解説」 インバースPCRで得られるDNA断片

特定の制限酵素で切断したゲノムDNAは，DNAリガーゼを働かせると，DNA断片同士がランダムに互いに制限酵素切断端で連結する．切断したDNA断片の濃度を十分に低くすると，DNA断片同士が接する機会がほとんどなくなり，1本のDNA断片の両端が連結され，環状になる．これをセルフライゲーションという．プライマーを加えてPCRすると，プライマーと

■ 7章　PCR

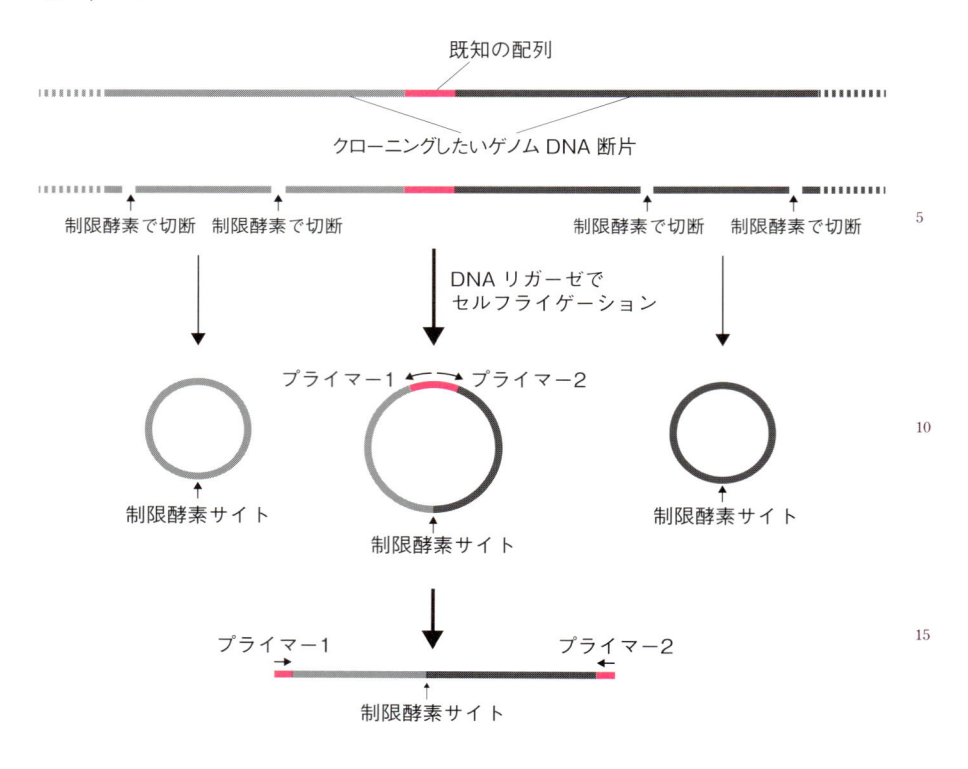

図 7.3　インバース PCR 法

　相補結合する断片だけが増幅される．ヒトの場合，鋳型となる DNA 断片は 30 億 bp あるが，プライマーの厳密な特異性と，PCR の増幅能力により，その中の一か所だけを得ることができる．得られた DNA 断片の塩基配列の中に，ゲノム DNA を切断した制限酵素認識サイトがあれば，その部位が実際の DNA 断片の両端になる．インバース PCR で得られた塩基配列情報を使って，インバース PCR をくり返し，クロモゾームウォーキング（→ p.201）を行えば，ゲノムライブラリーがなくても理論上は特定の遺伝子の全長をクローニングすることも可能である．

8章　ハイブリダイゼーション

　特定の塩基配列の検出には，標識プローブを用いたハイブリダイゼーションの手法が用いられる．プローブとなる DNA または RNA の鎖が長いほど特異性が高まり，検出シグナルも強くなる．得られた cDNA クローンを利用したプローブの作製法と，標的配列の検出法について解説する．

8.1　プローブの作製

　プローブの合成と標識には，PCR 法と *in vitro* 転写法がよく用いられる．PCR 法では，2 本鎖の DNA プローブが合成される．*in vitro* 転写法では，1 本鎖の RNA プローブが合成される．

「実験 1」　PCR を利用したプローブの作製の概略

　PCR に DIG-dUTP を加え，dTTP の代わりに取り込ませて標識する．合成されたプローブは 2 本鎖のため，ハイブリダイゼーションの前にプローブを 100℃に加熱した後，急冷して 1 本鎖にしてから使用する．

操　作
1. プローブにする塩基配列をもつ DNA 断片を鋳型とする
2. フォワードプライマーと，リバースプライマーを鋳型 DNA と混合する
3. Taq DNA ポリメラーゼを用い，DIG-dUTP, dATP, dCTP, dGTP, dTTP を基質として PCR を行う

「原理と解説」　DIG-dUTP が連続すると DNA 合成の伸長反応が抑制される

　DIG-dUTP が連続して取り込まれると，DNA 合成の伸長反応が抑制される．そのため，dTTP を加えておき，DIG-dUTP の取り込みを分散させている．増幅する DNA が 1 kbp 以下の場合は，1：2 ＝ DIG-dUTP：dTTP　に設定

する．増幅する DNA 鎖が長くなると，DIG-dUTP が連続する可能性も高くなるため，3 kbp 以上の場合は，1：6 ＝ DIG-dUTP：dTTP とする．また，DNA 鎖の伸長反応も，DNA 合成伸長反応の抑制を考慮して，初回は 2 分，サイクルが増えるごとに 20 秒間延長し，最長 7 分まで延長する．

「実験 2」 RNA プローブの作製の概略

プラスミドのプロモーター配列を利用して，バクテリオファージの RNA ポリメラーゼで転写させ，転写産物に DIG-UTP を取り込ませることによりプローブを合成する．ここでは，ロシュ社の pSPT18 を例に解説する（図 8.1）．

操　作
1. MCS の両端に，それぞれ SP6 プロモーターと T7 プロモーターを配置したプラスミドに DNA 断片を挿入する
2. SP6 ポリメラーゼで転写させる場合は，DNA を挿入した MCS の 3′ 側で，制限酵素でプラスミドを切断する．T7 ポリメラーゼで転写させる場合は，MCS の 5′ 側で切断する ❷
3. SP6 RNA ポリメラーゼまたは T7 RNA ポリメラーゼで転写反応を行い，DIG 標識する ❶

試薬・溶液
SP6 転写反応溶液：40 mM Tris-HCl（pH7.5），$MgCl_2$，スペルミジン（spermidine），DTT，BSA の他，基質として DIG-UTP，ATP，CTP，GTP，UTP を含む．
T7 転写反応溶液：40 mM Tris-HCl（pH8.0），$MgCl_2$，スペルミジン（spermidine），DTT，BSA の他，基質として DIG-UTP，ATP，CTP，GTP，UTP を含む．

※注意　*in vitro* 転写系に添加する物質：SP6 RNA ポリメラーゼと T7 RNA ポリメラーゼの活性には，Mg^{2+} と還元剤 DTT が必要であり，BSA とスペルミジン（図 8.2）を添加することにより活性化される．スペルミジンは DNA，RNA に結合して不溶化し，反応を妨げる働きもあるので，反応開始の直前に加える必要がある．

8.1 プローブの作製

「原理と解説」
❶ センス鎖とアンチセンス鎖

cDNAを鋳型にRNAを検出するプローブを合成する場合は，センス鎖，アンチセンス鎖を考慮する必要がある．アンチセンスプローブだけがmRNAを検出する．

❷ 3′突出末端から非特異的に転写が開始される

RNAを転写させるために用いる直鎖プラスミドは，3′突出末端があってはならない．バクテリオファージ由来のRNAポリメラーゼは3′突出末端から転写を開始する性質があり，目的以外のプローブが合成される．3′突出末端を生じる制限酵素でcDNAの3′末端を切断する場合は，平滑化する必要がある．稀に，平滑末端からも転写が開始されることがあるため，切断端は5′突出末端とするのが望ましい．

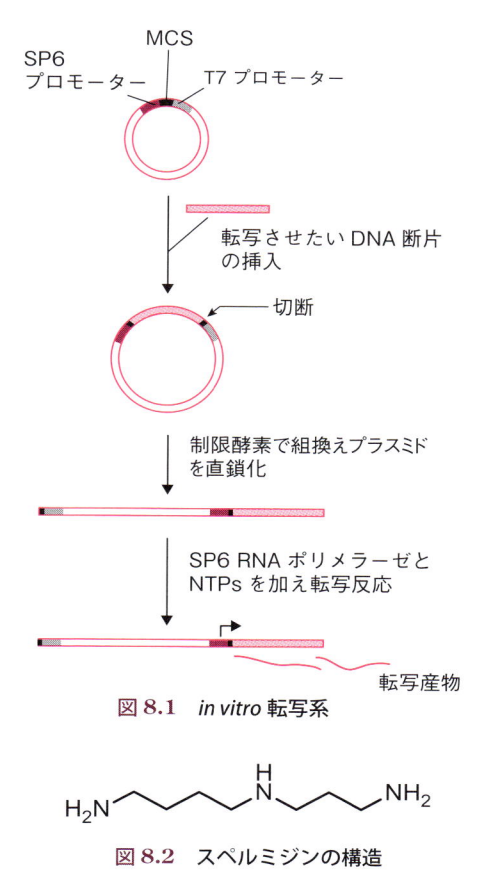

図 8.1　*in vitro* 転写系

図 8.2　スペルミジンの構造

コラム　バクテリオファージと真核生物のRNAポリメラーゼ

真核生物のmRNAを転写するRNAポリメラーゼⅡは，単独では転写を開始することができない．転写開始点を認識するのは基本転写因子であり，複数の基本転写因子がプロモーター上に複合体を形成すると，それを認識してRNAポリメラーゼⅡが結合し，ようやく転写開始点にRNAポリメラーゼⅡがセットされる．基本転写因子複合体は約30個のサブユニットからなり，RNA

ポリメラーゼⅡも10個のサブユニットで構成されている．一方，ウイルスのバクテリオファージT7のRNAポリメラーゼはたった1分子のポリペプチドからなるが，プロモーター配列を認識して結合し，転写することができる．T7 RNAポリメラーゼは，プロモーター配列をもつDNAがあれば，自動的に効率よく転写するため，遺伝子操作に有用であり，組換えRNAポリメラーゼが市販されている．また，1分子のポリペプチドからなるため，大腸菌を宿主として組換えタンパク質を合成することが容易である．バクテリオファージのRNAポリメラーゼは必要最小限の機能を残し，極限まで単純化している．真核生物は多数のポリペプチドに機能を分散させることにより，転写量の微調節を可能にした．なお，大腸菌のRNAポリメラーゼを構成するサブユニットは，$\alpha_2\beta\beta'\sigma$のわずか5個であり，RNAポリメラーゼ単独でプロモーター配列を認識して結合する．

8.2 サザンハイブリダイゼーション

　サザンハイブリダイゼーションとは，ゲル電気泳動とハイブリダイゼーションにより，ゲノムの中の特定の配列をもつDNA断片を検出する方法である．考案者のSouthern氏にちなんで名づけられた．特定のDNA断片を検出できれば，分離精製してクローニングすることができる．

　以下，得られたcDNAをプローブに，ゲノムDNAを検出する方法を概説し，その原理を述べる（図8.3）．

「実　験」　ゲノミックサザンハイブリダイゼーションの概略
操　作
- 電気泳動
  1. 精製したゲノムDNAを，特定の制限酵素により完全に切断する
  2. 切断したゲノムDNAを，フェノール・クロロホルムで精製する
  3. 1レーンあたり，10 µg程度のDNAをアガロースゲル電気泳動する

8.2 サザンハイブリダイゼーション

4. 泳動後，ゲルを EtBr 染色し，泳動パターンを確認する ❶

・ブロッティングとハイブリダイゼーション

5. ゲルをアルカリ液に 15 分間，2 回浸す ❸
6. ゲルを中和液に 15 分間，2 回浸す
7. ゲルと同じ大きさに切ったナイロンメンブレン（→ p.71）を 5×SSC に浸す
8. 適当な容器（図 8.3）に 5×SSC を入れ，ガラス板を上に置く
9. ろ紙をガラス板に置き，ろ紙の両端が 5×SSC に浸るようにする
10. 5×SSC に浸されたガラス板上のろ紙の上に，ゲルを，ろ紙との間に空気が入らないように載せる ❷
11. ゲルの上に空気が入らないようにナイロンメンブレンを付着させる
12. ナイロンメンブレンの上に同じ大きさに切ったろ紙を載せる
13. ろ紙の上に，同じ大きさに切ったペーパータオルを載せる
14. ペーパータオルの上に重りを載せる
15. 泳動されたゲル中の DNA を毛細管現象によりナイロンメンブレンにブロッティングする
16. ブロッティングしたナイロンメンブレンを UV 照射し，DNA をナイロンメンブレンに架橋する
17. ナイロンメンブレンに転写された DNA に，プローブをハイブリダイゼーショ

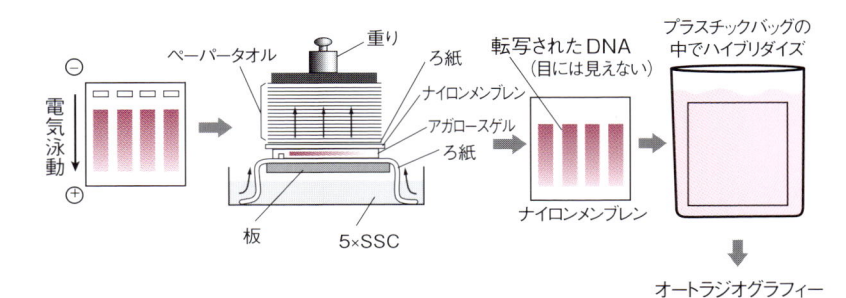

図 8.3　サザンハイブリダイゼーションの手順

ンさせる ❹

18. プローブの DIG を指標に，特定の塩基配列をもつ DNA を検出する（→ p.129）

❺〜❼

試薬・溶液

アルカリ液：1 M NaCl，0.5 M NaOH

中和液：3 M 酢酸ナトリウム (pH5.5)

20×SSC：NaCl 175.3 g，クエン酸三ナトリウム（二水和物）88.2 g を 800 mL の水に溶かし，HCl で pH を 7.0 に合わせる．水を加えて全量を 1L にする．❽

「原理と解説」

❶同じ配列の DNA 断片を一か所に集める

ゲノム DNA に対してサザンハイブリダイゼーションを行うことを，ゲノミックサザンハイブリダイゼーションという．プローブの長さが数十塩基〜数千塩基の場合，ハイブリダイゼーションの標的が 1 分子では検出限界以下となるため，検出できない．1 個体から得たゲノム DNA は，基本的に配列が同じなため，制限酵素で完全消化すると，同じ塩基配列をもつ DNA は，同じ長さの断片となる．DNA 断片をゲル電気泳動すると，長さによって分画されるため，同じ配列をもつ DNA 断片は特定の移動度の箇所に濃縮される．ゲノムを特定の制限酵素で完全消化したものを電気泳動して，EtBr で染色すると，連続した泳動パターン（スメア状）に見えるが，特定の長さの DNA 断片が細い帯（バンド）のように濃縮され，個々のバンドが隙間もなく隣接しているためである．30 億 bp からなるヒトのゲノム DNA に 1 個しかない遺伝子も，バンドとして濃縮されるため検出が可能になる．

❷ブロッティング

ブロッティングでは，5×SSC がゲルを透過し，ナイロンメンブレンを経てペーパータオルに移動する毛細管現象を利用する．ろ紙やペーパータオルは DNA や RNA の通過を妨げないが，ナイロンメンブレンは DNA や RNA を吸着する．溶液は平行に移動するため，ゲルの中の DNA が，そのままの位置関係でナイロンメンブレンに写し取られることになる．近年は，短時間で

ブロッティングできる電気泳動法が用いられているが，毛細管現象を利用したブロッティング法は，時間がかかるが，特別な装置も不要である．一日の終わりに，ブロッティングを仕掛けて，翌朝実験を再開すれば，時間は無駄にならない．

❸アルカリ処理により DNA 2 本鎖を解離させる

アルカリ処理によりゲルの中の DNA を 1 本鎖に解離させ，プローブの相補的結合を可能にする．中和液にゲルを浸すが，解離した DNA がアニーリングする前にメンブレンに移るため，プローブのアクセスは可能である．

❹プローブは標的配列を短時間で認識して結合する

ヒトゲノムは 30 億 bp もあるが，プローブはその中から特定の配列を速やかに見つけ出し，数時間以内にすべての標的配列にプローブが結合する．標的配列が 30 塩基とすると，標的配列は全ゲノムの $1/10^8$ となる．このように低い確率で存在する標的配列に次々とプローブが結合するしくみはどのようであろうか．プローブは標的配列に向かって移動することはなく，熱エネルギーにより，激しく回転し，ぶつかり合っている．たまたま相補的な配列に出会うと結合する．プローブはハイブリダイゼーション溶液には大過剰に入っており，30 塩基からなるプローブとすると，一般的に用いる量の 1 pg で 3×10^{10} 分子あることになる．この分子数は，全ゲノム DNA をすべて覆い尽くして余りある数であり，プローブが標的に容易にアクセスできることが理解できる．また，ハイブリダイゼーションは高塩濃度の条件で行うため，相補的結合力は強く，非相補的配列が多少あっても結合する．緩い特異性で結合したプローブは，塩濃度を下げ，熱エネルギーで解離させることにより除去することができる．

❺検出されるバンドが複数になる場合

プローブの配列が，切断に用いる制限酵素の認識配列をまたいでいる場合は，2 種類以上の長さの DNA 断片を検出することになり，複数のバンドとして検出される．また，一対の相同染色体の DNA には互いに異なる配列もあるため，アレルの制限酵素サイトが異なることもある．その場合も，2 つのバンドとして検出される．

❻ ゲノミックサザンハイブリダイゼーションで遺伝子のコピー数を推定する

異なる制限酵素を用いて，それぞれ完全消化したゲノム DNA をサザンハイブリダイゼーションすると，遺伝子のコピー数を推定することができる．異なる制限酵素によるサザンハイブリダイゼーションで，どの酵素を用いても1本（アレルが異なる場合は2本）のバンドとして検出される場合は，ゲノム中に1コピーしか遺伝子が存在しないと判断できる．複数コピーの遺伝子が存在する場合は，遺伝子と遺伝子の間の配列が異なるため，異なる長さの制限酵素断片となり，2本以上のバンドとして検出される．プローブの長さを短くしてもバンドの数が複数になる場合は，複数コピーの遺伝子が存在する可能性が高い．

❼ 個体間の遺伝的多型を推定する

ある遺伝子について，個体ごとにゲノミックサザンハイブリダイゼーションをすると，集団内や集団間の遺伝的多型を推定することができる．DNA配列に変異がなければ，個体ごとのゲノミックサザンのバンドパターンは同じになるため，調べたグループは近縁であると判断される．制限酵素断片の長さが異なるような変異があれば，多型があると判断される．

❽ SSC の塩の役割

SSC に含まれるクエン酸は，Ca^{2+}，Mg^{2+}など金属イオンをキレートする働きがある．デオキシリボヌクレアーゼの活性には Mg^{2+} を必要とするため，混在する可能性のあるデオキシリボヌクレアーゼを不活性化させることができる．高塩濃度にすることにより，アガロースゲル中での DNA の粘性を下げ，透過性を高めている．

8.3　ノザンハイブリダイゼーション

RNA をアガロースゲル電気泳動・ブロッティング・ハイブリダイゼーションすることにより，特定の RNA を検出する方法である．DNA を検出するサザン（Southern）ハイブリダイゼーションに対して，RNA を検出する方法は，洒落てノザン（Northern）と名づけられた．ノザンハイブリダイゼーションにより，特定の mRNA の長さ，発現量を知ることができる．

8.3 ノザンハイブリダイゼーション

「実　験」　ノザンハイブリダイゼーションの概略
操　作
・ホルマリンゲルの作製
1. 1.5%になるようにアガロースを加熱し溶解する
2. 1/10 容量の 10×MOPS を加え混合する（図 8.4）
3. 1/5 容量のホルマリンを加え混合する ❹
4. ゲルメーカーに注ぎ，ゲル化させる

・ホルマリンゲル電気泳動
5. 泳動層に 1×MOPS を注ぐ
6. ホルマリンゲルを 1×MOPS 中に沈める
7. RNA 溶解液（6 µL）に RNA（2 µg）を溶かす ❶
8. 6 µL の RNA 溶解液に対して 4 µL のホルマリンを加え混合する ❷
9. 65℃で 15 分間加熱後，急冷
10. 1 µL のローディングバッファーを加えホルマリンゲルのスロットに載せる
11. 50 V で 1.5 時間電気泳動する

・ブロッティング
12. ホルマリンゲルをゲルカセットから取り出す
13. 0.25 M 酢酸アンモニウム溶液中でゲルを緩やかに振盪（30 分，2 回）❸
14. EtBr 溶液で染色
15. 0.25 M 酢酸アンモニウム溶液中でゲルを緩やかに振盪（30 分，2 回）して脱色する
16. トランスイルミネーター上で RNA の泳動パターンを撮影する
17. サザンハイブリダイゼーションと同様にブロッティングし，ハイブリダイゼーションを行う
18. 非特異的に結合したプローブを洗い落とす
19. プローブを検出する

※注意　劇物のホルムアルデヒドを含むホルマリン：有毒なホルマリン蒸気が発生するため作業はドラフトで行う必要がある．ホルマリンゲルはもろいので取り扱いにも注意する．

試薬・溶液

10×MOPS バッファー：0.4 M MOPS（morpholinopropanesulfonic acid）（pH7.0），100 mM 酢酸ナトリウム，10 mM EDTA

RNA 溶解液：ホルムアミド（formamide）と 10×MOPS を 5：1 で混合する．

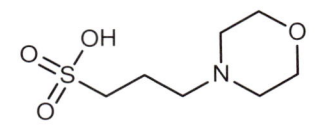

図 8.4　MOPS の構造
安定なバッファー能力
がある

「原理と解説」

❶ホルムアミドは mRNA を直鎖化する

mRNA は 1 本鎖であるが，分子内にある相補的配列の水素結合により 2 本鎖となり，ヘアピン様の構造をとる（図 8.7）．mRNA の鎖の長さに依存的な移動度を得るには，水素結合をつくらせないようにする必要がある．ホルムアミド（図 8.5）は，mRNA 鎖間の水素結合に割り込み，直鎖化する．

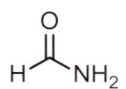

図 8.5　ホルムアミドの構造
水素結合に割り込むため，RNA 鎖内の相補的結合を阻害し，RNA 鎖を直鎖化する．

❷ホルムアルデヒドは mRNA を直鎖化する

アガロースは，アガロース分子間の水素結合により分子の網目構造を形成しているため，シーケンスで用いた尿素のような水素結合阻害活性をもつ分

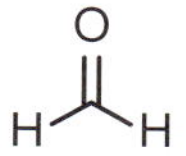

8.3 ノザンハイブリダイゼーション

図 8.6 ホルムアルデヒドと一級アミンの反応

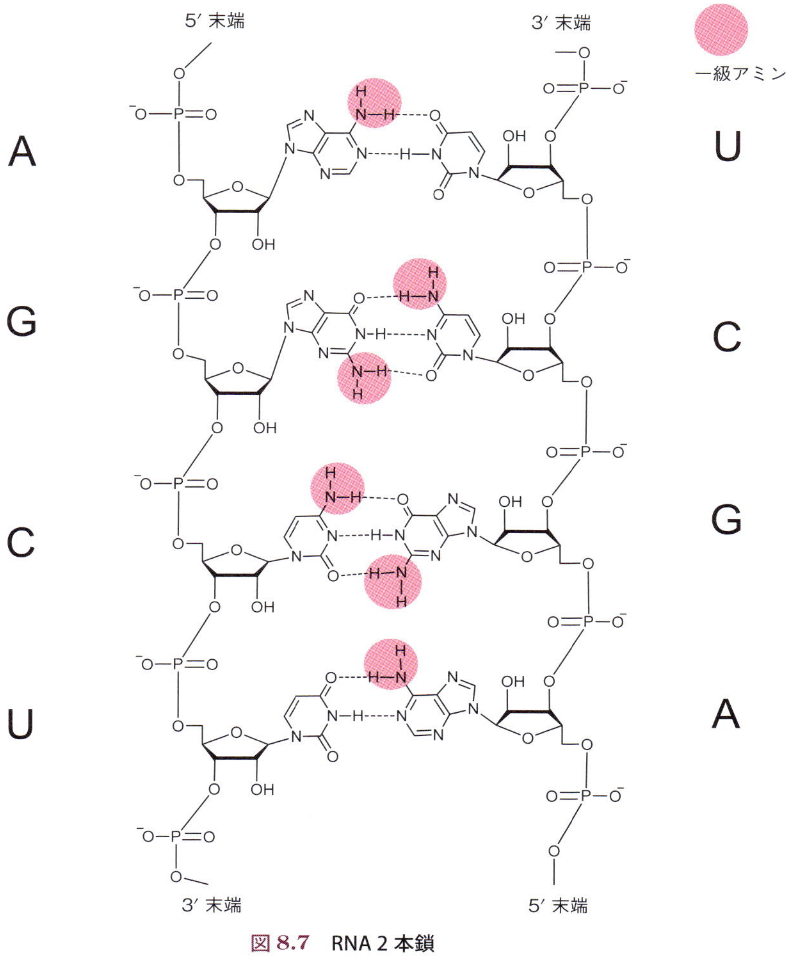

R-NH₂ + HCHO ⇌ R-N=CH₂ + H₂O
一級アミン　ホルムアルデヒド　　シッフ塩基

図 8.7 RNA 2 本鎖
ピンクの円は一級アミン

子が存在すると，ゲル化しなくなる．そこで，アガロースのゲル化に影響しないホルムアルデヒドを用いる．ホルムアルデヒドは，塩基の相補的水素結合にかかわる一級アミンをマスクして，シッフ塩基とすることにより（図8.6），塩基の相補的水素結合を妨げ，RNAを直鎖化させる．

❸不安定なシッフ塩基がハイブリダイゼーションを可能にする

　相補的水素結合を妨げるためにRNAをホルムアルデヒド処理したにもかかわらず，プローブはRNAに相補的に水素結合する．それは，シッフ塩基は可逆的に一級アミンとホルムアルデヒドに戻るからである．ホルムアルデヒドが高濃度に存在しないと，シッフ塩基は速やかに一級アミンとなり，相補的な塩基と水素結合ができるようになる．RNAをホルマリンゲルで電気泳動した後，0.25 M 酢酸アンモニウムで洗うと，ホルマリン濃度が低下して，RNAは相補的な部分で水素結合が形成され，部分的に2本鎖となる．そのため，EtBr（→ p.110）でRNAが検出できるようになる．

❹アガロースのゲル化にはホルムアルデヒドは影響しない

　アガロースには一級アミンがなく，水素結合にはヒドロキシ基がかかわるため，ホルムアルデヒドはアガロースのゲル化を妨げない．

参考　ホルマリンの成分

　ホルマリンとはホルムアルデヒドの水溶液のことである．日本薬局方で定められたホルマリンは，35〜38%のホルムアルデヒド水溶液に，安定剤として10%以下のメタノールを含む．

コラム　ホルムアルデヒドによるタンパク質の固定

　ホルムアルデヒドは，ほとんど分子間を架橋することはない．にもかかわらず，タンパク質が固定されるのはなぜだろうか．ホルムアルデヒドはアスパラギンやアルギニンなどのアミノ酸側鎖の一級アミンに結合し，シッフ塩基となる．シッフ塩基となった部分は，疎水性が増すため，タンパク質の立体構造が大きく変化し，タンパク質の疎水性部分で互いに凝集する．この間に，熱エネルギーにより凝集したタンパク質間でポリペプチド鎖が絡みあう．ホルムアルデヒドを除去すると，シッフ塩基は一級アミンに戻るが，ポリペプ

チド鎖同士が絡み合っているため，タンパク質は固定されている．ホルマリン固定した試料に抗体が反応するのは，固定試料を洗浄するとホルムアルデヒドが外れて，抗原性が復活するからである．抗体を用いる免疫組織学では，切片にした試料を，オートクレーブなど，加熱により，ホルムアルデヒドの除去を促進させ，抗原性をもとに戻す操作が行われている．

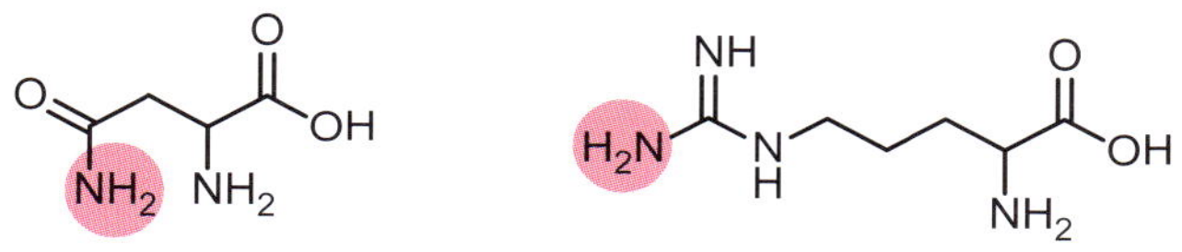

図 8.8　一級アミンをもつアミノ酸の構造
ピンクの円は側鎖の一級アミン

コラム　グルタルアルデヒドはタンパク質を架橋する

　グルタルアルデヒド（glutaraldehyde）は，分子の両端にアルデヒド基をもつため，シッフ塩基を介して一級アミンをもつポリペプチド鎖を架橋する．シッフ塩基は，グルタルアルデヒドを除去すると一級アミンに戻り架橋は解消されるが，架橋されている間にポリペプチド鎖が熱エネルギーによる運動で絡まり合い，強固に固定される．グルタルアルデヒドで固定すると，固定が強いため組織が収縮することがある．厳密で強固な固定が求められる電子顕微鏡用の試料には，グルタルアルデヒド固定が用いられる．

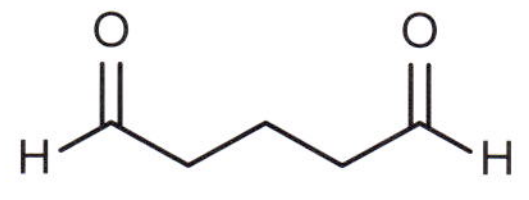

図 8.9　グルタルアルデヒドの構造

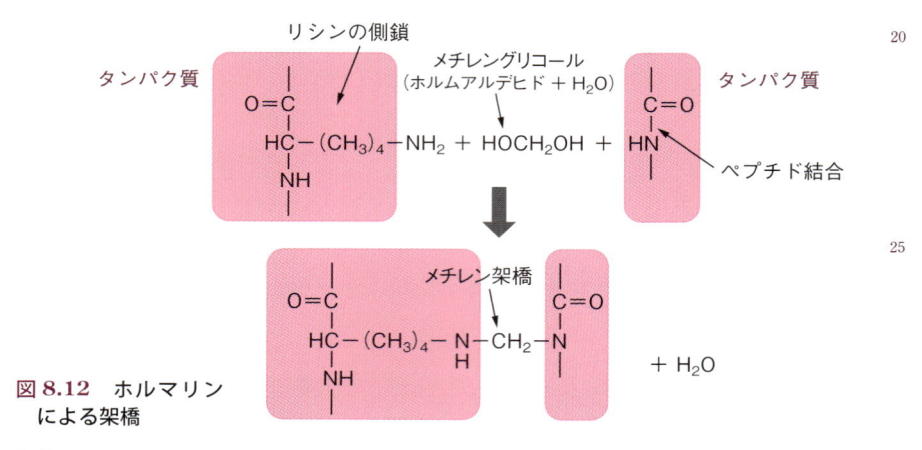

参考　ホルマリン固定と多糖類

コンドロイチン硫酸（図 8.10）や，デルマタン硫酸（図 8.11）のような多糖類には一級アミンがなく，ホルムアルデヒドは結合しない．そのため，多糖類はホルムアルデヒドでは固定されない．細胞外の多糖類を固定するには，すべての工程で Ca^{2+}，Mg^{2+} を存在させることで，組織からの遊離を防ぐか，アルコール系の固定液を用いる必要がある．

参考　長時間のホルムアルデヒド固定はタンパク質を架橋する

通常の組織学のホルマリン固定では，ホルマリンに試料を浸す時間は，短ければ 5 分，長くても数時間のため，ホルマリン分子で架橋されることはない．しかし，数週間かければ架橋される．博物館などで長期間保存されたホルマリン液浸標本

図 8.10 コンドロイチン硫酸 A の構造
（コンドロイチン 4- 硫酸）

図 8.11 デルマタン硫酸の構造

図 8.12 ホルマリンによる架橋

は，架橋されていると考えられる（図 8.12）．

8.4 *in situ* ハイブリダイゼーション

　組織や細胞に存在する RNA を，その場で検出する方法を *in situ* ハイブリダイゼーションとよぶ．小さな組織や胚などを，そのままの形態で RNA の存在部位を検出する方法を，特にホールマウント *in situ* ハイブリダイゼーション（whole mount *in situ* hybridization）という．

「実　験」　*in situ* ハイブリダイゼーションの概略
操　作
1. 組織または胚をホルムアルデヒドで固定する
2. ホルムアルデヒドをバッファーで洗い落す
3. 固定した組織を proteinase K で弱く消化する
4. プローブをハイブリダイゼーションさせる
5. 非特異的なプローブを洗い落とす
6. プローブが結合した部位を蛍光色素または染色により検出する

発色試薬
BCIP：5- ブロモ -4- クロロ -3- インドリルリン酸（5-bromo-4-chloro-3-indolyl phosphate）（図 8.14）
NBT：ニトロブルーテトラゾリウム（nitrotetrazolium blue）（図 8.13）

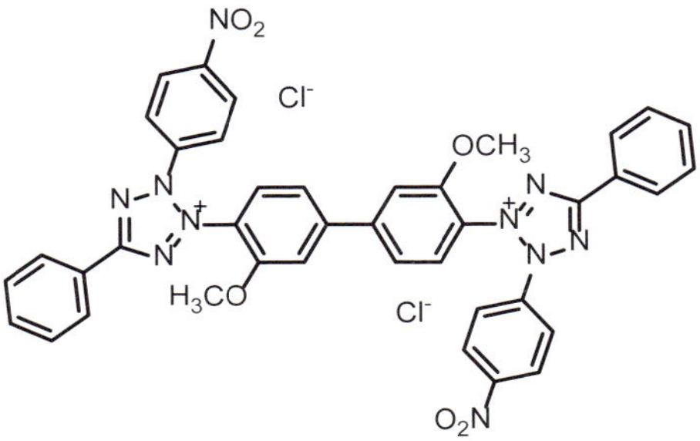

図 **8.13**　NBT の構造

■ 8章　ハイブリダイゼーション

「原理と解説」　プローブの検出

DIG 標識したプローブはアルカリ性ホスファターゼ（AP）標識した抗体で検出する（→ p.47）．AP 活性は 2 種類の化合物で検出する．BCIP は AP により脱リン酸化され，BCI（5-ブロモ-4-クロロ-3-ヒドロキシインドール：5-bromo-4-chloro-3-hydroxyindole）となる．BCI は続いて NBT により酸化されて，不溶性のインディゴブルー（5,5′-dibromo-4,4′-dichloro-indigo）となり沈着する（図 8.14）．一方，5-ブロモ-4-クロロ-3-ヒドロキシインドールにより還元された NBT は暗紫色を呈する不溶性のホルマザン色素（図 8.15）となり，プローブが存在する場所に沈着する．NBT と BCIP はともに発色にかかわり，呈色をさらに強める働きがある．

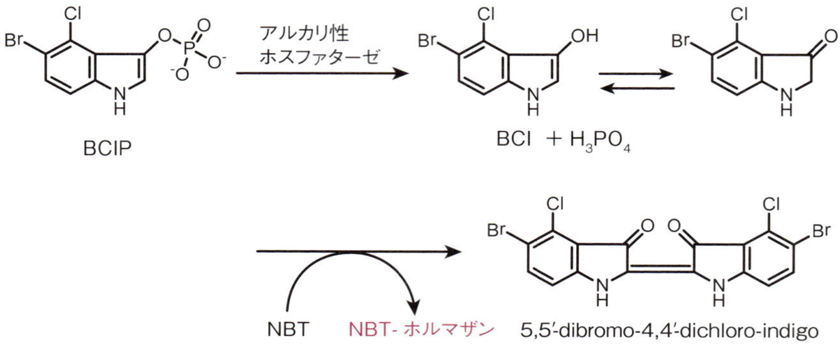

図 8.14　BCIP と NBT の発色反応

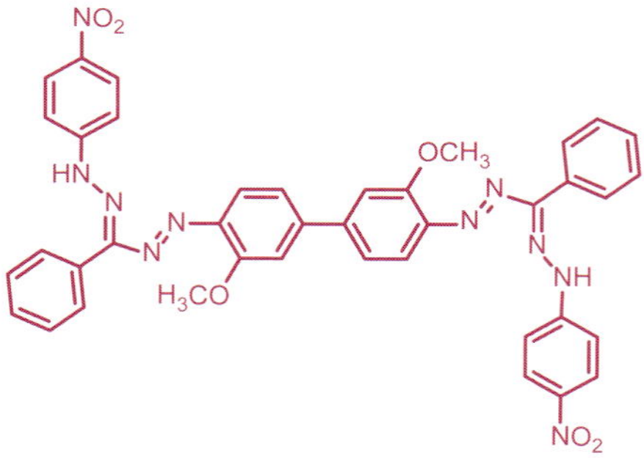

図 8.15　NBT-ホルマザンの構造

8.4 in situ ハイブリダイゼーション

※補足　**二重染色**：異なる遺伝子のプローブを，それぞれ DIG とビオチン（図 8.16）で標識すると（図 8.17），2 種類の遺伝子の発現領域を同時に知ることができる．二重染色は 2 種類の遺伝子の発現領域の境界や，発現領域の重複を調べるのに適している．

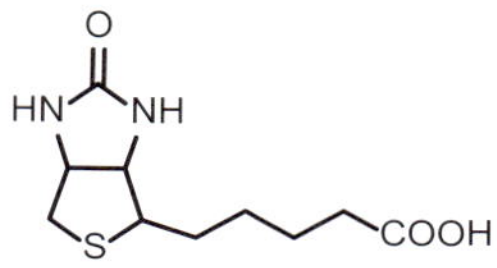

図 8.16　ビオチンの構造

卵白に存在するタンパク質のアビジン（avidin）は，ビオチンに特異的に結合する性質があり，HRP（horseradish peroxidase）を結合させたアビジンにより，HRP 活性を指標にビオチン化させたプローブを検出することができる．HRP の基質としてジアミノベンジジン（3,3'-diaminobenzidine）（図 8.18）などが用いられる．ジアミノベンジジンは HRP の触媒を受けると，茶色の不溶性の色素となり，プローブが存在する部域に沈着する．なお，ストレプトマイセスの一種 *Streptomyces*

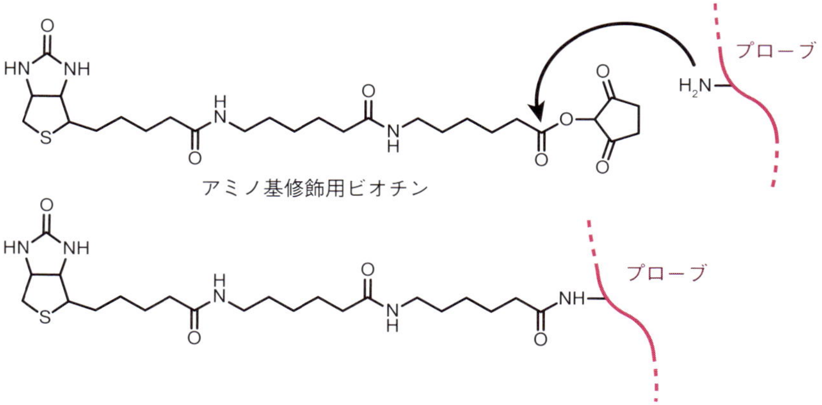

アミノ基修飾用ビオチン

プローブ

プローブ

図 8.17　プローブのビオチン化反応

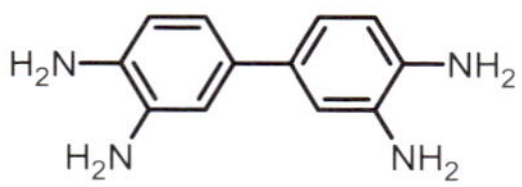

図 8.18　ジアミノベンジジンの構造
HRP 反応により茶色の沈殿を生じる

■8章 ハイブリダイゼーション

avidinii がつくるストレプトアビジン（streptavidin）は，卵白のアビジンよりビオチンに特異的に強固に結合するため，ストレプトアビジン・ビオチンが用いられることも多い．

プローブを異なる波長の蛍光色素で標識すれば，蛍光多重染色が可能である．ホールマウント *in situ* ハイブリダイゼーションと共焦点レーザー顕微鏡を組み合わせれば，複数の遺伝子について3次元的に発現領域を解析することも可能である．

※補足　加熱による組織のダメージを軽減する

ホールマウント *in situ* ハイブリダイゼーションでは，プローブを組織内に浸透させるため，数日から一週間程度にわたり65〜75℃の高温に保つ．熱エネルギーによりプローブの動きが激しくなり，浸透を促進するが，組織のタンパク質を構成するポリペプチド鎖も熱エネルギーにより激しく動き，絡まり合って縮んだり壊れたりすることがある．これを避けるためにホルムアミド（→ p.140）を加える．ホルムアミドは，水素結合に入り込み，塩基間の相補的結合を妨げ，T_m 値（→ p.67）を下げる働きがある．DNA-DNAやDNA-RNAのハイブリッドの T_m は，ホルムアミドの濃度が1%高くなるのに伴い0.72℃ずつ直線的に低下する．ホルムアミドを50%含むハイブリダイゼーション反応溶液は，30〜45℃でハイブリダイゼーションを行うことが可能となり，組織の形態を保つことができる．DNA-RNAのハイブリッドの結合力は，DNA-DNAの相補結合より強いため，RNAプローブを用いると強いシグナルが得られる．*in situ* ハイブリダイゼーションにはRNAプローブを用いるとよい．

コラム　DNAマイクロアレイ

既知の塩基配列をもつ1本鎖DNAをガラスやシリコンなどの基板に整列させたもののうち，1枚の基板に多数ならべたもの（アレイ：array）をDNAマイクロアレイ（microarray），別名DNAチップという．数万から数十万種類のDNA配列を並べたものもある．遺伝子発現の有無，量比や，遺伝的変異などを網羅的に検出することができる．正常と疾患のある組織のように，由来が異なるmRNAからcDNAを合成し，それぞれ異なる蛍光色素で標識してプローブとしてハイブリダイゼーションさせると，発現の量比が蛍光強度のパターンとして示される．

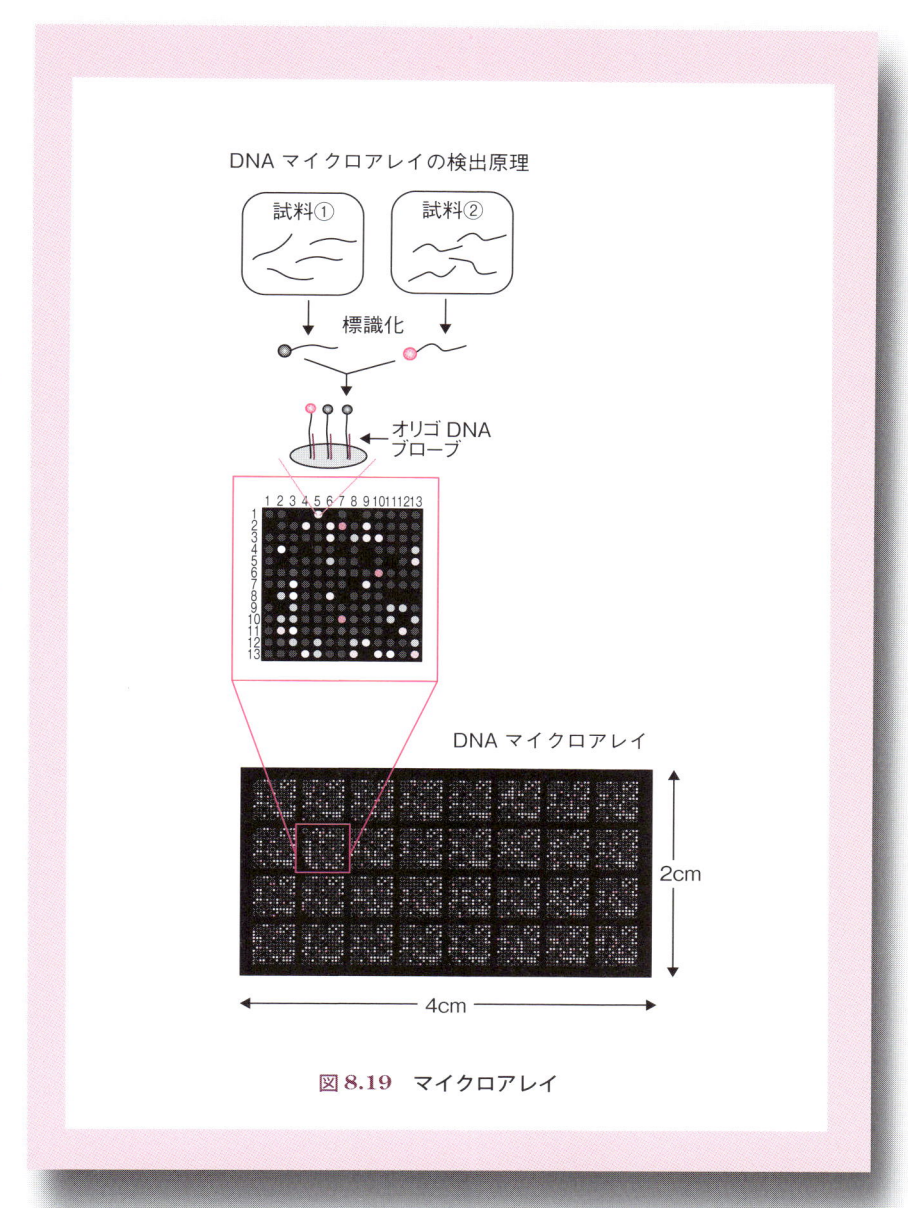

8.4 *in situ* ハイブリダイゼーション

DNA マイクロアレイの検出原理

試料①　試料②

標識化

オリゴ DNA
プローブ

DNA マイクロアレイ

2cm

4cm

図 8.19　マイクロアレイ

9章 制限酵素と宿主大腸菌

制限酵素（restriction enzyme）は，種々の細菌がもつ塩基配列特異的に切断するエンドヌクレアーゼである．大部分の制限酵素はパリンドローム（回文）構造を認識し，切断する．多くの種類の制限酵素があり，遺伝子組換え操作に貢献している．

9.1 制限酵素を利用する遺伝子組換え操作

制限酵素によって切断されたDNA断片の切断端の構造は酵素によって異なり，5′側が飛び出した5′突出末端，3′側が飛び出した3′突出末端と2本の鎖が同じ所で切断される平滑末端がある（表9.1）．Hap II のように4塩基を認識する（4塩基認識）酵素では，その配列が出現する確率は $4^4 ≒ 250$ bpに1か所であり，約250 bpに1か所切断される．6塩基認識酵素は $4^6 ≒ 4$

表9.1 制限酵素と切断面

制限酵素	塩基配列	制限酵素	塩基配列
Asn I	5′ ATTAAT 3′ 3′ TAATTA 5′	Kpn I	5′ GGTACC 3′ 3′ CCATGG 5′
Bam HI	5′ GGATCC 3′ 3′ CCTAGG 5′	Sac I	5′ GAGCTC 3′ 3′ CTCGAG 5′
Cla I	5′ ATCGAT 3′ 3′ TAGCTA 5′	Sal I	5′ GTCGAC 3′ 3′ CAGCTG 5′
Eco RI	5′ GAATTC 3′ 3′ CTTAAG 5′	Sau 3AI	5′ GATC 3′ 3′ CTAG 5′
Eco RV	5′ GATATC 3′ 3′ CTATAG 5′	Sma I	5′ CCCGGG 3′ 3′ GGGCCC 5′
Hap II	5′ CCGG 3′ 3′ GGCC 5′	Xba I	5′ TCTAGA 3′ 3′ AGATCT 5′
Hind III	5′ AAGCTT 3′ 3′ TTCGAA 5′	Xho I	5′ CTCGAG 3′ 3′ GAGCTC 5′

kbp，8塩基認識酵素は $4^8 \fallingdotseq 65$ kbp に 1 か所となる．

「原理と解説」
❶制限酵素切断端の連結

制限酵素で切断したDNA断片は，付着末端が相補的であれば，DNAリガーゼで連結することができる．通常，同じ制限酵素で切断すると，相補的な付着末端が生じる．*Bam*HI と *Sau*3AI のように異なる種類の制限酵素でも，切断によって同じ配列の付着末端が生じれば連結できる．平滑末端同士は連結することができるため，たとえば *Eco*RV による切断端と *Sma*I による切断端は連結可能である．

同じ制限酵素で切断しても，異なる制限酵素末端を生じる場合がある．たとえば，*Eam*1105I は両端に3塩基ずつ6塩基のパリンドロームを認識するが，中央には相補的であれば4つの塩基のうちどれでもよい配列 N が5塩基ある（図9.1）．この場合，*Eam*1105I で切断した末端は，相補的な付着末端になるとは限らない．

❷プラスミドベクターのセルフライゲーションを防ぐ

単一の制限酵素でプラスミドの MCS を切断して，同じ制限酵素付着末端をもつ DNA を挿入する反応を行うと，プラスミド分子内の付着末端同士が

```
GACNNN|NNGTC
CTGNN|NNNCAG
```

図 9.1 *Eam*1105 I の認識配列

表 9.2 塩基の1文字表記

B = C or G or T	R = A or G
D = A or G or T	S = C or G
H = A or C or T	V = A or C or G
K = G or T	W = A or T
M = A or C	Y = C or T
N = A or C or G or T	

結合する場合が多い．これをセルフライゲーションという．セルフライゲーションを防ぐには，5′ 末端の付着末端の場合は脱リン酸化（→ p.46）すればよいが，3′ 突出の場合は脱リン酸化しにくい．MCS を異なる付着末端をもつ 2 種類の制限酵素で切断すれば，セルフライゲーションは防げる．この場合，挿入する DNA 断片の末端は，MCS の付着末端のそれぞれに相補する付着末端にしておく必要がある．

❸ 制限酵素サイトの破壊

　遺伝子操作の過程で，次の操作で邪魔になる制限酵素サイトが生じる場合がある．*Kpn*I のような 3′ 突出の付着末端を生じる酵素の場合は，酵素処理した後に，dNTP 存在下で T4 DNA ポリメラーゼの 3′ → 5′ エキソヌクレアーゼ活性により突出した 1 本鎖を除去し，セルフライゲーションさせると認識サイトが消失する．*Eco*RI のような 5′ 突出の付着末端を生じる酵素の場合は，Mung Bean ヌクレアーゼを働かせ，突出した 1 本鎖を除去してセルフライゲーションさせると認識サイトが消失する．5′ 突出の付着末端を，T4 DNA ポリメラーゼのポリメラーゼ活性を用いて突出部分の相補鎖を合成しても，認識サイトは消失するが，新たなパリンドロームが生じるので注意が必要である．たとえば，*Eco*RI サイトを T4 DNA ポリメラーゼのポリメラーゼ活性で壊すと，*Asn*I サイト（表 9.1）となる．

❹ T ベクターの作製法

　Taq DNA ポリメラーゼを用いて PCR を行うと，DNA 断片の 3′ 末端には A が付加される．*Taq* DNA ポリメラーゼにはターミナルトランスフェラーゼ活性があり，増幅した DNA の 3′ 末端に自動的に dA を付加する特性があるからである．突出した末端は付着末端となり，ベクターに相補的な付着末端があれば DNA リガーゼによる連結の効率が高まる．ベクターの 3′ 突出末端を T にしたベクターは T ベクターとよばれる．PCR 産物の 3′ 突出末端の A と T ベクターを利用したクローニングを特に TA クローニングという．T ベクター（図 9.2）は市販されているが，高価である．

　T ベクターを自作することも可能である．MCS の中に *Eam*1105I サイト（図 9.3）を 2 か所もつプラスミドを用意する．*Eam*1105I の認識配列の中央部分

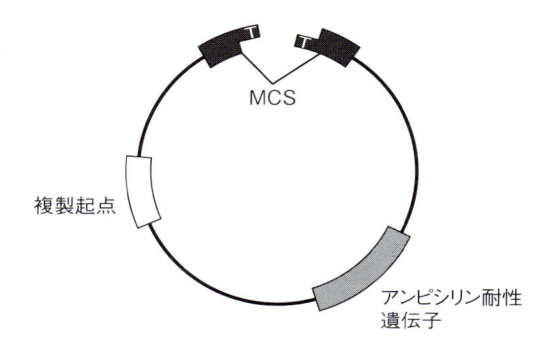

9.1 制限酵素を利用する遺伝子組換え操作

図 9.2 Ｔベクター

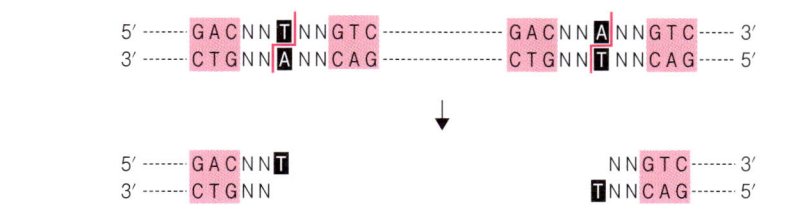

図 9.3 *Eam*1105I 切断で作製するＴベクター

のＮの配列を，片方をＴとし，もう片方をＡとして，*Eam*1105I で切断すると，両端の 3′ 末端にＴが突出したＴベクターとなる．

※注意　**制限酵素の反応条件と特異性**：制限酵素の種類によって，最適な塩濃度，塩の種類，pH，界面活性剤の Triton やタンパク質の BSA の有無などの条件が異なる．いずれも，酵素の立体構造や構造の安定性にかかわる．最適な条件で酵素反応を行わない場合は，活性が低下するばかりでなく，認識配列の特異性が低下し，非特異的に切断されることがある．反応条件については，メーカーの取扱説明書を参照されたい．

※注意　**DNA 断片の末端付近は制限酵素で切断しにくい**：制限酵素の種類によっては，制限酵素の認識サイトが DNA 断片の末端付近にあると切断しにくく，ほとんどの制限酵素は認識サイトが DNA 断片の末端にあると切断しない（表 9.3）．たとえば，*Hin*d Ⅲ

表 9.3 制限酵素認識配列から末端までの塩基数に依存する切断効率

制限酵素	ベクター	直鎖化酵素	末端から標的配列までの塩基数	切断効率(%)
Hind III	LITMUS29	Nco I	3	90
	LITMUS29	BamH I	1	0
Pst I	LITMUS29	EcoR V	3	98
	LITMUS39	Hind III	2	50
	LITMUS29	EcoR V	1	37
Sal I	LITMUS39	Spe I	3	89
	LITMUS39	Spe I	2	23
	LITMUS28	Spe I	1	61

ベクターを制限酵素で切断し直鎖化し，さらに別の酵素で切断しようとする場合，直鎖化された末端からの塩基数によって切断効率が低下する酵素がある．
(Biotechniques 19, 56-59, 1995)

の場合は認識配列の端が，DNA 断片の末端から 1 塩基しかない場合は切断できないが，3 塩基あれば切断が可能になる．一方，EcoRV のように認識サイトに 1 塩基でも付加されていれば，切断できる酵素もある．プラスミドの MCS のように制限酵素の認識サイトが近接する部位を複数の制限酵素で切断する場合は，最初に，認識サイトに複数の塩基が付加されていないと切断できない酵素で切断し，次に短い塩基が付加されていれば切断できる酵素を用いるとよい．詳細は，メーカーの取り扱い説明書を参照されたい．

参考　制限酵素の命名法

生物種によって特異性が異なるため，酵素名に生物のラテン語学名を冠している．たとえば，*Eco*RI は大腸菌 *Escherichia coli* の属名の頭文字 *E* と，種小名の先頭の 2 文字の *co* が付けられる．斜体になっているのは，種名は斜体で表すからである．菌株の名称，報告された順番と続く．すなわち，*Eco*RI は大腸菌 R 株に由来する最初に報告された制限酵素という意味である．また，EcoRV は大腸菌 R 株に由来する 5 番目に報告された制限酵素となる．

参考　制限酵素活性のユニットの定義

至適条件のもとで 60 分間に，1 μg の基質 DNA（λファージ DNA）を完全に切断するのに必要な酵素量を，制限酵素活性の 1 ユニットとして定義している．通常の酵素の活性ユニットとは異なる．

コラム　制限酵素の生物学的役割

　制限酵素の本来の役割は，細菌の生体防御である．ウイルスなどの外来DNAが侵入すると，制限酵素が侵入したDNAを切断し，感染を防いでいる．制限酵素（restriction enzyme）の制限は，感染を制限することから命名された．細菌のゲノムは，その細菌がもつ制限酵素の認識配列の塩基をメチル化することにより，塩基の相補性を変えないまま配列の立体構造を変え，自身の制限酵素でゲノムが切断されないようになっている．たとえば，大腸菌は EcoRI と EcoRI メチラーゼの両方をもち，EcoRI 配列をメチル化するので EcoRI では切断されない（図9.4）．

　野生型の大腸菌を宿主としてプラスミドを増幅させると，大腸菌の制限酵素認識サイトの配列がメチル化され，大腸菌由来の制限酵素では切断できなくなる．これを回避するために，メチル化関連酵素の欠損株を宿主として用いる．

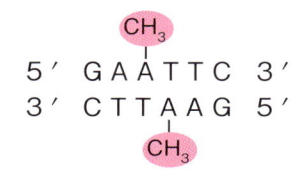

```
           CH₃
5′ G A A T T C 3′
3′ C T T A A G 5′
           CH₃
```

図9.4　EcoRI メチラーゼによるメチル化

9.2　遺伝子操作に用いられる大腸菌株の遺伝子型

　遺伝子操作に用いられる大腸菌には，遺伝子操作に不都合な遺伝子に変異を加え，働かないようにしている．以下に，代表的な変異を示す．

「変異1」　DNAメチル化関連遺伝子

　dam：GATC 配列の A のメチル化能の欠損
　dcm：CCWGG 配列の中2番目の C のメチル化能の欠損

「原理と解説」 DNAメチル化関連遺伝子を欠失させる理由

　大腸菌を宿主としてプラスミドを増殖させると，制限酵素で切断できなくことがある．たとえば*Xba*Iサイトや*Cla*Iサイトはしばしば切れなくなる．一方，*Bam*HIや*Bgl*II，*Sau*3AIのサイトは切れなくなることはない．

　大腸菌は*dam*と*dcm*の2つのメチル化酵素遺伝子をもつ．メチル化酵素Damの"a"は，adenineを意味しており，GATCを認識してAをメチル化する．Dcmの"c"は，cytosineを意味しており，CC(A/T)GGを認識して，認識配列の5′末端から2番目のCをメチル化する．

　*Xba*IサイトのTCTAGAの3′末端に続く塩基がTCになると，TCTAGATCとなり，Damの標的となってメチル化を受ける．その確率は$4^2=16$分の1である．また，TCTAGAの5′末端の前の2つの塩基がGAとなると，GATCTAGAとなり，Damの働きでメチル化を受ける．その確率は$4^2=16$分の1である．合わせて，8分の1の確率でメチル化を受けて*Xba*Iで切断できなくなる．*Cla*Iサイトも同様の原理で切断できなくなる．

　*Msc*IサイトはTGGCCAであるが，3′末端に続く塩基がGGになると，TGGCCAGGとなり，5′末端の前の2つの塩基がCCとなると，CCTGGCCAとなり，いずれもDcmの標的となるためメチル化を受けて切れなくなる．これも合せて，8分の1の確率で切断できなくなる．*Stu*Iサイトも同様の原理で切断できなくなる．

　λファージをベクターとする場合は，大腸菌を溶菌するため，プラスミドほどはメチル化を受けないが，感染初期には大腸菌のDam，Dcmが残っているためメチル化を受けるサイトも生じる．

　*dam*と*dcm*のメチル化の影響で，制限酵素の切断ができなくなる場合は，*Xba*Iの場合は*dam*の機能を欠失させた大腸菌株を用い，*Msc*Iの場合は*dcm*欠失のように，制限酵素の認識配列によって大腸菌株を選択する．*dam*と*dcm*の両方を欠損させた大腸菌株は，JM110やHST04として市販されているが，増殖能力が低く，プラスミドの収量が低くなるため，通常は宿主として使われない．

コラム　DNAメチル化部位の解析

(1) 制限酵素を利用したDNAメチル化の解析

多細胞動物でもDNAはメチル化を受ける．特に，脊椎動物ではCGのCがメチル化を受けており，クロマチンの凝集や遺伝子の発現にかかわる．制限酵素の*Hap*IIと*Msp*Iは，ともにCCGGを認識し切断するが，*Hap*IIはCCGGがメチル化を受けていると切断できない．ゲノムDNAを，それぞれ*Hap*IIと*Msp*Iで完全に消化し，サザンハイブリダイゼーション（→ p.132）やPCR（→ p.121）を行うと，特定のゲノム領域のメチル化の有無，メチル化の程度を知ることができる．*Hap*II・*Msp*I法で判定できるのは，CCGGサイトのみであるため，すべてのCGサイトについて解析できるわけではない．

(2) SBS法によるDNAメチル化部位の詳細な解析

DNAを亜硫酸水素（Bisulfite）で処理すると，シトシン（C）がウラシル（U）に変換される（図9.5）．シーケンス（→ p.115）を行うと，UはTとして表示される．一方，メチル化を受けているCはUに変換されず，Cとして表示される．亜硫酸水素処理の前後で，シーケンス情報を比較すると，メチル化されているCを特定することができる．

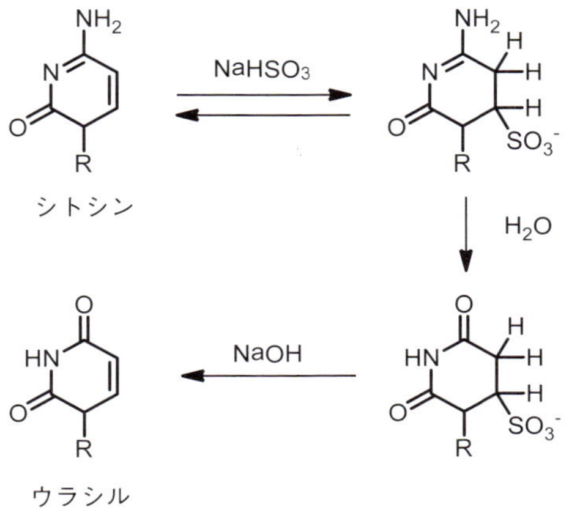

図9.5　亜硫酸水素によるシトシンのウラシルへの構造変化反応

■ 9章　制限酵素と宿主大腸菌

「変異2」　相同組換え関連遺伝子

recA：相同組換え能の欠損

recBC：Exonuclease V 活性と相同組換え能の欠損

recD：Exonuclease V 活性の欠損

recF：相同組換え能の低下

「原理と解説」　相同組換え関連遺伝子を欠損させる理由

　プラスミドやバクテリオファージなどのベクターは宿主大腸菌の中で増殖し，コピー数が増える．同じ配列のDNA鎖が多数あると，相同組換えが起きる機会が増え，組換えにより本来のDNA配列とは異なるクローンが生じる可能性がある．また，ベクターに挿入されたDNAがゲノム由来の場合，くり返し配列が多いため，同一のDNA鎖の中で組換えが起きる可能性もある．

「変異3」　ラクトース関連遺伝子

lacZ：β-ガラクトシダーゼ活性の欠損

lac I^q：*lac I* のプロモーター変異による *lac* リプレッサー（repressor）の過剰生産

「原理と解説」　*lacZ* を欠失させる理由

❶ カラーセレクションに必要な *lacZ* 欠損

　lacZ は大腸菌のラクトースオペロンを構成する遺伝子の1つであり，β-ガラクトシダーゼをコードする．X-gal を用いたカラーセレクション（→ p.85）をするためには，宿主大腸菌の *lacZ* の機能を欠損させておく必要がある．

❷ *lacZ* の発現は少数の *lac* リプレッサーによって抑制されている

　lacZ は，通常は発現する必要がないため，転写は抑制されている（→ p.82）．転写の抑制は，*lac* リプレッサータンパク質が *lacZ* オペレーターに結合することによる．野生型の大腸菌には，細胞あたり5～6分子の *lac* リプレッサーしかないが，*lac* リプレッサーと *lac* オペレーターの結合は強く，少数の *lac* リプレッサー分子で転写は厳密に抑制される．プラスミドやバクテリ

オファージなどのベクターに *lacZ* オペレーター・プロモーターが組み込まれていると，ベクターは大腸菌の中で増殖するため，*lac* リプレッサーの標的の数が増える．その結果，*lac* リプレッサーが不足して *lacZ* の発現の抑制ができなくなる．不必要な *lacZ* の発現を防ぐため，*lac I* のプロモーターに変異（*lac I*^{q}）を加え，*lac* リプレッサーを過剰に合成する大腸菌株も開発されている．

「変異 4」 異常タンパク質の分解関連遺伝子

 lon：ATP 依存性タンパク質分解酵素（ATP dependent protease）活性欠損

「原理と解説」 *lon* を欠失させる理由

 大腸菌以外の生物のタンパク質を，大腸菌を宿主として発現させる場合，タンパク質の折りたたみシステムが異なるため，異常な立体構造のタンパク質が生じる場合が多い．*lon* がコードする ATP 依存性タンパク質分解酵素は，異常タンパク質として認識したタンパク質を分解する働きがあり，*lon* が発現すると合成させたいタンパク質の収量が低下する．これを回避するために，*lon* の欠損株を用いる．大腸菌 B 株に由来する株は，もともと *lon* を欠損しているため，タンパク質の合成に用いる BL21 系の株は *lon* の表示がない．

第III部

応用的な実験操作の原理

　第II部までで学んだ遺伝子操作の原理は，さまざまな技術に応用することができる．PCRは，cDNAの全長を得るのに使われたり，任意の塩基配列への点変異の導入，欠失や挿入変異の導入に利用されたりする．また，PCRを用いれば，制限酵素やDNAリガーゼを用いなくても，遺伝子を組み換えたりすることもできる．得られたcDNAクローンを発現ベクターに組み込み，大腸菌や培養細胞に導入すれば，特定のタンパク質の合成や，合成したタンパク質の機能解析も可能になる．大きなゲノムDNA断片を組み込んだゲノムライブラリーを構築し，ゲノム遺伝子をクローニングして，転写調節領域とリポーター遺伝子の融合遺伝子を細胞や胚に導入すると，転写調節領域の解析もできるようになる．ウイルスの感染力を利用した遺伝子導入法など，第III部では，これらの応用的な遺伝子操作の基本原理を学ぼう．

10章 PCRの応用

PCRの技術は，特定のDNA領域を増幅させることができるだけではなく，完全長のcDNAの単離，変異の導入，遺伝子組換え，特定のmRNAの定量，未知の塩基配列をもつDNA断片のクローニングを可能にする．

10.1 PCRを利用した全長cDNAの単離

cDNAの塩基配列の一部が明らかになっていれば，既知の配列を起点として3′側と5′側を，PCRによりクローニングすることができる．この方法をRACE（Rapid Amplification of cDNA Ends）という（図10.1，図10.3）．

「実験1」 3′ RACEの概略
操 作
1. オリゴ(dT)の5′側に特異的配列（アダプター）を連結したオリゴヌクレオチド（市販のアダプタープライマー）をプライマーとする❶
2. アダプタープライマーをmRNAのポリ(A)に相補的に結合させ逆転写する
3. 得られたcDNA・RNAハイブリッドのRNAをリボヌクレアーゼHで切断し，解離させる
4. すでに得られているcDNAの塩基配列に相補するオリゴヌクレオチドを5′側のフォワードプライマーとする
5. アダプター配列のオリゴヌクレオチド（ユニバーサルプライマー）を3′側のリバースプライマーとする❷
6. 1本鎖cDNAを鋳型にフォワードプライマーとリバースプライマーでPCRを行う
7. 増幅されたPCR断片を鋳型に，フォワードプライマーより内側の第2のフォワードプライマー（ネストプライマー：nest primer）とリバースプライマーでPCRを行う
    [最初に得られたcDNA断片から3′側のcDNAがクローニングされる]

10.1 PCRを利用した全長cDNAの単離

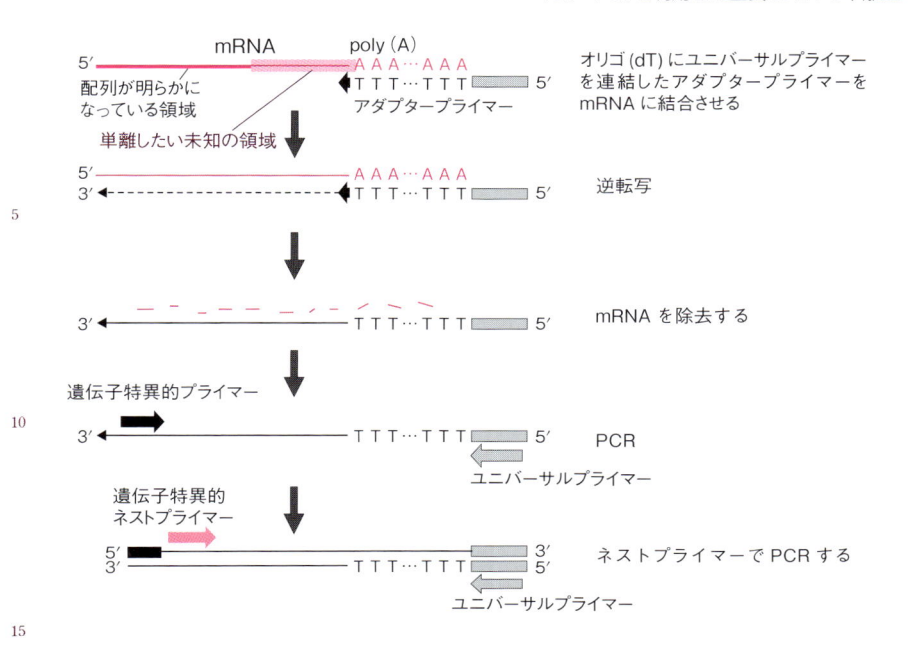

```
         mRNA       poly(A)
    5'━━━━━━━━━━━━━━AAA…AAA              オリゴ(dT)にユニバーサルプライマー
        配列が明らかに  TTT…TTT  5'        を連結したアダプタープライマーを
        になっている領域   アダプタープライマー  mRNAに結合させる
         単離したい未知の領域  ↓

    5'━━━━━━━━━━━━━━AAA…AAA              逆転写
    3'-------------TTT…TTT  5'
                   ↓

    3'-------------TTT…TTT  5'            mRNAを除去する
                   ↓
    遺伝子特異的プライマー
    3'   ▶━━━━━━━━━TTT…TTT  5'            PCR
                            ◀━━
                            ユニバーサルプライマー

    遺伝子特異的
    ネストプライマー  ↓
    5'  ▶━━━━━━━━━━━━━━━━━ 3'
    3'  ━━━━━━━━━━━TTT…TTT  5'            ネストプライマーでPCRする
                            ◀━━
                            ユニバーサルプライマー
```

図 10.1　3' RACE

「原理と解説」

❶ プライマーの 5' 端は相補的に結合しなくても機能する

　プライマーは 3' 末端が相補する配列に結合していれば機能する (→ p.127). したがって, アダプタープライマーの 3' 末端が標的配列に特異的に結合するだけの T_m 値があれば, 5' 側はどのような配列であってもよい (図 10.1). 5' 側に連続する非相補的配列 (アダプタープライマーではユニバーサルプライマー配列) は, プライマー機能とは無関係となり, T_m 値に影響しない. 一方, プライマーの 3' 末端が鋳型鎖に結合していなければ, プライマーとして機能しない.

❷ 特異的配列のリバースプライマーは PCR の特異性を高める

　逆転写に用いられるリバースプライマーの配列はオリゴ (dT) であるが, PCR のプライマーとしては, オリゴ (dT) は特異性が低い. Aの連続した配

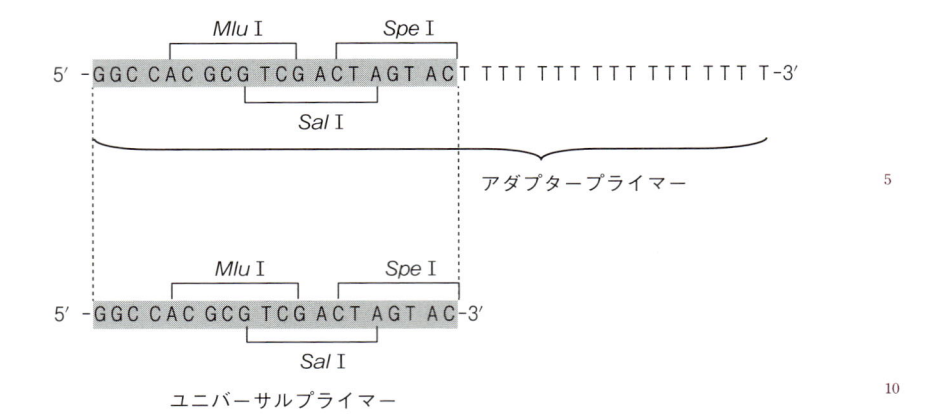

```
                Mlu I        Spe I
5'-GGC CAC GCG TCG ACT AGT AC T TTT TTT TTT TTT TTT T-3'
                       Sal I
                              ╰─────────┬─────────╯
                                アダプタープライマー

                Mlu I        Spe I
5'-GGC CAC GCG TCG ACT AGT AC-3'
                       Sal I
              ユニバーサルプライマー
```

図 10.2　3′ RACE のプライマー

列は多数散在しているからである．逆転写に用いるアダプタープライマーには，オリゴ (dT) の 5′ 末端に特定の塩基配列（ユニバーサルプライマー配列）が連結されている（図 10.2）．逆転写して得られた cDNA を鋳型に，ユニバーサルプライマーのみを用いて PCR を行うと，高い特異性で DNA 配列を増幅することができる．また，ユニバーサルプライマーの配列を，制限酵素処理により付着末端を生じる制限酵素認識配列にしておくと，ベクターに組み込むことが容易になる．フォワードプライマーの 5′ 末端にも制限酵素認識配列を付加しておけば，同様にベクターに組み込むことが容易になる．

「実験 2」　5′ RACE の概略

操　作

1. すでに得られている cDNA の塩基配列に相補する配列を合成し，リバースプライマーとする（図 10.3）
2. mRNA を鋳型として，リバースプライマーを用いて逆転写する
3. リボヌクレアーゼ H により RNA を断片化し，解離させて 1 本鎖 cDNA にする
4. ターミナルトランスフェラーゼ（→ p.68）（TdT (terminal deoxynucleotidyl

10.1 PCR を利用した全長 cDNA の単離

transferase) ともいう）を用い，dCTP を基質として，得られた cDNA の 3′ 末端に C を連結させる

[cDNA の 5′ 末端に連続した C が結合する]

5. オリゴ (dG) の 5′ 末端にアダプター配列（ユニバーサルプライマー配列）を連結したアンカープライマー（anchor primer）をフォワードプライマーとし，cDNA の塩基配列に相補するリバースプライマーとで PCR を行う
6. ユニバーサルプライマーをフォワードプライマーとし（図 10.4），ネストプライマーとで PCR を行う（図 10.3）

[cDNA の 5′ 側の配列が増幅される]

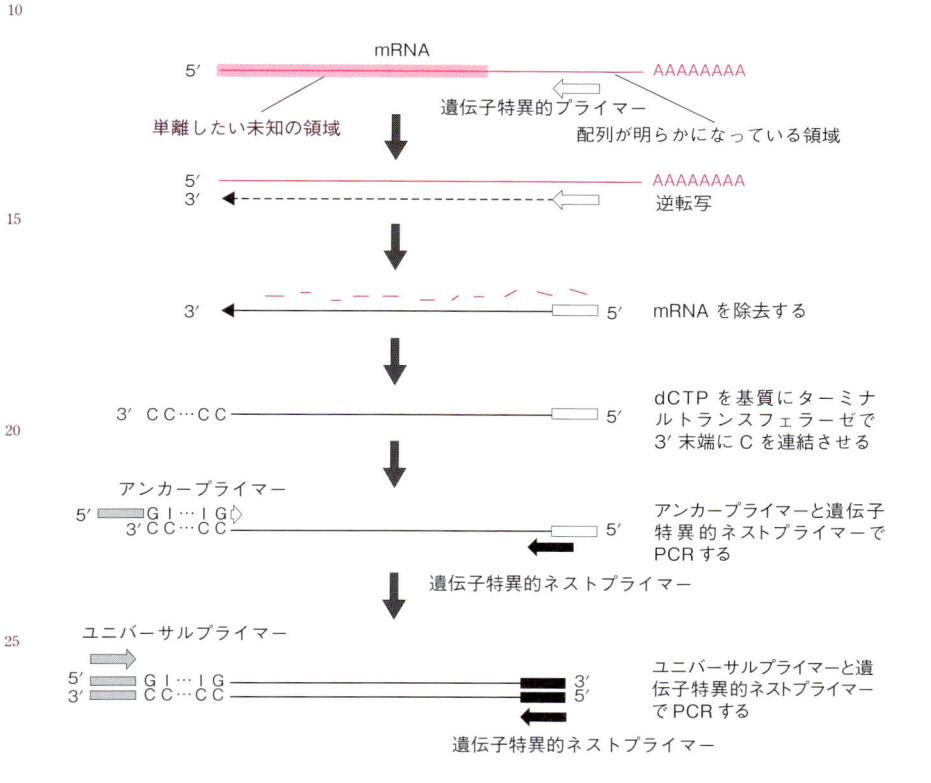

図 10.3　5′ RACE

■ 10章 PCRの応用

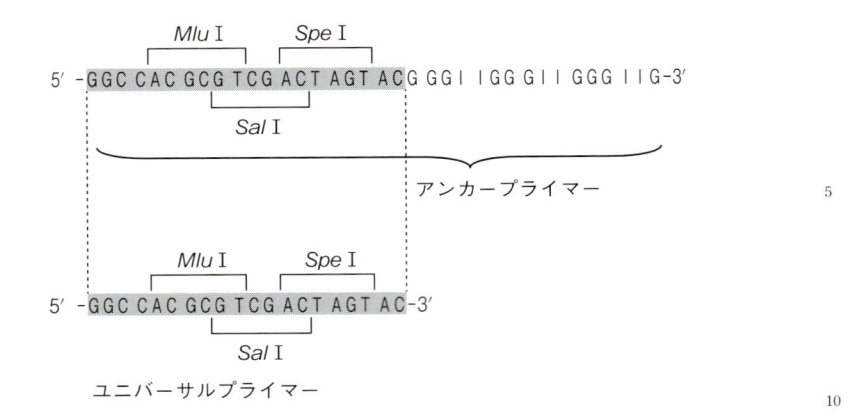

```
              Mlu I      Spe I
5'-GGC CAC GCG TCG ACT AGT AC GGG IIGG GII GGG IIG-3'
                    Sal I
                                    アンカープライマー

              Mlu I      Spe I
5'-GGC CAC GCG TCG ACT AGT AC-3'
                    Sal I
        ユニバーサルプライマー
```

図 10.4　5′ RACE のアンカープライマー

「原理と解説」　アンカープライマーにイノシンを加えて T_m 値を合わせる

　プライマーの特異性を維持するためには，一定の長さのプライマーが必要であるが，オリゴ (dG) では，オリゴ (dC) との相補的結合が強いため，T_m 値が高くなりすぎる．アンカープライマーの T_m 値をリバースプライマーと合わせるため，中立的な相補結合をする I（イノシン）（→ p.66）が適当な間隔で挿入されている．

「実験 3」　5′ キャップを利用した完全長 cDNA ライブラリー作製法の概略

　mRNA の 3′ 末端にあるポリ (A) に結合するオリゴ (dT) をプライマーとして逆転写すると，ほとんどは mRNA の 5′ 末端まで到達せずに cDNA 合成が停止する．しかし，まれに完全長の cDNA が合成されることがある．この完全長の cDNA を PCR によって増幅し，ベクターに組み込んでライブラリーとする（図 10.5）．

　最初から，完全長の cDNA ライブラリーを構築すればよいと思えるが，PCR により塩基配列に誤りが生じる可能性があることと，完全長の cDNA は，実際には得にくくハードルは高い．しかし，完全長 cDNA ライブラリーが得られれば，有利なことは間違いない．

10.1 PCR を利用した全長 cDNA の単離

操　作

1. mRNA を BAP 処理する ❶

   [5′ 末端側の領域を失った mRNA や，ミトコンドリア mRNA の 5′ 末端からリン酸が除去される]

2. BAP 処理した mRNA を TAP 処理する ❷

   [5′ 末端にキャップをもつ mRNA の 5′ 末端にリン酸が残る]

3. T4 RNA リガーゼにより mRNA の 5′ 末端に合成 RNA オリゴヌクレオチド（制限酵素 SfiI 認識サイトを含む）を結合する

4. オリゴ(dT) アダプタープライマー（SfiI 認識サイトを含む）（→ p.168）を用

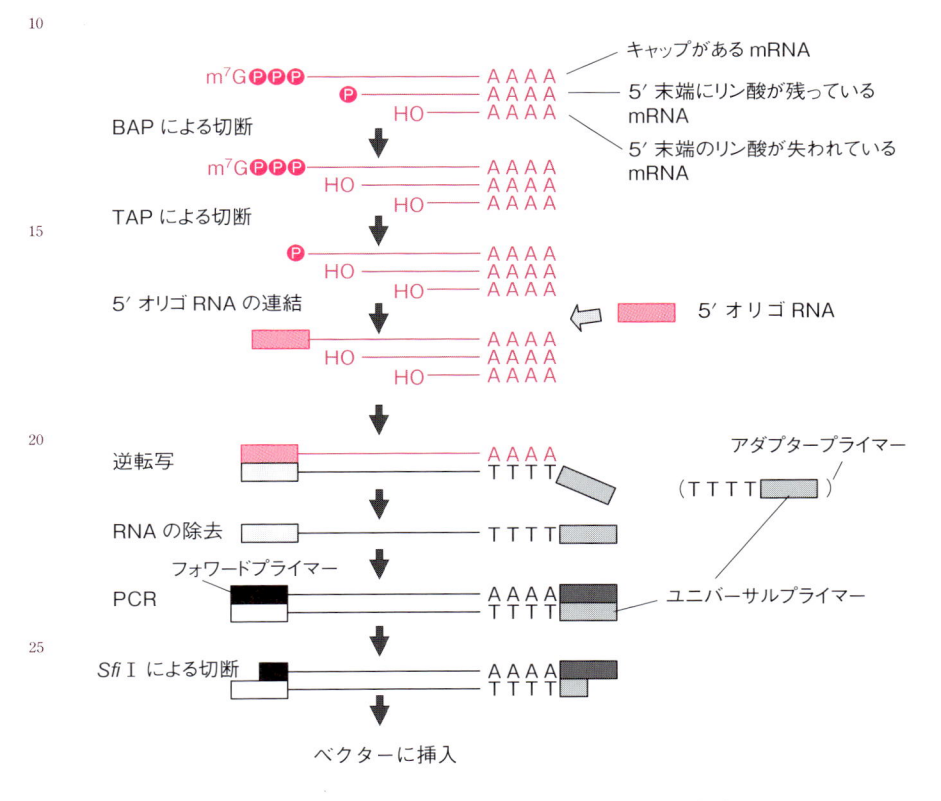

図 10.5　キャップを利用した完全長 cDNA の合成

い，mRNAを逆転写する ❸
5. 1st-strand cDNA・mRNAハイブリッドが得られる
6. アルカリ処理によりmRNAを分解する
7. mRNAの5′末端に連結した合成RNAオリゴヌクレオチドに相補する配列をフォワードプライマーとし，ユニバーサルプライマー（→ p.162）をリバースプライマーとしてPCRする
　　[2本鎖cDNAが得られる]
8. フォワードプライマーとリバースプライマーに含まれる制限酵素サイトで切断する
9. *Sfi*I付着末端をもつベクターに挿入する ❸
　　[ライブラリーが得られる]

試薬・溶液
T4 RNAリガーゼ（T4 RNA ligase）：ATPのエネルギーを用いて，RNAの3′-OH末端に，RNAの5′-P末端を連結する酵素．DNA-RNA，DNA-DNAも連結するが効率が悪い．
TAP（Tobacco Acid Pyrophosphatase）：タバコ由来の酵素．真核生物のmRNAがもつ5′末端のキャップ（m7Gppp）構造のトリリン酸を開裂させ，5′末端にリン酸基を残す．また，原核生物のmRNAの5′末端のトリリン酸や，ATPを切断し5′末端にリン酸基を残す活性もある．
BAP（Bacterial Alkarine Phosphatase）（→ p.47）

「原理と解説」
❶キャップ構造をもたないRNAを実験系から排除する
　本操作では，完全長のmRNAから合成された完全長のcDNAだけがPCRで増幅するしくみを採用している．最初に，フォワードプライマー配列をもつRNAオリゴヌクレオチドを，T4 RNAリガーゼを用いて，完全長のmRNAだけに連結する．連結するには，mRNAの5′末端にリン酸基が存在することが必要である．5′末端領域を失ったmRNAの5′末端にもリン酸基があるが，BAPにより除去される．また，混入しているミトコンドリア由

来の mRNA の 5′ 末端には，リン酸が 3 つ連続したトリリン酸が結合しているが，BAP はこのトリリン酸も除去する能力をもつ．5′-OH 末端となった mRNA は，RNA オリゴヌクレオチド連結することができないため，5′ 末端領域を失った mRNA やミトコンドリア mRNA は実験系から排除される．キャップ構造をもつ mRNA は BAP による脱リン酸化から免れる．

❷キャップ構造を切断して 5′ 末端にリン酸基を残す

キャップ構造（図 10.6）をもつ RNA に，TAP を作用させると，キャップ構造のトリリン酸結合が加水分解され，5′ 末端にリン酸基が残る．T4 RNA リガーゼを作用させ，RNA の 5′ 末端に PCR のフォワードプライマーとなる配列をもつ RNA オリゴヌクレオチドを連結し，オリゴ (dT) アダプタープライマーをリバースプライマーとして逆転写すると，cDNA の 3′ 末端にフォワードプライマーの結合配列が付加されることになる．アルカリ処理により鋳型の RNA を分解し，1 本鎖 cDNA を鋳型に，フォワードプライマーと，リバースプライマーとしてユニバーサルプライマーを用いて PCR すると，完全長の cDNA が得られる．

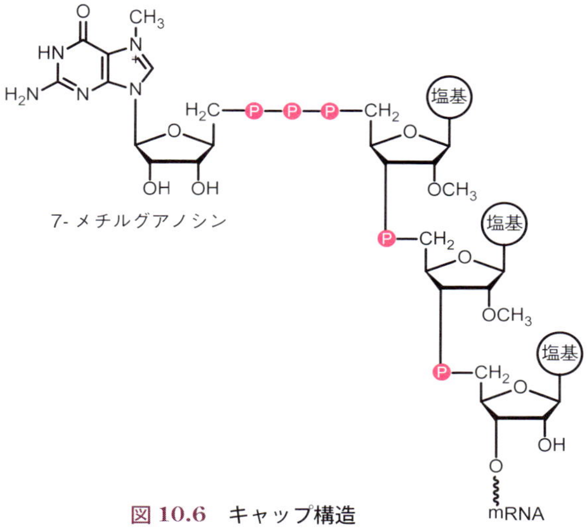

図 10.6　キャップ構造

■ 10 章　PCR の応用

❸ cDNA を 5′→3′ 方向にベクターに組み込む

　Sfi I の認識サイトは図 10.7 のように，GGCC と GGCC の間に NNNNN が挿入された配列であり，NNNNN の部分で切断され，3 塩基の 3′ 突出末端を生じる．したがって，切断により形成される付着末端の配列を自在に選ぶことができる．たとえば，フォワードプライマーの配列を *Sfi* I サイト GGCCATTACGGCC（*Sfi* I A サイト）を含むようにし，リバースプライマーに GGCCGCCTCGGCC（*Sfi* I B サイト）を含むようにすると，PCR で得られた cDNA は，両端に異なる配列の *Sfi* I サイトをもつことになる．これを，*Sfi* I で切断すると，異なる付着末端をもつ cDNA が得られる．市販されている *Sfi* I A サイトと *Sfi* I B サイトを MCS（multi cloning site）にもつプラスミドベクター（→ p.96）（例：pDNR-LIB）を用いれば，cDNA の 5′→3′ の方向がわかるようにベクターに挿入することが可能になる（図 10.8）．ま

```
5′ ... GGCCNNNN NGGCC ... 3′
3′ ... CCGGN NNNNCCGG ... 3′
```

図 10.7　*Sfi* I サイト

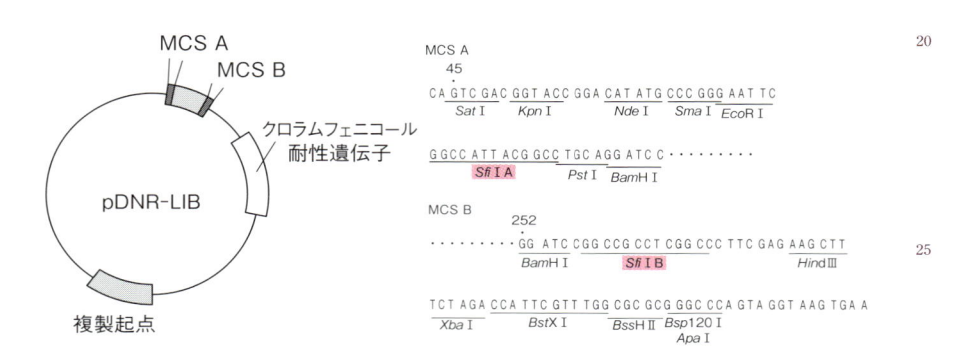

図 10.8　pDNR-LIB の MCS
（Clontech）

10.1 PCR を利用した全長 cDNA の単離

た，8 塩基認識の *Sfi* I では $4^8 = 65,536$ bp に 1 か所しか切断されないため，cDNA の内部が切断される可能性が低くなるメリットもある．

「実験 4」 5′キャップを利用した 5′末端 cDNA のクローニングの概略

多くの mRNA のコード領域は，5′末端側に偏って存在する．5′UTR (Untranslated Region) は比較的短いが，3′UTR は 10 kb にも及ぶ例がある．完全長の cDNA を得るのは難しいが，一部でも既知の配列があれば，その遺伝子の 5′末端側 cDNA 断片を得ることは比較的容易であり，転写開始点も特定することができる（図 10.9）．mRNA のキャップと PCR を組み合わ

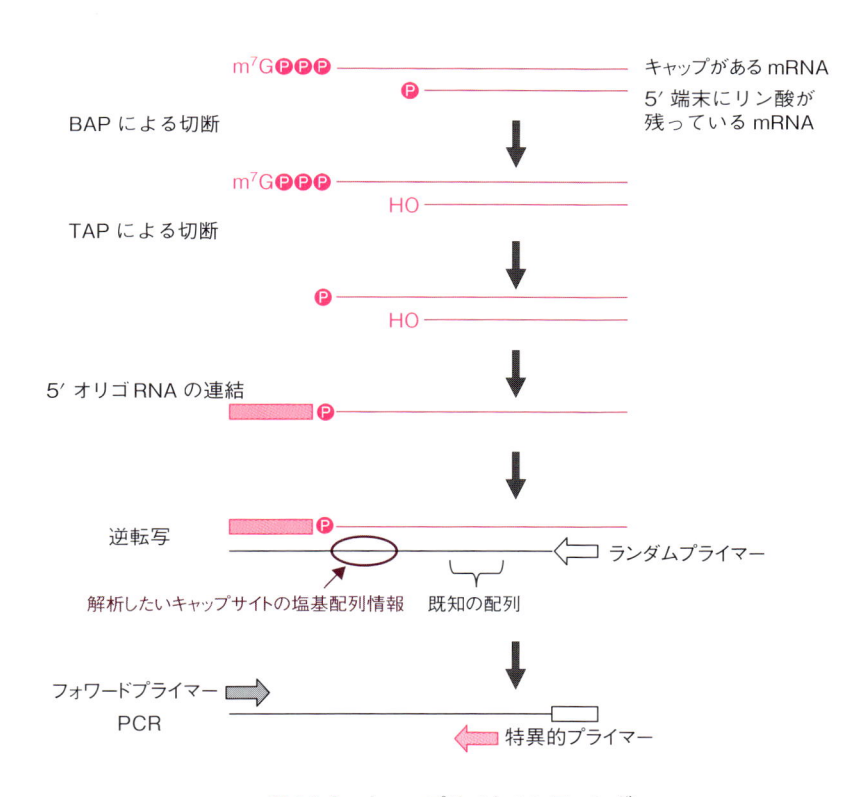

図 10.9 キャップサイトハンティング

せたクローニング法は，キャップサイトハンティング（cap site hunting）とよばれる．手順は，アダプター配列を 5′ 側に連結したランダムプライマーで逆転写すること以外は，「5′ キャップを利用した完全長 cDNA ライブラリー作製法」とほぼ同じである．

> **コラム　キャップとポリ (A) の役割**
>
> 　ポリ (A) は真核生物の mRNA の翻訳開始に重要な役割を果たしている．キャップ構造は，リボソームの mRNA への結合を促進し，正しい開始コドンから翻訳させるはたらきがある．また，ポリ (A) に結合するタンパク質 PABI（polyadenylate-binding protein Ⅰ）は，キャップに形成される翻訳開始複合体と結合して，翻訳の開始を促進する（図 10.10）．

図 10.10　キャップとポリ (A) は翻訳開始にかかわる

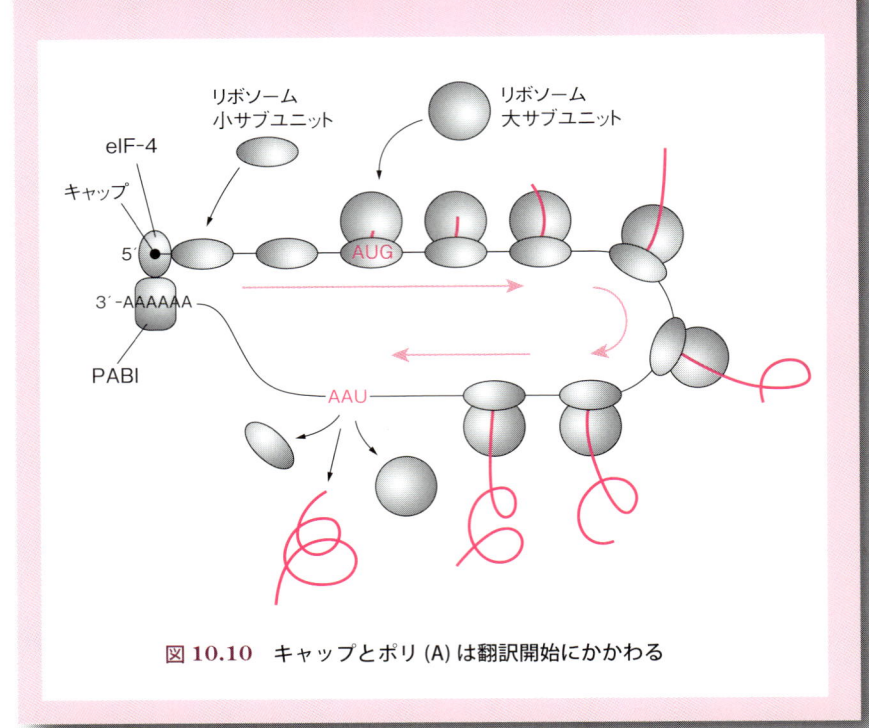

10.2 PCR を応用した変異の導入と組換え

PCRに用いるプライマーは，相補結合するDNAと相補性が100％である必要はない．標的配列に特異的に結合するのに十分に高いT_m値（→ p.67）があり，3′末端の数塩基が鋳型となるDNAに相補的であれば，特定のDNA配列を増幅することができる．この性質を利用して，点突然変異や，配列の欠失，挿入変異を加える．異なる2本のDNAを，任意の配列の所で組み換えることも可能である．

「実験1」 点突然変異導入の概略

操　作

1. 変異を導入したい配列を含むDNA断片を鋳型として用意する
2. 鋳型センス鎖の配列に相補的に結合するプライマー1を用意する（図10.11）
   ［プライマー1は，プライマー配列のほぼ中央の塩基に点変異を加えたものとする］

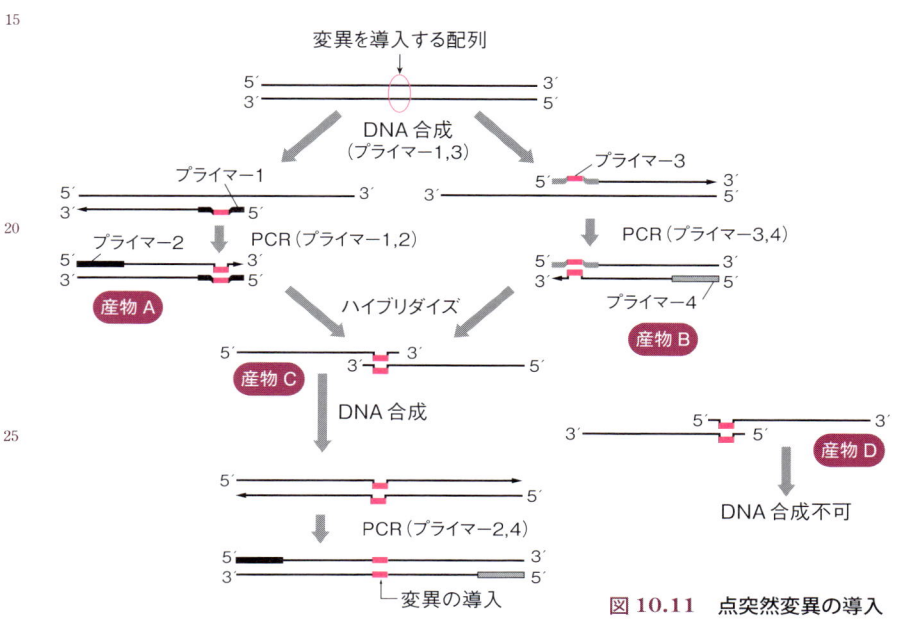

図10.11 点突然変異の導入

■ 10 章　PCR の応用

3. 鋳型となるアンチセンス鎖の 3′ 末端に結合するプライマー 2 を用意する
4. プライマー 1 とプライマー 2 を用いて PCR を行う
5. プライマー 1 と完全に相補的に結合するプライマー 3 を用意する
6. 鋳型となるセンス鎖の 3′ 末端にに結合するプライマー 4 を用意する
7. プライマー 3 とプライマー 4 を用いて PCR を行う
8. PCR 産物 A と B を混合して加熱し，DNA を 1 本鎖にする
9. 加熱した PCR 産物 A と B の混合液を徐々に冷却する
    [産物 A，産物 B が 2 本鎖に戻るとともに，産物 A と産物 B のハイブリッドの産物 C と産物 D も形成される]
10. DNA ポリメラーゼを働かせる
    [産物 C は互いの鎖がプライマーとして働き，互いに鋳型となる．この過程で，点突然変異が導入された 2 本鎖が形成される]
11. プライマー 2 とプライマー 4 を用いて PCR を行う
    [点突然変異が導入された 2 本鎖 DNA が増幅される]

「実験 2」　挿入変異導入の概略
操　作

1. 変異を導入したい配列を含む DNA 断片を鋳型として用意する
2. 変異を導入したい鋳型センス鎖の配列に結合するプライマー 1 を用意する
    [プライマー 1 は，プライマー配列のほぼ中央に挿入配列もつ（図 10.12）]
3. 鋳型となるアンチセンス鎖の 3′ 末端に相補的に結合するプライマー 2 を用意する
4. プライマー 1 とプライマー 2 を用いて PCR を行う
5. プライマー 1 と完全に相補的に結合するプライマー 3 を用意する
6. 鋳型となるセンス鎖の 3′ 末端に相補的に結合するプライマー 4 を用意する
7. プライマー 3 とプライマー 4 を用いて PCR を行う
8. PCR 産物 A と B を混合して加熱し，DNA を 1 本鎖にする
9. 加熱した PCR 産物 A と B の混合液を徐々に冷却する
10. DNA ポリメラーゼを働かせる

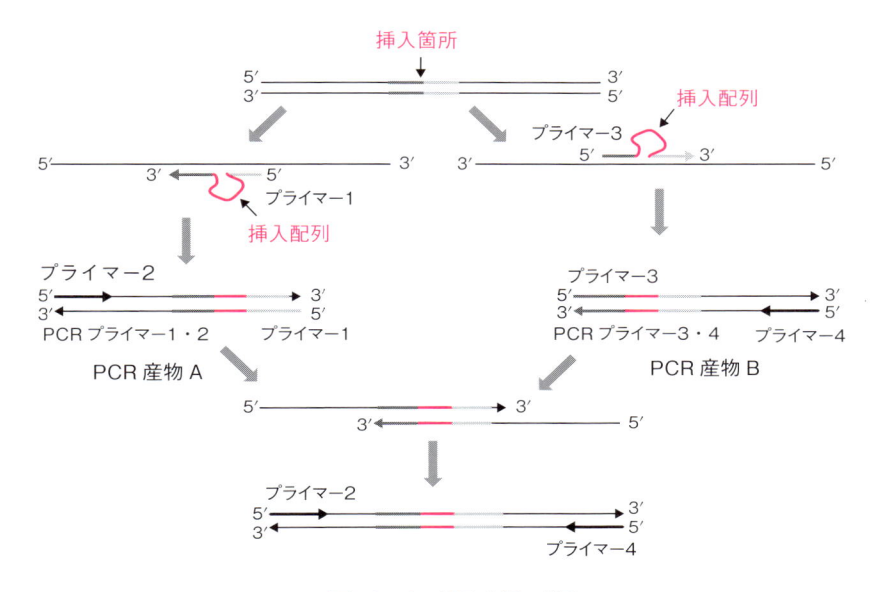

図 10.12　挿入変異の導入

11. プライマー 2 とプライマー 4 を用いて PCR を行う
　　[DNA が挿入された 2 本鎖 DNA が増幅される]

「実験 3」　欠失変異導入の概略

操　作

1. 欠失させたい配列を含む DNA 断片を鋳型として用意する
2. 欠失させたい鋳型センス鎖の配列に結合するプライマー 1 を用意する
　　[プライマー 1 は，元の配列のほぼ中央が欠失している（図 10.13）]
3. 鋳型となるアンチセンス鎖の 3' 末端に相補的に結合するプライマー 2 を用意する
4. プライマー 1 とプライマー 2 を用いて PCR を行う
5. プライマー 1 と完全に相補的に結合するプライマー 3 を用意する
6. 鋳型となるセンス鎖の 3' 末端に相補的に結合するプライマー 4 を用意する
7. プライマー 3 とプライマー 4 を用いて PCR を行う

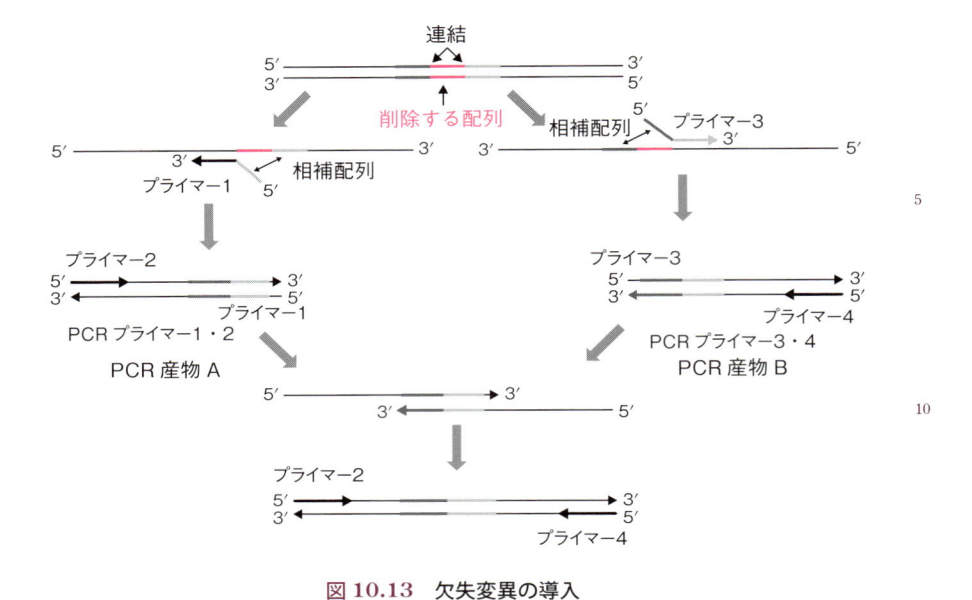

■ 10 章　PCR の応用

図 10.13　欠失変異の導入

8. PCR 産物 A と B を混合して加熱し，DNA を 1 本鎖にする
9. 加熱した PCR 産物 A と B の混合液を徐々に冷却する
10. DNA ポリメラーゼを働かせる
11. プライマー 2 とプライマー 4 を用いて PCR を行う
　　[特定の配列が欠失した 2 本鎖 DNA が増幅される]

「原理と解説」　プライマー機能に必要な条件

3′ 末端側が鋳型鎖と相補的に結合したプライマーがプライマーとして機能する．プライマーの 5′ 末端側が相補的に結合しても 3′ 末端が結合しないプライマーは機能しない．

「実験 4」　組換え法の概略

PCR を利用すると，制限酵素と DNA リガーゼを用いなくても，任意の箇所で遺伝子を組み換えることができる．制限酵素の種類には限りがある

が，PCRによる遺伝子組換えでは，プライマーの配列は自在に合成できるため，制限酵素の認識配列の有無にかかわらず遺伝子組換えが可能になる（図10.14）．

DNA断片Cを上流に配置し，DNA断片Dを下流に配置して，任意の箇所で連結する場合について解説する．

操　作
1. 組換えたい2本のDNA断片CとDを鋳型として用意する
2. DNA断片Cのセンス鎖の組換え箇所に相補的に結合するプライマー1を用意する

   [プライマー1配列の3′側半分をDNA断片Cのセンス鎖に相補的な配列として，5′側半分をDNA断片Dのセンス鎖に相補的な配列とする]
3. DNA断片Cのアンチセンス鎖の3′末端に結合するプライマー2を用意する
4. プライマー1とプライマー2を用いてPCRを行う

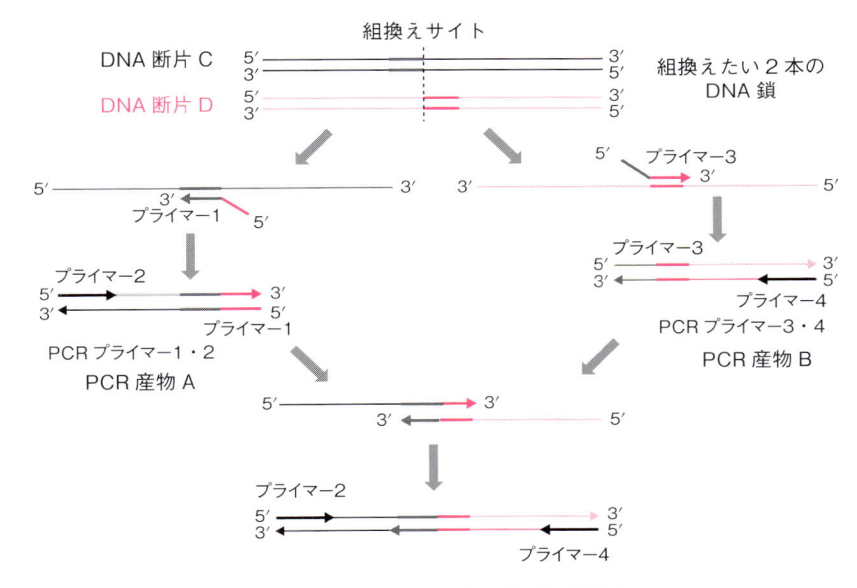

図10.14　PCRを利用した遺伝子組換え

5. プライマー 1 と完全に相補的に結合するプライマー 3 を用意する
6. DNA 断片 D のセンス鎖の 3′ 末端に相補的に結合するプライマー 4 を用意する
7. プライマー 3 とプライマー 4 を用いて PCR を行う
8. PCR 産物 A と B を混合して加熱し，DNA を 1 本鎖にする
9. 加熱した PCR 産物 A と B の混合液を徐々に冷却する
10. DNA ポリメラーゼを働かせる
11. プライマー 2 とプライマー 4 を用いて PCR を行う
   [DNA 断片 C と DNA 断片 D が連結された断片が得られる]

10.3　PCR を応用した遺伝子発現の定量

PCR では 1 サイクルごとに増幅される DNA 配列のコピー数が 2 倍になることを利用して，組織や細胞に存在する mRNA の量を推定することができる．

「実験 1」　半定量 Q-PCR の概略

Q-PCR の Q は Quantitative の頭文字である．通常は，ミトコンドリアのシトクロムオキシダーゼサブユニット I（MitCO I：cytochrome oxidase subunit I）遺伝子や，解糖系の酵素であるグリセルアルデヒド -3- リン酸デヒドロゲナーゼ（GAPDH：glyceraldehyde-3-phosphate dehydrogenase）など，発現量が常にほぼ一定量のハウスキーピング（house keeping）遺伝子の発現を基準（内在性のレファランス）にして，発現量を比較する（図 10.15）．

操　作
1. 各組織から RNA を抽出する
2. 抽出した RNA に DNase 処理を行い，混在するゲノム DNA を除去する
3. RNA を鋳型にランダムプライマーで逆転写して cDNA を得る ❷
4. 得られた cDNA を鋳型にレファランス遺伝子の DNA 断片を PCR で増幅する
5. 増幅された DNA 断片をアガロースゲル電気泳動する
6. ゲルを EtBr 染色し，DNA 断片の濃度を推定する
7. 各組織の cDNA 溶液を希釈して，特定の PCR サイクル数においてハウスキー

10.3 PCR を応用した遺伝子発現の定量

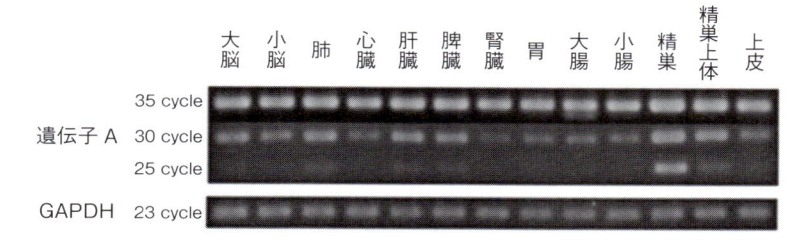

| | 大脳 | 小脳 | 肺 | 心臓 | 肝臓 | 脾臓 | 腎臓 | 胃 | 大腸 | 小腸 | 精巣 | 精巣上体 | 上皮 |

遺伝子 A 35 cycle / 30 cycle / 25 cycle
GAPDH 23 cycle

図 10.15 半定量的 PCR

ピング遺伝子産物の量が一定になるように cDNA 溶液の濃度を調節する ❶
[図では，レファランスに GAPDH 遺伝子を用いている]

「原理と解説」
❶ PCR のサイクル数

　PCR のサイクルが多いと DNA 産物が多くなりすぎ，基質が不足するため鋳型の量を反映しなくなる．また，産物の量が少なすぎると検出限界以下となる．飽和するサイクル数と検出限界との中間の，指数関数的に DNA 断片が増幅しているサイクル数で半定量が可能となる．図では，レファランス遺伝子の PCR サイクルを 23 回としている．

　増幅される DNA 断片の量が定量可能な範囲内に収まるようにサイクル数を調節する．図 10.15 では，25 回，30 回，35 回としている．GAPDH の増幅 DNA 断片のシグナルは中程度であり，すべての組織でほぼ同じ強さとなっているため，各組織の cDNA 総量はほぼ同一と考えることができる．遺伝子 A は 25 サイクルでは肺，肝臓，脾臓，精巣，精巣上体でシグナルが見え，精巣では強いシグナルが見える．30 サイクルではすべての組織でシグナルが見える．このことから，遺伝子 A は調べたすべての組織で発現しているが，肺，肝臓，脾臓，精巣上体での発現が比較的高く，精巣ではさらに高く発現していることがわかる．

❷ 定量的 PCR の逆転写プライマー

　RNA を鋳型にオリゴ (dT) をプライマーに逆転写してもよいが，3′-UTR

■ 10章　PCRの応用

が長い生物種の場合は，コード領域までcDNAを合成できない可能性が高い．そのため，ランダムプライマーを用いる．

　＊注意　ゲノムDNAを鋳型にして増幅されたDNA断片ではないことを確認するため，逆転写を行っていない試料を用いて，PCRを行う．

「実験2」　リアルタイム-PCRの概略

　PCRによりDNA断片の量が指数関数的に増幅されることを利用して，溶液中のDNAを定量する（図10.16）．インターカレーション法とハイブリダイゼーション法がある．ハウスキーピング遺伝子などの特定の遺伝子の発現量をレファランスとして定量する相対量法と，あらかじめコピー数がわかっている目的のDNA断片の溶液を段階希釈して，それぞれの濃度について検量曲線を描き，検量曲線に当てはめてコピー数を算定する絶対量法がある．

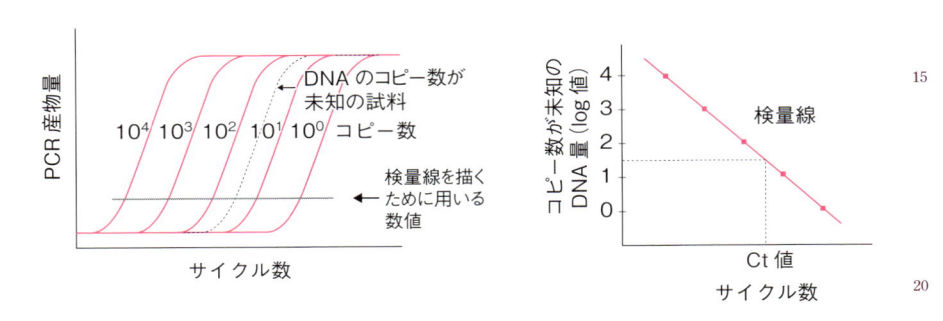

図10.16　定量的PCR

「原理と解説」

❶インターカレーション法

　PCRの反応溶液にサイバーグリーン（→ p.113）を加え，反応溶液の蛍光強度をリアルタイムで測定する．サイバーグリーンはDNAにインターカレーションすると，蛍光を発する．簡便な方法であるが，非特異的なDNAが増幅しない条件で行う必要がある（図10.17）．

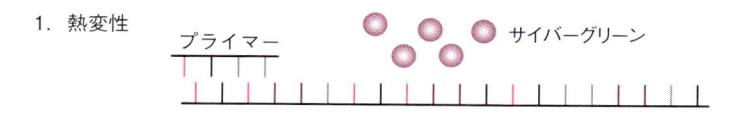

10.3 PCRを応用した遺伝子発現の定量

1. 熱変性　プライマー　　　　サイバーグリーン

2. ハイブリダイゼーション
　　　　　　　　　ポリメラーゼ

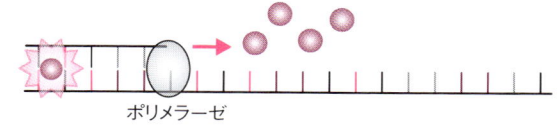

3. 伸長反応

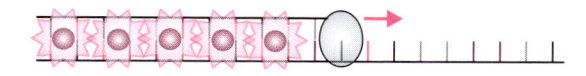

図 10.17　インターカレーション法

❷ハイブリダイゼーション法

　TaqMan法について解説する．定量したいDNAの配列のほぼ中央にプローブとして相補的に結合するRNA断片を用意する（図10.18）．プローブの5′末端に蛍光標識し，3′末端にクエンチャーを付加する．クエンチングは，蛍光共鳴エネルギー転移（FRET：fluorescence resonance energy transfer）によって起こる．すなわち，蛍光色素が発する蛍光波長と，クエンチャーの吸収波長が重なると，蛍光が吸収されて発光しない．FRETは蛍光色素とクエンチャーが100Å以下の距離にあると起きる．20〜40塩基のプローブの両端にある蛍光色素とクエンチャーは，蛍光の発光を抑制するのに十分に近い距離にあり，蛍光は発せられない．PCRプライマーからDNAポリメラーゼがDNA合成反応を進め，鋳型に相補的に結合しているRNAプローブに到達すると，5′→3′エキソヌクレアーゼ活性によりプローブを分解しつつ，DNA合成反応を進める．その結果，プローブの5′末端の蛍光色素が遊離し，クエンチャーとの距離が離れるため，励起光を当てると蛍光を発するようになる．この蛍光の量をリアルタイムで計測する．プローブ単独では蛍光を発することはなく，増幅されたDNA断片にハイブリダイゼーションすると次

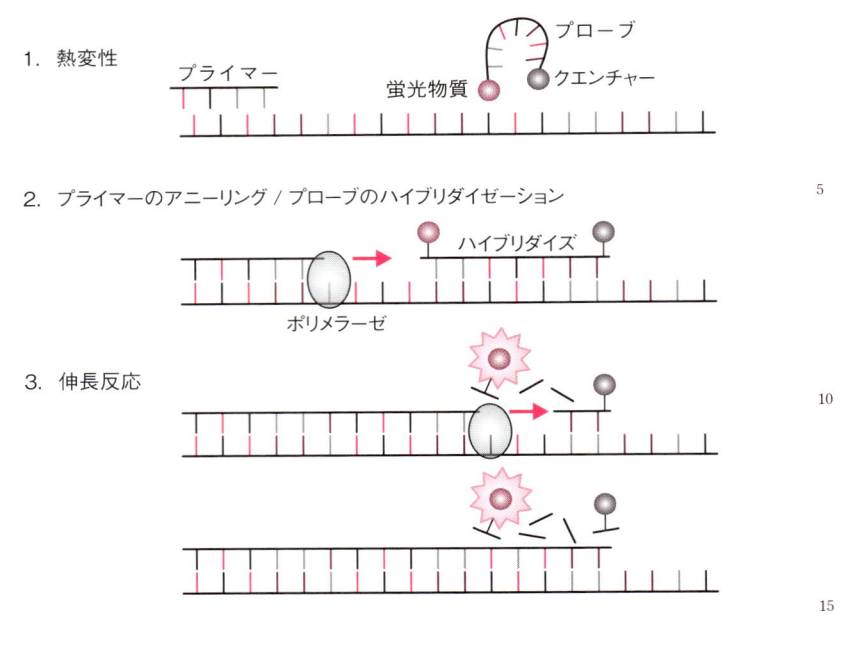

図 10.18 ハイブリダイゼーション法

のPCR反応で分解されるごとに蛍光を発する色素が蓄積するため，蛍光強度は増幅されたDNA断片のコピー数に依存することになる．インターカレーション法とは異なり，プローブのハイブリダイゼーションを介するため特異性が高い定量が可能である．

「実験3」 新生RNAの定量の概略

ノザンハイブリダイゼーションや，通常のRT-PCRは蓄積されたmRNA量の測定には適しているが，転写活性（転写速度：一定時間当たりの転写量）を知ることはできない．転写直後の新生RNAはイントロンを含むことを利用すると，転写活性を推定することができる（図10.19）．イントロンは，短時間のうちに切り取られ，消失するからである．

10.3 PCRを応用した遺伝子発現の定量

操 作

1. 発生中の各発生時期の胚や幼生から RNA を抽出する
2. RNA を鋳型にランダムプライマーで逆転写して cDNA を得る
3. 得られた cDNA を鋳型に，イントロンに相補的に結合するプライマーを用いて PCR を行う
4. アガロースゲル電気泳動を行い，増幅された DNA 断片の量をレファランス遺伝子と比較する（図 10.20）

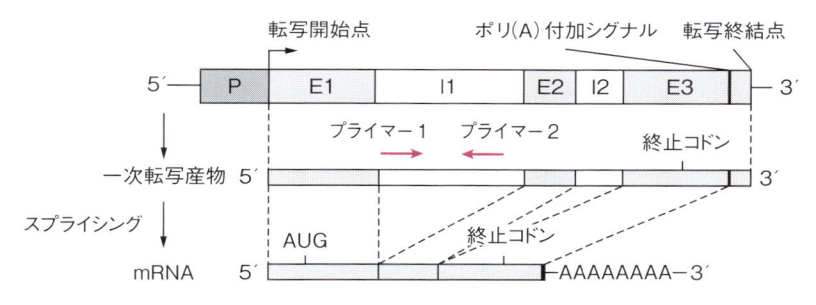

図 10.19 イントロンベース RT-PCR
P：プロモーター, E1 〜 E3：エキソン 1 〜 3, I1 〜 I2：イントロン 1 〜 2

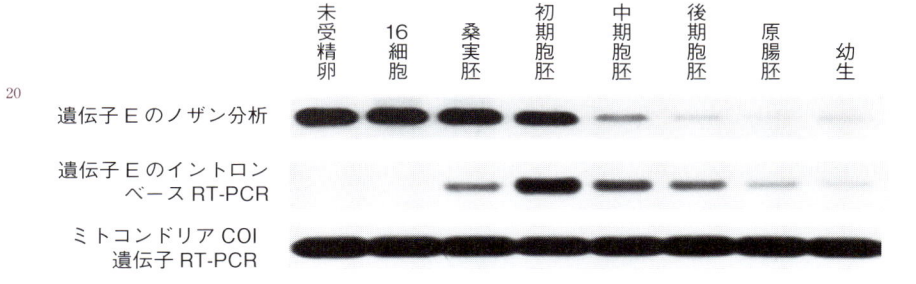

図 10.20 イントロンベース RT-PCR による新生 RNA 量の解析
動物の発生過程における，ある特定の遺伝子 E の発現量を示している．上段のノザン分析は，遺伝子 E の mRNA の蓄積量を示しており，卵に蓄積された mRNA が中期胞胚期以降に減少していることが示されている．中段のイントロンベース RT-PCR は，遺伝子 E の, mRNA になる前の新生 RNA の量を表している．遺伝子 E の転写は桑実胚期に開始され，初期胞胚期で最も転写が活発になり，その後，減少することが示されている．

11 章 cDNA を用いたタンパク質合成

　大腸菌で働くプロモーターと翻訳開始点の下流に，cDNA をコドンの読み枠が合うように連結したプラスミドで大腸菌を形質転換すると，cDNA がコードするタンパク質を大腸菌に合成させることができる．しかし，大腸菌にとって他の生物種のタンパク質は異物であるため，生体防御システムが働き，大腸菌の増殖が抑えられる．大腸菌が十分に増殖するまで外来遺伝子の発現を抑制し，最終的には大量のタンパク質が得られるよう工夫されている．

11.1　組換えタンパク質合成に用いられるプラスミドの構造

　一般に用いられるプラスミドにも，lac プロモーターをもつ β-ガラクトシダーゼ遺伝子があり，コドンの読み枠が β-ガラクトシダーゼ遺伝子と一致するように cDNA を挿入すれば，組換えタンパク質を大腸菌に合成させることができる．しかし，発現量は限定的であり，組換えタンパク質が宿主にとって異物として認識される場合は大腸菌の増殖が抑えられる．組換えタンパク質合成用の宿主とプラスミドには，外来遺伝子が発現しないように大腸菌を増殖させ，発現を誘導すると爆発的に目的のタンパク質を合成させるしくみが組み込まれている．

　Novagen 社のプラスミド pET を例に解説する (図 11.1)．pET には cDNA が発現するための T7 プロモーターがあり，そのすぐ下流に開始コドン, 2 つの終止コドン，T7 ターミネーターと続く．cDNA を開始コドンからの読み枠が合うように挿入し，大腸菌を形質転換して, T7 RNA ポリメラーゼの発現を誘導すると, T7 プロモーターから転写が開始され, T7 ターミネーターで転写が終結する．組換えタンパク質の C 末端に余分なポリペプチドが結合しないよう，二重に終止コドンが配置されている．また，組換えタンパク質の精製に便利な Trx・Tag, His・Tag, S・Tag, トロンビン (thrombin) 認識配列，エンテロキナーゼ

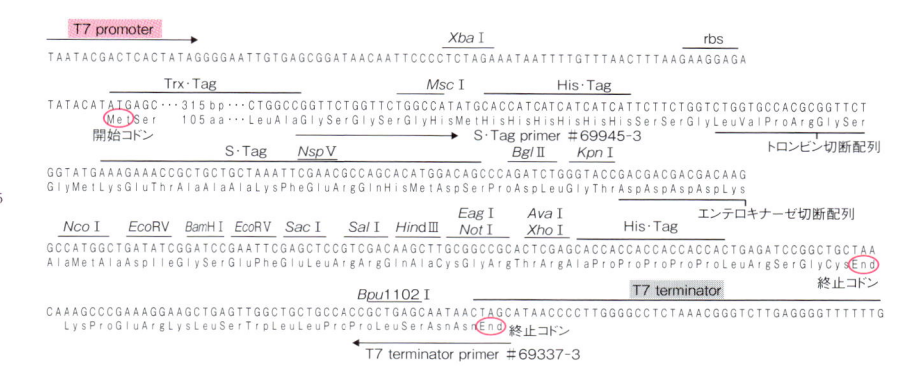

```
                T7 promoter                              Xba I                           rbs
TAATACGACTCACTATAGGGGAATTGTGAGCGGATAACAATTCCCCTCTAGAAATAATTTTGTTTAACTTTAAGAAGGAGA
             Trx·Tag                    Msc I                 His·Tag
TATACATATGAGC···315bp···CTGGCCGGTTCTGGTTCTGGCCATATGCACCATCATCATCATCATTCTTCTGGTCTGGTGCCACGCGGTTCT
   Met Ser    105aa···LeuAlaGlySerGlySerGlyHisMetHisHisHisHisHisHisSerSerGlyLeuValProArgGlySer
   開始コドン                              S·Tag primer #69945-3              トロンビン切断配列
                  S·Tag        Nsp V            Bgl II      Kpn I
GGTATGAAAGAAACCGCTGCTGCTAAATTCGAACGCCAGCACATGGACAGCCCAGATCTGGGTACCGACGACGACGACAAG
GlyMetLysGluThrAlaAlaAlaLysPheGluArgGlnHisMetAspSerProAspLeuGlyThrAspAspAspAspLys
    Nco I     EcoRV  BamH I  EcoR I   Sac I   Sal I   Hind III    Eag I   Ava I        エンテロキナーゼ切断配列
                                                                  Not I   Xho I  His·Tag
GCCATGGCTGATATCGGATCCGAATTCGAGCTCCGTCGACAAGCTTGCGGCCGCACTCGAGCACCACCACCACCACCACTGAGATCCGGCTGCTAA
AlaMetAlaAspIleGlySerGluPheGluLeuArgArgGlnAlaCysGlyArgThrArgAlaProProProProProLeuSerGlyCys End
                             Bpu1102 I                                T7 terminator               終止コドン
CAAAGCCCGAAAGGAAGCTGAGTTGGCTGCTGCCACCGCTGAGCAATAACTAGCATAACCCCTTGGGGCCTCTAAACGGGTCTTGAGGGGTTTTTTG
LysProGluArgLysLeuSerTrpLeuLeuProProLeuSerAsnAsn End  終止コドン
                                           T7 terminator primer #69337-3
```

図 11.1 Novagen 社 発現ベクター pET32 の構造の概略

enterokinase 認識配列，MCS をコードする配列が組み込まれている．

11.2 cDNA 組換えタンパク質合成

宿主大腸菌は BL21(DE3) 株を用いる．BL21(DE3) 株は，大腸菌 BL21 のインテグラーゼ *int* 遺伝子にバクテリオファージ DE3 が挿入されている（図 11.2）．BL21（DE3）株には *lac* I 遺伝子，*lacUV5* プロモーターで発現する T7 RNA ポリメラーゼ遺伝子があり，*int* が破壊されているため挿入されたファージは安定的に組み込まれている．

「実験 1」 大腸菌による cDNA 組換えタンパク質合成の概略

操 作

1. cDNA を組み込んだ pET を BL21(DE3) に導入する ❶❷❼
2. 形質転換した BL21(DE3) を 0.5% グルコースを含む培地で増殖させる ❸❽
3. OD_{600} が 0.6 に達するまで 37℃で振盪培養する
4. 1 mM になるように IPTG を加える ❹❾
5. 37℃で 2 時間振盪培養する
6. 氷冷，遠心分離により菌体を回収する
7. 溶菌してタンパク質を回収する ❺❻

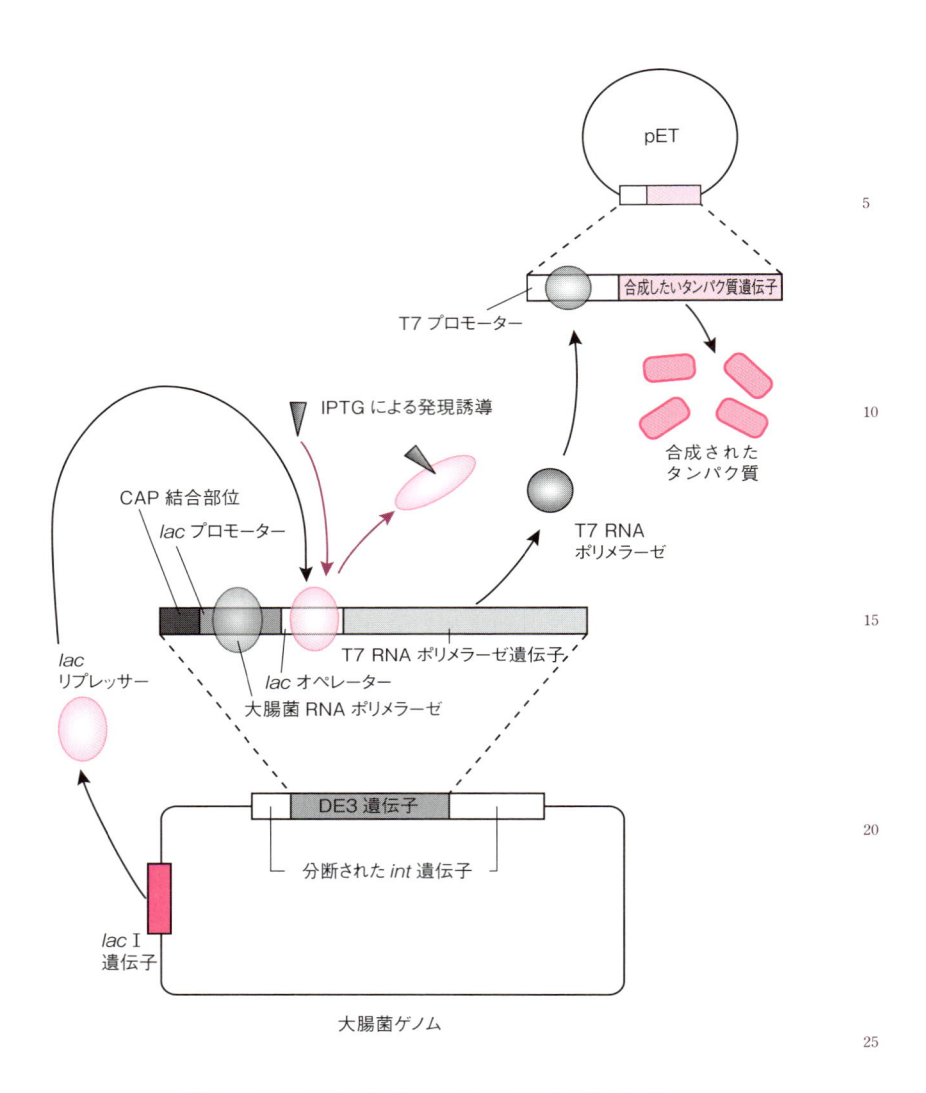

■ 11 章　cDNA を用いたタンパク質合成

図 11.2　タンパク質発現ベクターの宿主 BL21(DE3)

「原理と解説」

❶ T7 プロモーター

T7 プロモーターは T7 RNA ポリメラーゼが結合して転写を開始する塩基配列である．T7 RNA ポリメラーゼが存在すると自動的に効率よく転写されるため，高い発現量が得られる．

❷ *lac* プロモーター

大腸菌のラクトースオペロン（→ p.82）のプロモーターであり，大腸菌の RNA ポリメラーゼが結合して転写を開始する配列である．

❸ CAP 結合部位

CAP（サイクリック -AMP 受容体タンパク質 cyclic-AMP receptor protein）が結合する部位．*lac* プロモーターの 5′ 側に隣接しており，CAP が結合すると，*lac* プロモーターへの RNA ポリメラーゼの結合が可能になる．

❹ *lac* オペレーター

lac I 遺伝子の発現により合成されるリプレッサーの標的配列．リプレッサーが結合すると，RNA ポリメラーゼの転写反応を物理的に阻害する．

❺ Tag

Tag として付加されるオリゴペプチドは，いずれも溶解性が高く，組換えタンパク質の不溶化を防ぐ働きがある．Trx・Tag には特異性の高い抗体があり，タンパク質の発現を容易に検出することができる．His・Tag にも特異性の高い抗体があり，また，ニッケルカラムに特異的に結合するためアフィニティークロマトグラフィーによる精製に利用される．S・Tag はリボヌクレアーゼ S-protein と特異的に結合するため，アルカリ性ホスファターゼ標識した S-protein で検出することができる．

❻ トロンビンとエンテロキナーゼ

アミノ酸配列特異的に切断するペプチダーゼ．タグを削除するために用いる．トロンビンは血液凝固にかかわるセリンプロテアーゼである．また，エンテロキナーゼはエンテロペプチダーゼともいい，十二指腸から分泌されるエンドペプチダーゼである．

❼ リーキーな発現がない pET

　プラスミドの *lac* プロモーター・オペレーター発現システムを利用してタンパク質を合成させようとすると，プラスミドは大腸菌の中で増殖し，500コピーにもなるためリプレッサーが足りなくなる（→ p.82）．そのため，大腸菌にとって異物のタンパク質が合成され，増殖しなくなる．pET には，プロモーターとして，*lac* プロモーター・オペレーターではなく，T7 プロモーターが組み込まれており，T7 ファージ由来の T7 RNA ポリメラーゼが存在しなければ転写されない．

❽ グルコースを添加して *lac* プロモーターの機能を抑える

　lac プロモーターに RNA ポリメラーゼが結合するには，CAP 結合部位に，CAP が結合する必要がある．グルコースが存在すると，大腸菌のアデニル酸シクラーゼが不活性化し，cAMP 濃度が低下する．そのため，CAP ができず，*lac* プロモーターは働かない．T7 RNA ポリメラーゼが合成されないため，T7 プロモーターからの転写は起こらず，組換えタンパク質も合成されない．異物の組換えタンパク質が合成されないため，大腸菌は順調に増殖する．大腸菌が十分に増殖し，かつ対数増殖期にある状態（OD_{600} が 0.6）で *lac* プロモーターを働かせるため，その時点で消費され尽くす程度（0.5％）のグルコースを添加する．

❾ IPTG で誘導される T7 RNA ポリメラーゼ発現

　T7 RNA ポリメラーゼ遺伝子は大腸菌ゲノムに 1 コピーだけ組み込まれており，*lac* プロモーター・オペレーターで発現する．1 コピーしかないため，大腸菌の *lacI* の発現により産生されるリプレッサーで十分に発現が抑制される．IPTG（→ p.83）を添加すると，リプレッサーが *lac* オペレーターから外れ，発現が誘導される．合成された T7 RNA ポリメラーゼは，pET の T7 プロモーターに結合し，転写が開始され，組換えタンパク質が合成される．T7 RNA ポリメラーゼの活性は強く，IPTG による発現誘導後，組換えタンパク質の量は，数時間で大腸菌の総タンパク質の 50％以上に達する．

11.2 cDNA 組換えタンパク質合成

「実験2」 組換えタンパク質の回収と精製の概略
操 作
1. 培地から遠心分離により大腸菌を回収する
2. 界面活性剤存在下でリゾチーム（lysozyme）を添加し，大腸菌細胞壁を破壊する
3. エンドヌクレアーゼ（endonuclease）を添加し核酸を切断して溶液の粘度を低下させる
4. タンパク質が可溶性の場合は遠心分離で上清を回収する
5. タンパク質が不溶性の場合は，遠心分離で沈殿を回収する
6. 沈殿をバッファーに懸濁し遠心分離することにより沈殿を洗浄する
7. 6 M 尿素でタンパク質を可溶化する ❶
8. 尿素濃度を 2 M になるまで徐々に低下させる
9. 2 M 尿素の条件で，ヒスタグ精製をすることができる ❷❸

「原理と解説」
❶尿素による不溶性タンパク質の可溶化

　大腸菌に組換えタンパク質を合成させると，菌体内でインクルージョンボディー（inclusion body）とよばれる不溶性の凝集物を形成することが多い．不溶性になったタンパク質は，6 M 尿素溶液に入れると，ポリペプチド鎖間の水素結合が切れ，タンパク質の異常な折りたたみが解除されて可溶化する．尿素の濃度を徐々に下げると，正常に近い状態で折りたたまれ，生理的な条件においても可溶性のタンパク質になる．

❷ヒスタグとニッケルカラムによるアフィニティー精製

　ヒスチジン（図 11.3）とシステインは Ni^{2+}，Zn^{2+}，Cu^{2+}，Ca^{2+}，Co^{2+}，Fe^{2+} などの二価の金属と親和性が高く，中性条件で金属イオンと複合体を形成する（図 11.4）．特

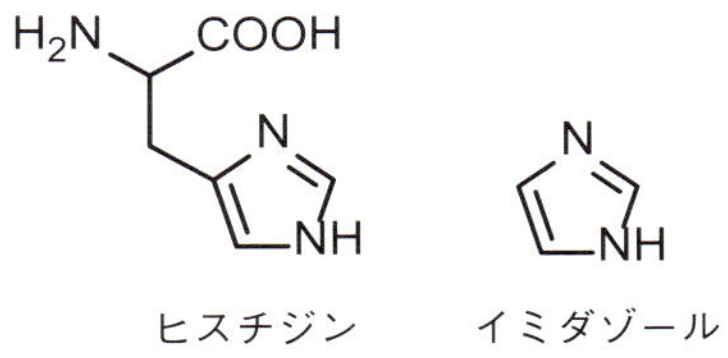

図 11.3

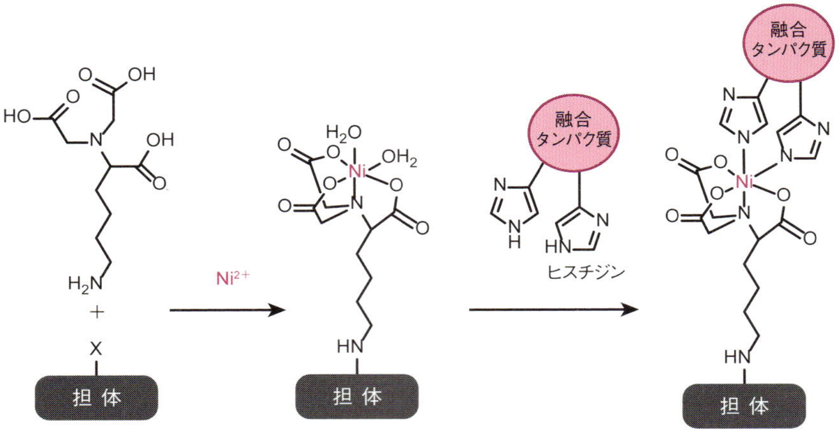

■ 11 章 cDNA を用いたタンパク質合成

図 11.4 ニッケルカラムによるヒスタグ融合タンパク質の精製
Hochuli, E. *et al.*(1987) J. Chromatogr., **411**: 177-184. より改変.

に，ヒスチジンと Ni^{2+} の組合せは，親和性が高く溶出もしやすいためアフィニティークロマトに用いられる．ニッケルカラムは，担体にニッケルを結合させカラムに詰めたものである．ヒスチジンが6個程度連続したものをヒスタグという．ヒスタグをもつ組換えタンパク質を，ニッケルカラムに通すとカラムに吸着される．溶出は，ヒスチジンより Ni^{2+} に対する親和性が高く，安価なイミダゾールを含む溶液が用いられる．イミダゾールはヒスタグと Ni^{2+} の間に入り込み，組換えタンパク質が担体から遊離し，溶出される．

❸ GST

タグとしてグルタチオン S トランスフェラーゼ（GST：glutathione-S-transferase）を融合させた組換えタンパク質は，GST がグルタチオン（図11.5）に特異的に結合する性質を利用して，アフィニティー精製する．グルタチオンを担体に結合させたセファロース（Sepharose）が市販されている．溶出には，還元型グルタチオンを含むバッファーが用いられる．

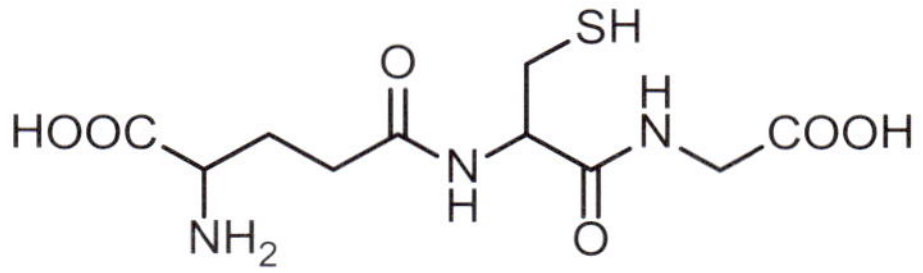

図 11.5 還元型グルタチオン

❹ コドンユーセージが異なる生物の組換えタンパク質の合成

大腸菌以外の生物種で使われるコドンでも，大腸菌ではほとんど使われないコドンがある（→ p.65）．そのようなコドンの tRNA は大腸菌には少量しか存在していないため，組換えタンパク質の合成効率が低くなる．大腸菌の Rosetta 株は，大腸菌でほとんど使われないコドン AUA，AGG，AGA，CUA，CCC，GGA に対応する tRNA 遺伝子を補っており，組換えタンパク質の合成効率が改善される．

参考　真核細胞を用いた組換えタンパク質の合成

昆虫を宿主とするバキュロウイルス baculovirus は，細胞質の中に多角体とよばれる多面体の構造をつくる．多角体を構成するタンパク質は結晶状の構造をしており，多核体の中には多数のウイルス粒子が含まれる．多角体タンパク質のプロモーターは強力であり，ウイルスが細胞に感染すると，多角体タンパク質は細胞の全タンパク質の 30〜40％を占めるようになる．この多角体タンパク質プロモーターを利用して，組換えタンパク質を合成する．宿主の細胞として，蛾のヨトウガ Spodoptera frugiperda 卵巣細胞由来の Sf21 などが用いられる．宿主が真核細胞のため，真核生物由来の cDNA がコードするタンパク質のフォールディングが，大腸菌で発現させる場合に比べて正常に近く，糖修飾も行われるメリットがある．近年，哺乳類培養細胞をバキュロウイルスの宿主として使う技術も開発され，より生体の状態に近いタンパク質が得られるようになった．哺乳類細胞ではバキュロウイルスの遺伝子がほとんど発現しないことも利点になっている．

12章　ゲノムの解析

　転写調節を担うシスエレメントが，転写開始点から 200 kbp 離れている遺伝子もある．ゲノムプロジェクトのように長大なゲノムの全体を理解するためには，できるだけ長い DNA 鎖を得て，できるだけ長い DNA 鎖を組み込んだライブラリーを作製する必要がある．ジグソーパズルにたとえれば，ピースが大きければ大きいほどパズルを解きやすく，ピースが小さいと誤ったところにはめ込む可能性があるのと似ている．ゲノムライブラリーに一般的に用いられるベクターのバクテリオファージと BAC（bacterial artificial chromosome）を見ていこう．

12.1　ゲノム解析のための DNA 抽出

　ゲノム DNA は長いため，DNA 溶液をピペッティングすると流体の摩擦による剪断応力で切断される．剪断応力を極力発生させないようにしながら，DNA に結合したクロマチンタンパク質を除去し，デオキシリボヌクレアーゼ活性を抑えて DNA を抽出する．

「実　験」　DNA 抽出の概略
　操　作
　1. 約 200 mg の精子，または核を，50 mL のプラスチックチューブに入れた 15 mL の DNA 抽出バッファーに懸濁する
　2. SDS 溶液を終濃度 1% になるように加える ❺
　3. アクチナーゼを加え，37℃で 1 日〜数日間保温する ❸
　4. 等量のフェノール溶液（→ p.7）を加え，チューブに蓋をして水平に振盪器に載せ，2 時間以上ゆっくりと振盪する ❶
　5. 同様にフェノール・クロロホルム抽出，クロロホルム抽出を行う

12.1 ゲノム解析のための DNA 抽出

6. 水層に NaCl を終濃度 0.1 M になるように加え，2 倍量のエタノールを水溶液に静かにそそぐ
7. DNA が糸状に析出する
8. 析出した糸玉状の DNA をピンセットなどで回収し，TE（→ p.91）中で静置して DNA を膨潤させるように溶解させる ❷
9. 混入する RNA はリボヌクレアーゼ処理により除去し，リボヌクレアーゼはフェノール・クロロホルム抽出により除去する

試薬・溶液

DNA 抽出溶液：15 mM Tris-HCl（pH7.6），20 mM EDTA ❹

「原理と解説」

❶高い粘性により生じる張力が DNA を切断する

遠心分離の後の水層は，長い DNA を含んでいるため高い粘性を示す．狭い部分を液体が通過する際には，剪断応力が生じ，長い DNA は切断される．ゲノムライブラリーの作製や，ゲノミックサザン（→ p.134）解析のように 100 kbp 以上の長さの DNA を得る必要がある場合は，先端が太いピペットを用いて水流による剪断応力の発生をできるだけ抑える必要がある．フェノール，フェノール・クロロホルム抽出でも激しく振盪すると剪断応力が生じるので，ゆっくりと振盪する．PCR のように鋳型の DNA 断片が短くても問題ない場合は，ピペットの先端は細くてもよく，激しく振盪してもかまわない．

❷多糖類の除去

多糖類が混入していると，遺伝子操作に用いる酵素の働きが抑制される．多糖類は DNA と化学的にほぼ同じ性質をもつため，多糖類の除去は難しい．通常のエタノール沈殿・遠心分離では DNA と多糖類は同様に沈殿し，分画されない．エタノールを DNA・多糖類溶液にゆっくり加えると，DNA 分子は長いため糸玉状になる．一方，多糖類は微細な粉状に析出する．糸玉状になった DNA をすくい上げて回収することにより，多糖類と分離することができる．市販の DNA 分離用カラムで DNA を精製することができるが，カ

ラムの担体を通過する際に，張力によって DNA が切断される．長い DNA が必要でない場合は，カラムを利用すると精製度の高い DNA が得られる．

❸ アクチナーゼ

真核生物の DNA は，ヒストンなどのタンパク質に巻き付いたクロマチンとして存在しており，フェノール抽出するとタンパク質と共に沈殿する．そのため，DNA を抽出するには，タンパク質分解酵素のアクチナーゼを働かせ，DNA をタンパク質から遊離させる必要がある．タンパク質分解酵素として高価であるが活性の強いプロテイナーゼ K を用いてもよい．タンパク質分解酵素は，デオキシリボヌクレアーゼを切断して失活させる働きもある．

❹ EDTA の役割

デオキシリボヌクレアーゼが活性を示すには Mg^{2+} が必要である．EDTA は Mg^{2+} をキレートするため，デオキシリボヌクレアーゼ活性が抑制される．アクチナーゼやプロテイナーゼ K は Mg^{2+} 非依存的なため，EDTA 存在下でタンパク質を分解することができる．

❺ SDS の役割

SDS はタンパク質の立体構造を大きく変化させる．そのため，SDS 存在下ではデオキシリボヌクレアーゼは活性を示さない．しかし，アクチナーゼやプロテイナーゼ K の活性中心の立体構造は SDS により影響を受けないため，SDS 存在下でタンパク質を分解することができる．

> ※補足　プロテイナーゼ K
>
> プロテイナーゼ K（proteinase K）は，*Engyodontium album* 由来の広い特異性をもつセリンプロテアーゼである．セリンプロテアーゼとは，活性中心にセリン残基をもつタンパク質分解酵素の総称．

12.2　リプレイスメントベクター

ゲノムライブラリーに用いられる基本的なベクターとして Stratagene 社の λEMBL3 を例に解説する．ゲノムライブラリーに用いられるバクテリオファージベクターは cDNA ライブラリーに用いるベクターと基本的には同

じであるが，より長い DNA 断片を挿入できるように，バクテリオファージの増殖に必要な遺伝子をレフトアームとライトアームに可能な限り押し込め，中央にスタッファーとよばれる削除可能な DNA を挿入している．スタッファーを取り除いて，そこに DNA 断片を組み込むため，ゲノムライブラリーに用いられるファージベクターは，リプレイスメントベクター（replacement vector）とよばれる（図 12.1）．リプレイスメントベクターには最長 23 kbpの DNA 断片を組み込むことができる．

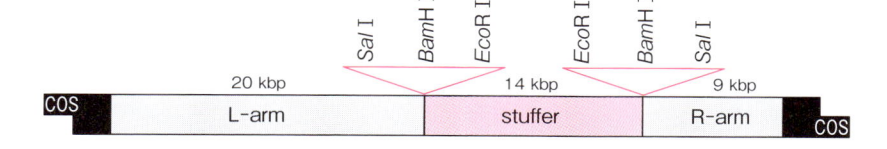

図 **12.1** リプレイスメントベクターの構造

「実　験」　ゲノムライブラリー作製法の概略

操　作
1. ゲノム DNA を Sau3A I で完全消化および部分消化し混合する ❸
2. DNA 断片をゲル電気泳動で分画し，約 20 kbp の長さの DNA 断片を得る ❶
3. λEMBL3 ベクターを BamH I で切断し，さらに EcoR I で切断する ❷❹
4. ベクターとゲノム DNA 断片をモル比が 1：1 になるように混合する
5. DNA リガーゼでベクターとゲノム DNA 断片を連結する
6. パッケージングエキストラクト（→ p.51）でウイルス化する
7. プレートに撒いてスクリーニング・クローニングする

「原理と解説」
❶ゲノムライブラリーでは長い DNA 断片を挿入する

ヒトのゲノムサイズは 3×10^9 であり，20 kbp の挿入断片をもつライブラリーを作製した場合，挿入断片の DNA 配列にオーバーラップがないとしても，ゲノム全体をカバーするには 1.5×10^5 個のクローンが必要になる．ベ

クターへの DNA 断片の組込みはランダムなため，理論上はクローンの数を増やしてもゲノムの 100％をカバーすることはできない．連続したゲノム情報を得るためには，DNA 断片をオーバーラップさせる必要がある．実際には，10^6 個のクローンを用意しても 95％程度のカバー率にしかならない．挿入断片の長さが短くなれば，さらにカバー率が低下する．そのため，できるだけ長い挿入断片をもつライブラリーが必要となる．

❷ ファージベクターに挿入されたスタッファー

λファージの殻には約 40 kbp 〜 50 kbp の長さの DNA が入る．殻の大きさは決まっており，長すぎると入りきらない．一方，短すぎるとパッケージがうまくいかない．ゲノムライブラリーに用いるファージベクターはレフトアームが約 20 kbp であり，ライトアームは約 9 kbp である．アームだけでは 29 kbp しかなく，アームだけのファージをつくることができない．そのため，約 14 kbp のスタッファー DNA 断片を挿入し，ファージとして増殖できるようにしている．

❸ ゲノムを 4 塩基認識の制限酵素で切断する

ゲノム DNA を切断する *Sau*3AI は 4 塩基認識酵素であり，*Bam*HI と同じ付着末端を生じる．そのため，ベクターの *Bam*HI サイトに挿入することができる．6 塩基認識の *Bam*HI は，確率的に $4^6 ≒ 4000$ bp に一か所切断する．20 kbp の DNA 断片を得るには，低濃度の *Bam*HI で消化すればよいが，20 kbp に一か所も *Bam*HI サイトがない可能性もある．そこで，*Bam*HI と付着末端が同じで 4 塩基認識の *Sau*3AI でゲノム DNA を切断する．*Sau*3AI は，確率的に $4^4 ≒ 250$ bp に一か所存在するため，20 kbp に一か所も *Sau*3AI が存在しない確率は低くなる．低濃度の *Sau*3AI で DNA を切断すれば，*Sau*3AI サイトが高密度に存在する領域でも 20 kbp の断片が得られ，高濃度で切断すれば 20 kbp に一か所しか *Sau*3AI が存在しない領域の DNA 断片も得られる．

❹ スタッファーをベクターに戻さない方法

ベクターを *Bam*HI で切断したままでは，DNA リガーゼによりスタッファー DNA 断片がベクターに戻る可能性がある．*Eco*RI 消化することによ

り，スタッファー DNA 断片は *Bam*HI サイトに組み込まれなくなり，ゲノム DNA 断片の組込み効率が高くなる．

12.3 BAC ベクター

BAC（bacterial artificial chromosome）は，大腸菌を宿主とする F 因子に由来する約 7.2 kbp のベクターである．大腸菌の中で 1 コピーだけ存在するように調節を受ける複製起点 *ori*2 をもつ．150 kbp～最大 350 kbp の DNA 断片を挿入できる．BAC ベクターにはもう 1 つの *ori*V とよばれる複製起点があり，*ori*V を利用すると 50 コピー程度に増幅させることができる（図 12.2）．

「実　験」 BAC ライブラリー作製法の概略
操　作

1. 精子または細胞を LMP アガロースゲル（→ p.108）に封入する ❸
2. アガロースゲルに封入したまま制限酵素で部分消化する
3. アガロースゲルを透析チューブに入れ，DNA 断片をゲルから電気泳動により回収する ❹
4. DNA 断片をパルスフィールドゲル電気泳動により分画する ❺
5. 約 150 kbp～350 kbp の DNA 断片を含むゲルを切り出す ❶❷
6. 切り出したゲルを透析チューブに入れ，DNA 断片をゲルから電気泳動により回収する ❹
7. DNA リガーゼで，約 200 kbp の DNA 断片を BAC ベクターと連結する
8. 宿主大腸菌にエレクトロポレーション（→ p.208）により導入

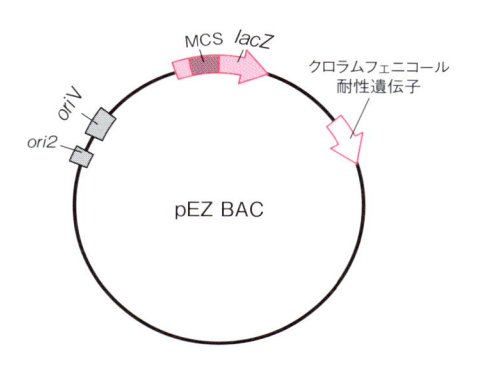

図 12.2 pEZ BAC ベクターの略図

する ❻❼
9. クロラムフェニコール（図 12.6）と X-gal を添加した寒天培地で培養する
10. カラーセレクションが可能なコロニーピッカーで各コロニーを回収し，384 プレートに接種する
11. 各クローンに通し番号をつけ，384 プレート（横 24 穴×縦 16 穴）のウェルの中で独立した状態で− 80℃で保存する

「原理と解説」

❶ BAC ライブラリーは少ないクローン数で大きな領域をカバーする

BAC に 150 kbp の DNA 断片が挿入されているとすると，384 プレート 100 枚で約 5.8×10^9 kbp をカバーするライブラリーを得たことになる．

❷ DNA に UV を照射してはならない

ゲルを EtBr で染色し UV を照射して 150 kbp 〜 350 kbp の DNA 断片が含まれるゲルの位置を知るが，回収する DNA には UV を照射してはならない．電気泳動したゲルの一部に UV を照射し，UV を照射していないゲルから，目的のサイズの DNA を回収する．長大な DNA なため，分子のどこかに損傷が入る可能性が高く，UV 照射すると BAC ライブラリーの作製効率が 100 〜 1000 分の 1 に低下する．

❸ 細胞を LMP アガロースに包埋した状態で DNA を切断・抽出する

150 kbp 以上の長さの DNA を扱うときは，水流も DNA を切断する要因になる．150 kbp の DNA 断片は 50 μm にもなり，互いに水素結合で絡まり合って，長大な DNA の束になっている．そのため，撹拌したりピペットで吸い取ったり（ピペッティング）するだけで切断される．アガロースゲルに細胞を埋め込むのは，水流による力を受けなくするためである．

❹ 電気泳動でゲルから DNA を回収する

加熱や，フェノール・クロロホルム処理によりゲルから DNA を取り出すことはできるが，撹拌による水流が発生する．エタノール沈殿で DNA を回収すると，絡まり合った DNA に力が働き，切断される．そのため，アガロースゲルを透析膜（網目状の分子の膜：長い DNA 鎖は透過できない）に包んで，

弱い電気泳動の力でDNAをゲルから遊離させ，DNA断片を透析膜内に回収する．

❺パルスフィールドゲル電気泳動

通常の電気泳動では，DNAの長さがアガロースゲルの分子の網の目の径より長くなると，熱エネルギーによる回転運動ができず，DNA分子は長軸方向に，アガロースゲルの中を引きずられるように泳動される（図12.3）．このような状態では，長さに依存した分画はできない．ゲル化する最も低い濃度の0.3％でも，20 kbpが限界である．

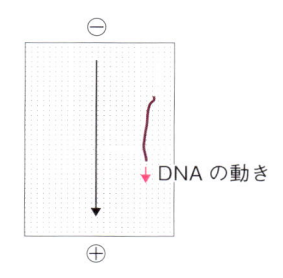

図 12.3　パルスフィールドゲル電気泳動
DNA鎖は分子の長軸方向に泳動される．

一定の周期で電場を90°転換すると長さに依存してDNA断片はアガロースゲルの分子の網に移動を妨げられる．このようにパルス的に電場（electrical field）を転換させる電気泳動を，パルスフィールドゲル電気泳動といい，約

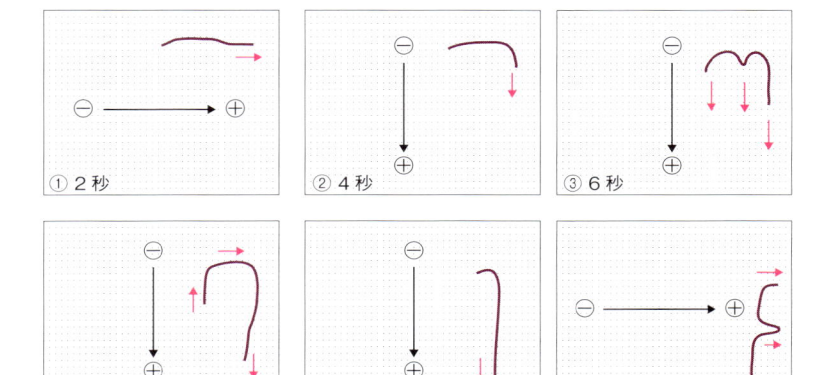

図 12.4　パルスフィールドゲル電気泳動でのDNA分子の動き
① DNA鎖はプラス極に向けて分子の長軸方向に泳動される．②電場を90°回転すると，DNA鎖の一部の泳動方向が90°回転するが，鎖の大部分はゲルの網に移動を妨げられる．③やがてDNA鎖の他の部分もプラス極に移動を開始する．④泳動の引力のバランスが崩れ，DNA鎖の一部に引きずられて，全体が鎖の長軸に沿って移動する．⑤ DNA鎖はほぼ直線になる．⑥電場の方向をもとに戻すと，DNA鎖がゲルの網に妨げられ，一部がプラス極に移動する．

10 Mbp（10,000 kbp）程度までの長さの DNA 断片を分画することができる（図 12.4）．

❻宿主の大腸菌に 1 コピーしか存在させない理由

　同じ配列の DNA が複数コピーあると，相同組換えが起こりやすくなる．組換え価により染色体上の遺伝子の位置を推定するように，相同組換えは，DNA が長くなればなるほど起こりやすくなる．また，ゲノム DNA はくり返し配列の領域が多く，相同的組換えが起こりやすい．BAC に組み込んだ長大な DNA 断片が複数あると，相同組換えが起こり，異常な組み合わせが生じたり，配列の一部が欠失したり重複したりする場合もある．このような組換えが起こると間違った塩基配列の DNA をクローニングすることになりかねない．そのため，宿主大腸菌内では BAC が単一コピーしか存在しないように制御している．

❼ BAC クローンを増幅させるしくみ

　宿主ベクターに BAC が 1 コピーしかないと，十分な収量を得るのに苦労する．そのため，BAC クローンをもつ大腸菌を十分に増殖させた後，最後に BAC の増殖を誘導する．BAC ベクターには通常の複製にかかわる複製起点 ori2 以外に，大腸菌に複数コピー存在するプラスミド由来の oriV を配置してある．TrfA replication protein とよばれるタンパク質が存在すると，oriV が複製起点として機能し，50 コピー程度に増幅する．TrfA 遺伝子は BAC の宿主となる大腸菌のゲノムに挿入されており，大腸菌由来のアラビノースオペロンの araC-P BAD プロモーターで転写される．ラクトースオペロンの lacZ プロモーターと同様に，araC-P BAD プロモーターは通常は働かないため，oriV は複製起点として機能せず BAC は単一コピーのままでいるが，大腸菌の培地にアラビノース（L-arabinose）を添加すると，araC-P BAD プロモーターが起動し，oriV が複製起点として働き，コピー数が増加する（図 12.5）．

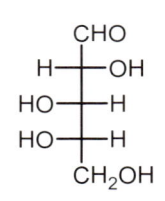

図 12.5　L-アラビノースの構造

※補足　アラビノース：アラビノースは植物に含まれる単糖であり，甘みがあり，ショ糖を分解するスクラーゼ活性

12.4 BAC クローンのスクリーニング

※補足　クロラムフェニコール (chloramphenicol)：*Streptomyces venezuelae* 由来の抗生物質．細菌の50S リボソームに結合し，タンパク質合成を阻害する．

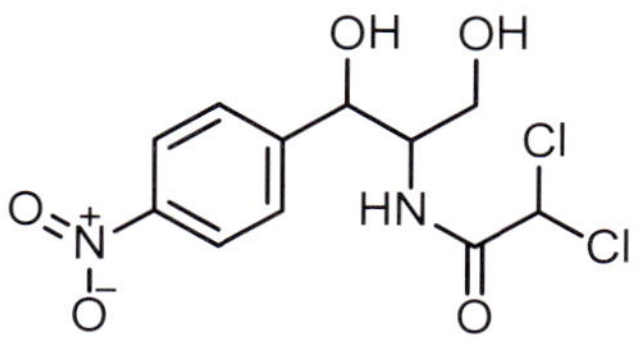

クロラムフェニコール耐性遺伝子：クロラムフェニコール アセチルトランスフェラーゼをコードする．この酵素はクロラムフェニコールの1位と3位のCについているOH基をアセチル化することで薬効を失わせる．

図 12.6　クロラムフェニコールの構造

12.4　BAC クローンのスクリーニング

BAC クローンは，大腸菌のコロニーとして形成される．コロニーはバクテリオファージのプラークと同様にブロッティングとハイブリダイゼーションによってスクリーニングすることができる．また，コロニーを形成した大腸菌からDNAを抽出し，特異的プライマーを用いてPCRすることにより目的の遺伝子をもつコロニーを特定することもできる（図 12.7）．

「実験1」　コロニーハイブリダイゼーション法の概略

操　作

1. 寒天培地上でコロニーを形成させる
2. 生じたコロニーをナイロンメンブレンにブロッティングする
3. メンブレン上の大腸菌を溶かしハイブリダイゼーションにより目的のクローンを特定する

「実験2」　PCR スクリーニング法の概略

操　作

1. クローニングしたい DNA 断片の配列をもとに PCR 用の特異プライマーを用

■12章　ゲノムの解析

意する
2. BAC ライブラリーが入った 384 プレートの各ウェルに通し番号をつける
3. 384 プレートを 5 枚ずつグループにする（プレートが 100 枚とすると 20 グループとなる）
4. グループ化した 384 プレートのクローン（384 × 5 = 1920 クローン）を混合する
5. 混合した大腸菌クローンを 0.1% Tween20 を含む PCR の反応液に入れる

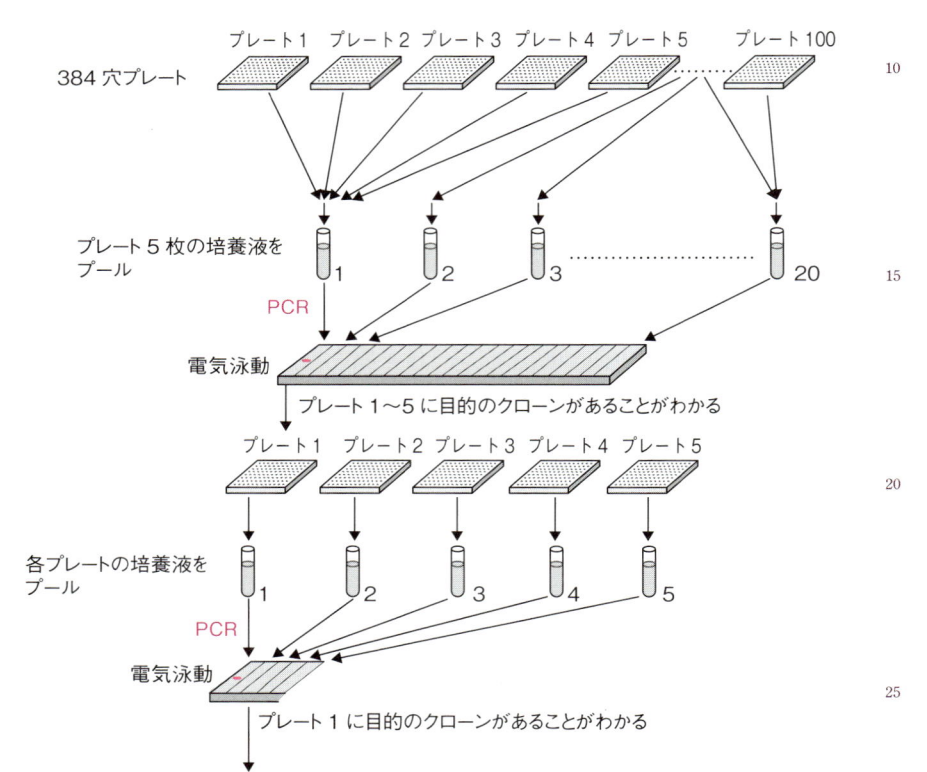

図 12.7　PCR 法を用いた BAC ライブラリーのスクリーニング

6. PCR を行い，PCR 生成物をアガロースゲル電気泳動する
   ［予想されるサイズの DNA 断片が得られれば，5 枚の 384 プレートのクローン（1920 クローン）の集団の中に目的のクローンが存在する可能性がある］
7. シーケンスで目的のクローンであることを確認する
8. ポジティブな結果が得られたグループのプレートごとにクローン（384 クローン）を混合し，PCR スクリーニングを行い，目的のクローンを含むプレートを特定する
9. 特定した 384 プレートの横 16 行の 24 穴について，それぞれのクローンを混合し，PCR スクリーニングをする
10. 特定した 384 プレートの縦 24 行の 16 穴について，それぞれのクローンを混合し，PCR スクリーニングをする
11. 横 16 行の内のポジティブな行と，縦 24 行の内のポジティブな行の交点に目的のクローンが存在することになる

参考　染色体 FISH 法

1 本の染色体上には 1 コピーの配列しかないが，BAC クローンを使うと 1 コピーの配列をハイブリダイゼーション法により検出することができる．一般に，ハイブリダイゼーションに用いるプローブの長さは 100 bp 程度であり，標的の配列が 1 コピーでは 100 bp のプローブ 1 分子の標識では検出限界を超えない．BAC クローンでは 150 kbp にもなるため，シグナルが 1500 倍になり，検出が可能となる．

参考　クロモゾームウォーキング

得られた塩基配列の情報をプローブに，近隣のゲノム DNA 断片をクローニングする手法をクロモゾームウォーキング（chromosome walking，染色体ウォーキング）という．得られた DNA 断片の末端の塩基配列を決め，その情報からプローブ（starting probe）を作製してゲノムライブラリーをスクリーニングすることをくり返せば，基点となる配列から，配列が重複した DNA 断片が次々と得られ，連続したゲノムの長い配列情報が得られる．異なるゲノム DNA クローンの配列情報が，重複しながら切れ目なく連続していることをコンティグ（contig）といい，コンティグを作製することはゲノム構造の全体像を理解するのに重要な意味をもつ．

コラム　ゲノムプロジェクトと BAC

　1 kb 程度の情報が得られるショットガンシーケンス，20 kbp 程度のゲノムクローンが得られるファージライブラリーは小さなピースのジグソーパズルにたとえられる．ゲノムはくり返し配列が多いため，正確なコンティグをつくるのは難しい．Hox クラスター構造は広く保存されているため，すべての動物で同じ並び順をしていると思い込まれ，ウニでは間違った Hox クラスター構造が報告されたこともある．BAC クローンは大きなピースのパズルであり，組み合わせるのに間違いは少ない．BAC クローンによって，ウニの Hox クラスターの構造が明らかにされ，脊椎動物と系統進化的に近いにもかかわらず，頭部構造をもたず体軸が不明瞭という特異なウニの形態の謎が解けた．

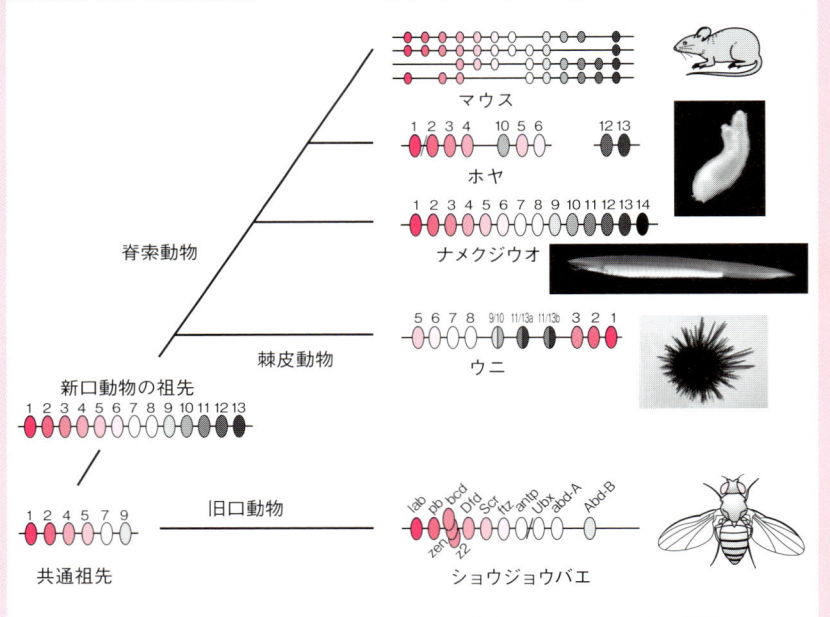

図 12.8　BAC クローンによって明らかにされた Hox クラスター構造
　写真提供：ホヤ（東京大学 吉田 学 博士），ナメクジウオ（東京大学 窪川かおる 博士）

13章 遺伝子発現の解析

　発現する遺伝子の種類や発現量が，各々の組織によって異なったり，発生段階で異なったりすることを利用して，異なる発現をする遺伝子のクローンを網羅的に得る方法がある．たとえば，脳で発現していて肝臓で発現していない遺伝子，あるいは，発生過程の神経胚で発現していて，未分化の胞胚では発現していない遺伝子を片端からクローニングすれば，神経形成や神経細胞の機能にかかわる遺伝子を網羅的に得ることができる．ゲノムDNAがクローニングできれば，遺伝子構造を解析し，発生時期特異的な発現や，組織特異的な発現調節の情報を担っている転写調節領域を研究することができる．一般に，転写調節領域を解析するには，転写調節領域の機能をモニターするレポーター遺伝子が用いられる．さらに，転写調節領域と転写因子の結合を生化学的に解析することも重要である．ここでは，遺伝子発現解析に用いられる方法について解説する．

13.1　目的の cDNA を網羅的に得る方法

「実験1」　ディファレンシャルスクリーニング法の概略

　異なる組織や発生ステージの mRNA を逆転写して得られた cDNA をプローブとし，ライブラリーをスクリーニングする方法をディファレンシャルスクリーニング（differential screening）法という．神経胚特異的に発現する遺伝子のクローニングを例に解説する（図13.1）．

操　作

1. 神経胚の cDNA ライブラリーを構築する
2. 神経胚 cDNA ライブラリーをメンブレンにブロッティングしレプリカを取る
3. 神経胚と胞胚から，それぞれ mRNA を抽出する
4. それぞれの mRNA を鋳型とし，ランダムプライマーを用いて DIG-dUTP 存在

13章 遺伝子発現の解析

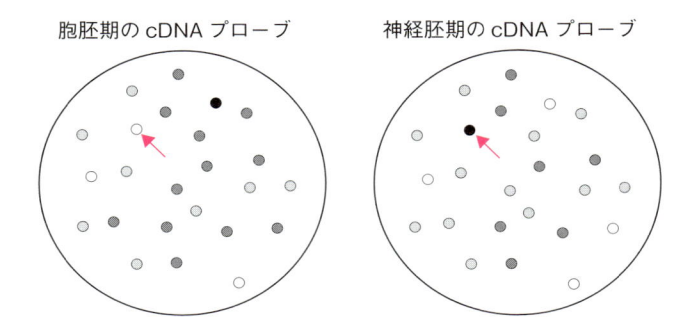

胞胚期の cDNA プローブ　　神経胚期の cDNA プローブ

図 13.1　ディファレンシャルスクリーニング
のハイブリダイゼーション・シグナル

下で逆転写する
5. 神経胚と胞胚の DIG 標識 cDNA をプローブとして，それぞれブロッティングしたメンブレンについてハイブリダイゼーションを行う
7. シグナルを比較し，胞胚プローブではネガティブで，神経胚プローブではポジティブなクローンを単離する ❶❷
  [胞胚では発現していなく，神経胚で発現する遺伝子が単離される]

「原理と解説」
❶発現量とハイブリダイゼーション・シグナル強度

　cDNA ライブラリーを構成する個々のクローンの密度は，cDNA ライブラリーを構築した組織の遺伝子の発現量を反映している．活発に発現している遺伝子の mRNA の分子数が多ければ，合成される cDNA の分子数も多くなるからである．同様に，mRNA を逆転写して合成するプローブの分子数も，遺伝子の発現量を反映している．発現量の多い遺伝子のプローブは分子数が多いため，発現量の多い遺伝子の cDNA をもつクローンのハイブリダイゼーションシグナルは強くなる．一方，発現量の低い遺伝子は，弱いシグナルを呈す少数のクローンとして検出される．ディファレンシャルスクリーニング法は，比較的強く発現する遺伝子を単離するのに適している．

❷ハウスキーピング遺伝子はどのプローブでも検出される

　細胞増殖，解糖，呼吸に関係する遺伝子のように，ほとんどすべての細胞で発現している遺伝子をハウスキーピング（house keeping）遺伝子という．ハウスキーピング遺伝子は，どの細胞でも発現しているため，ほぼ同じシグナル強度で検出される．

参考　ディファレンシャルディスプレイ法

　PCR を利用したディファレンシャルスクリーニング法として，他にディファレンシャルディスプレイ（differential display）法がある．ディファレンシャルディスプレイは非常に感度が高いが，生物学的に意味をなさないような発現が微弱な遺伝子も検出するため，得られたクローンの取捨選択をしなければならない．ディファレンシャルディスプレイ法については，専門書を参照されたい．

「実験 2」 サブトラクションライブラリー法の概略

　2 つの異なる組織や，異なる発生時期の胚の片方に特異的に発現する遺伝子の cDNA だけからなるライブラリーを構築することができる．両方で発現する遺伝子を「差し引いたライブラリー」の意味で，サブトラクションライブラリー（subraction library）とよぶ．ここでは，神経胚で発現していて，胞胚では発現していない遺伝子のサブトラクションライブラリーについて解説する．サブトラクションライブラリーを構築すれば，有利であるが，多量の精製 mRNA が必要であり，ハードルも高い．

操　作

1. 神経胚から mRNA を抽出し，cDNA を合成する
2. アルカリ処理により cDNA/RNA ハイブリッドの RNA を除去する
3. 大過剰の胞胚 mRNA と，1 本鎖となった cDNA のハイブリダイゼーションを行う
4. ヒドロキシアパタイト（hydroxylapatite）カラムにハイブリダイゼーション後の溶液を通す（図 13.2）
5. 素通りの溶液に 1 本鎖 cDNA が回収される
6. 混入している大過剰の mRNA をアルカリ処理により除去する

7. 回収された1本鎖 cDNA と神経胚 mRNA とでハイブリダイゼーションを行う
8. 得られた cDNA/RNA ハイブリッドをリボヌクレアーゼ H 処理する
9. 2nd-strand cDNA 合成を行い，ベクターへの組込みを行う（→ p.44）

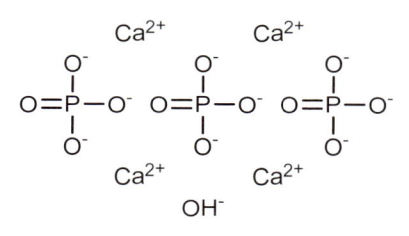

「原理と解説」　ヒドロキシアパタイト

ヒドロキシアパタイトは水酸化リン酸カルシウムの結晶であり，2本鎖 DNA や DNA/RNA ハイブリッドを吸着する性質がある．神経胚の mRNA から合成された cDNA に，胞胚の mRNA をハイブリダイゼーションさせると，胞胚期に発現する遺伝子の cDNA は，DNA/RNA ハイブリッドとなる．これをヒドロキシアパタイトカラムに通すと吸着され，実験系から排除される．排除したい cDNA のすべてを DNA/RNA ハイブリッドにするには，大過剰の胞胚 mRNA が必要となる．

図 13.2　ヒドロキシアパタイト

参考　PCR を利用したサブトラクションライブラリー

PCR を利用したサブトラクションライブラリー作製法もある．検出感度は高いが，非常に短い断片しか得られない．しかし，短い断片でも配列がわかれば，RACE 法などにより，全長の cDNA を得ることができる．また，モデル生物ならばデータベースを検索することにより，全長の配列情報を得たり，遺伝子バンクから目的の遺伝子を手に入れたりすることもできる．詳細は専門書を参照されたい．

13.2　真核細胞への遺伝子導入法

　レポーター遺伝子を転写調節領域に連結させ，細胞に遺伝子導入して，レポーター遺伝子の発現量をモニターすることにより，転写調節領域を解析することができる（図 13.3）．遺伝子導入は，細胞が自律的に細胞外の物質を取り込む性質を利用したり，細胞膜に強制的に孔を開けて DNA を挿入する

転写調節領域	プロモーター	レポーター

図 13.3 転写調節領域の機能解析のためのレポーター融合遺伝子

方法や，ウイルスの感染力を利用した方法が用いられる．

　基本的には，細胞内に DNA を導入すると，細胞は DNA を中心に核の構造とよく似た核様体を形成し，その中で転写が行われ，合成された mRNA は核様体から出て細胞質で翻訳される．一部は，核に取り込まれ，さらには染色体 DNA に組み込まれて安定的に維持され，染色体遺伝子と同様の発現調節を受ける．遺伝子導入法には，リン酸カルシウム法，リポフェクション法，顕微注入法，エレクトロポレーション法，パーティクルガン法，アグロバクテリウム法，ウイルスベクター法などがある．

「実験 1」　リン酸カルシウム法の概略

　細胞は細胞表面に付着した異物を細胞膜で包み，細胞質に取り込む性質をもつ．これをエンドサイトーシスといい，この性質を利用して細胞に遺伝子を導入する．培養細胞への遺伝子導入に適している．DNA をリン酸緩衝液に溶かし，これにカルシウムイオンを加えるとリン酸カルシウムが沈殿する．このとき，沈殿は DNA を巻き込む．リン酸イオンとカルシウムイオンの濃度を調製すると，沈殿粒子の大きさを調節することができる．細胞の種類によって取り込みやすい粒子の大きさがある．

「実験 2」　リポフェクション法の概略

　脂質二重層の細胞膜は，脂質二重層の小胞と融合する性質を利用して，細胞に遺伝子導入する（図 13.4）．培養細胞への遺伝子導入に適している．人工脂質二重層をリポソーム（liposome）といい，溶液に DNA が含まれていると，DNA を取り込んだリポソームができる．これを細胞に与えると DNA

が導入される．これをリポフェクション（lipofection）といい，脂質を利用した感染の意である．リン酸カルシウム法よりも導入効率が高い．

「実験3」　顕微注入法の概略

微小なガラス針を用いてDNAを細胞や卵に導入する（図13.5）．核に注入すると染色体DNAに組み込まれやすくなる．マウスやウニでは，受精卵に顕微注入法で導入すると，導入したDNA断片が連結してコンカテマーとなり，卵割の初期に染色体DNAに組み込まれる．胚のすべての細胞で染色体DNAに取り込まれるわけではないので，モザイク的になるが，核染色体として安定的に存在し内在性の遺伝子と同様の発現調節を受ける．生殖細胞の染色体DNAに導入遺伝子が組み込まれた場合は，その生殖細胞から生じる子孫は，すべての細胞の染色体が導入遺伝子をもつことになる．このように，遺伝子が組み換えられた生物をトランスジェニック生物といい，導入された遺伝子は代々伝わる．

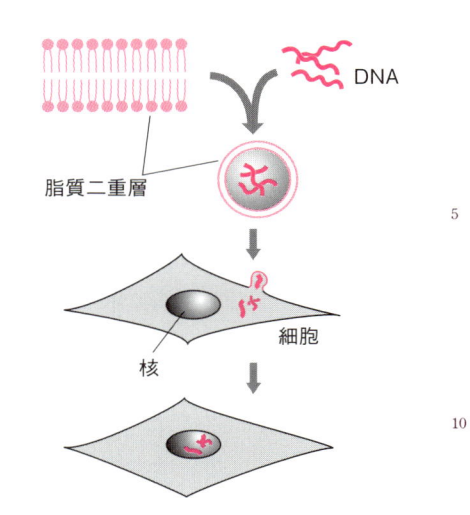

図13.4　リポフェクション

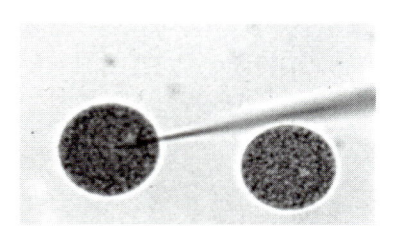

図13.5　ウニ卵への顕微注入

「実験4」　エレクトロポレーション法の概略

電気パルスにより，細胞膜に小さな孔をあけ，遺伝子を導入する．大腸菌や培養細胞ばかりでなく，電極の大きさや形状を変えることにより，受精卵や胚，組織にも遺伝子導入することができる．電気的に孔をあけるので，この方法をエレクトロポレーションという．

「実験 5」 パーティクルガン法の概略

堅い細胞壁がある植物細胞や，堅い受精膜がある受精卵，堅い細胞外基質をもつ組織細胞などへの遺伝子導入に適している．金粒子にDNAを付着させ，高速で標的に衝突させることで障壁を通過させ，細胞内に遺伝子を導入する．散弾銃の原理で遺伝子を導入するので装置をパーティクルガンという（図 13.6）．

「実験 6」 アグロバクテリウム法の概略

土壌細菌のアグロバクテリウム A. tumefaciens は，植物細胞に感染して DNA を送り込む性質があり，腫瘍を生じさせる（図 13.7）．アグロバクテリウムは Ti (Tumor- inducing) プラスミドをもっており，アグロバクテリウムが植物細胞に感染すると Ti プラスミドの一部の T-DNA が植物細胞に入り込み，相同組換えによって植物細胞の染色

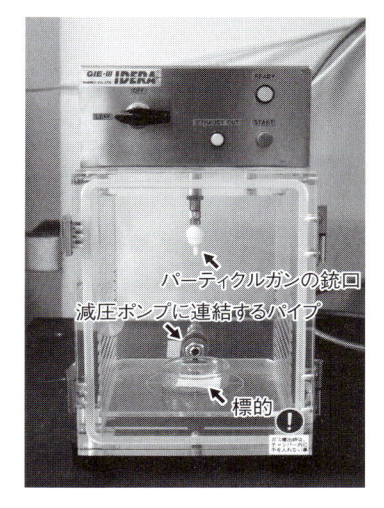

図 13.6 パーティクルガン

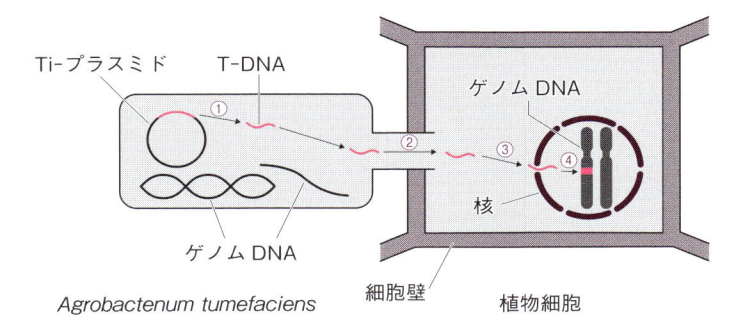

図 13.7 アグロバクテリウムによる遺伝子導入
アグロバクテリウムの T-DNA をベクターとして植物細胞に遺伝子導入する．①組換え T-DNA が Ti-プラスミドから切り出される．②植物細胞に T-DNA が注入される．③T-DNA が核に入る．④T-DNA が植物細胞の染色体に組み込まれる．

体 DNA に組み込まれる．T-DNA の T は transfer の頭文字である．T-DNA の両端には特異的な塩基配列があり，その部分で Ti プラスミドから切り出される．

操　作
1. アグロバクテリウムから Ti プラスミドを取り出す
2. T-DNA の中に導入したい DNA 断片を挿入する
3. 組換え Ti プラスミドをアグロバクテリウムに導入（形質転換）する
4. 形質転換したアグロバクテリウムを植物細胞に感染させる

「実験 7」　ウイルスベクター法の概略

　ウイルスベクター法では，ウイルスの強い感染力を利用して遺伝子導入をする．ウイルスに増殖能力をもたせたままでは，感染が広がり細胞や個体に支障が生じるばかりでなく，特定の領域以外にも遺伝子が導入されることになる．そこで，1 回だけ感染することができる組換えウイルスを作製する．ベクターとして，一過的に発現させるために用いられる SV40 やアデノウイルス，染色体 DNA にウイルス DNA が組み込まれるレトロウイルスの MoMLV や HIV（ヒト免疫不全ウイルス human immunodeficiency virus）が用いられる．基本原理は同じであるので，SV40 と MoMLV を例に解説する．

Ⓐ SV40 を利用した遺伝子導入法の概略

　SV40（simian virus 40）は，サルに腫瘍をつくらせるウイルスとして発見された．simian とはサルの意味である．多くの動物種の細胞に感染するため，動物への遺伝子導入に用いられる．ヒトには発癌作用がないとされる．SV40 のゲノムは約 5 kbp の環状 DNA であり，複製起点を挟んで，感染後すぐに働く初期遺伝子領域と，感染後約 12 時間で働く後期遺伝子領域をもつ．初期領域にある遺伝子は，ウイルス DNA の複製開始にかかわるタンパク質をコードし，後期領域にある遺伝子は，ウイルスの殻を構成するタンパク質をコードする．

13.2 真核細胞への遺伝子導入法

操 作

1. SV40 のゲノム DNA をウイルスから取り出し，プラスミドに組み込む
2. SV40 を組み込んだプラスミドを大腸菌に導入して増やす
3. SV40 の後期領域に，導入したい遺伝子を組み込み，大腸菌に導入してプラスミドを増やす（図 13.8 ①）

　[組換え SV40 の後期遺伝子は，遺伝子が組み込まれたことにより分断され，機能を失う]

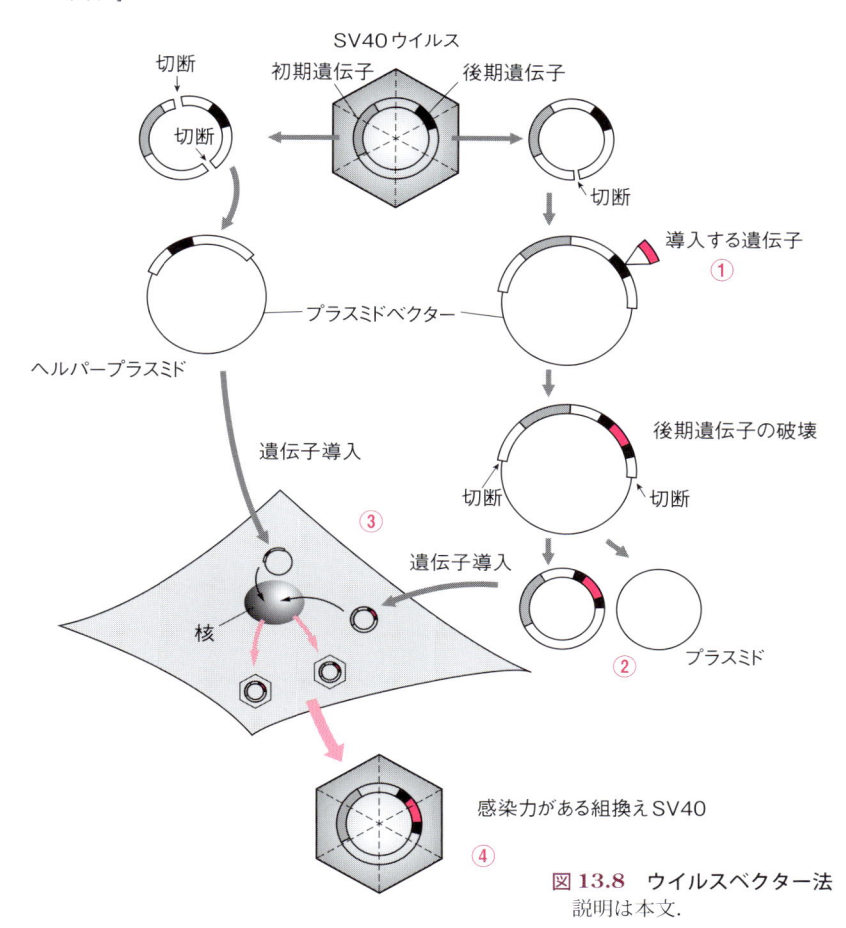

図 13.8　ウイルスベクター法
説明は本文．

■ 13 章　遺伝子発現の解析

4. プラスミド部分を制限酵素で切り捨て DNA リガーゼで環状にする（②）
5. 組換え SV40 と，後期領域を含むプラスミドを同時に，リポフェクション法などで細胞に導入する（③）
    [細胞内では，組換え SV40 の初期領域遺伝子がはたらき，組換え SV40 が増幅される．一方，後期領域を含むプラスミドはヘルパープラスミドとして機能し，ウイルスの殻タンパク質が合成され，組換え SV40 は殻に包まれて感染能力のあるウイルスとなる]
6. 細胞の培養液に飛び出したウイルスを回収する（④）
7. ウイルスを導入したい組織に感染させる
    [遺伝子が導入される．作製された組換えウイルスは，後期領域が破壊されているため，感染してもウイルスが形成されず，他の細胞に感染することはない]

Ⓑ レトロウイルスを利用した遺伝子導入法

　RNA をゲノムとする RNA ウイルスの内，RNA ゲノムを逆転写酵素によって DNA に変換して宿主細胞の染色体に組み込まれるものをレトロウイルス（retrovirus）という（図 13.9）．レトロウイルスは染色体 DNA に組み込まれるため，導入した遺伝子の安定した発現が期待できる（図 13.10）．*in vivo* とほぼ同様の発現調節を受けるため，転写調節領域のシスエレメントの解析に適している．宿主の染色体に組み込まれたウイルス DNA をプロウイルスとよぶ．

　レトロウイルスは，（＋）1 本鎖 RNA をゲノムとする約 100 nm の粒子状のウイルスである．粒子状のウイルスをビリオンといい，ビリオンはタンパク質で構成されるキャプシドからなる場合と，キャプシドがエンベロープと

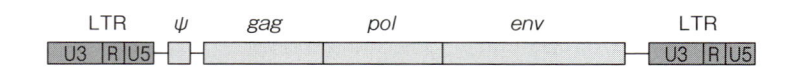

図 13.9　レトロウイルスのプロウイルス DNA の構造

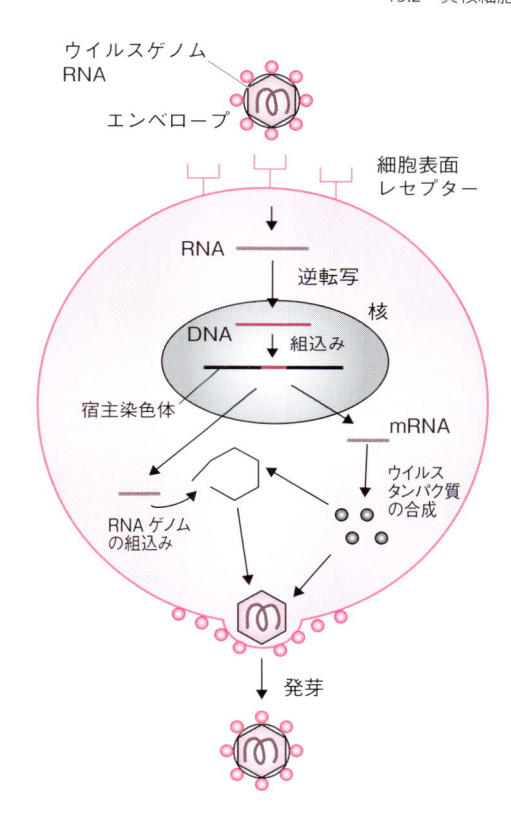

図 13.10　レトロウイルスの生活環

よばれる脂質二重層に包まれいている場合がある．レトロウイルスのビリオンはエンベロープに包まれた正十二面体のヌクレオキャプシドからなる．
　レトロウイルスのビリオンの中に逆転写酵素が含まれており，感染するとこの逆転写酵素により RNA ゲノムが DNA に変換され，さらに DNA 2 本鎖となって宿主染色体に組み込まれ，プロウイルスとなる．プロウイルスは，*gag*, *pol*, *env* の 3 種類のコーディング領域と両端の LTR (long terminal repeat) から構成されている（図 13.9）．*gag* はキャプシドタンパク質をコー

ドしており，*pol* の産物はプロセシングを受けて逆転写酵素とインテグラーゼになる．なお，レトロウイルスの逆転写酵素は，1つの分子の中に，RNAを鋳型にDNAを合成する活性の他，リボヌクレアーゼH活性，DNAを鋳型にDNAを合成するDNAポリメラーゼ活性をもつ．*env* はエンベロープのタンパク質である．

LTRには，遺伝子の発現に必要なプロモーター，エンハンサー，ポリAシグナルが含まれている．5′ 側のLTRの下流には，RNAウイルスゲノムがビリオンとなるためのパッケージングシグナル（Ψ）psi（図13.9）が存在する．

MoMLV（moloney murine leukemia virus）由来のタカラ pMEI-5 ベクター（図13.11）を例に，レトロウイルスを利用した遺伝子導入法の概略を述べる．MoMLV はマウスに白血病を引き起こすウイルスである．pMEI-5 ベクターは LTR とパッケージングシグナル（Ψ）配列以外の MoMLV 由来の遺伝子をもたない（図13.12）．

操　作

1. pMEI-5 ベクターの MCS に導入する遺伝子を組み込む
2. 培養細胞で発現する *gag, pol, env* をもつヘルパープラスミドを用意する
3. G3T-hi 細胞に組換え pMEI-5 とヘルパープラスミドを導入する
   ［組換え pMEI-5 は宿主の RNA ポリメラーゼにより転写され RNA となり，ヘルパープラスミドの *gag, env* の発現によりキャプシド，エンベロープタンパク質が合成されてウイルスとなる］
4. 遺伝子導入したい組織細胞に組換えウイルスを感染させる

参考　G3T-hi 細胞

G3T-hi 細胞は，ヒト腎臓由来の細胞株 293T をベースに遺伝子改変して得られた細胞である．293T は T 抗原を発現しており，T 抗原はレトロウイルスベクターの複製を促進するため，ウイルスの生産性は高い．

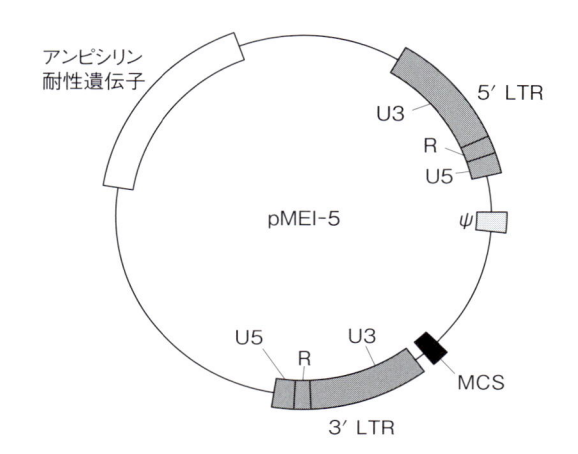

13.2 真核細胞への遺伝子導入法

図 13.11 タカラ pMEI-5 ベクターの構造

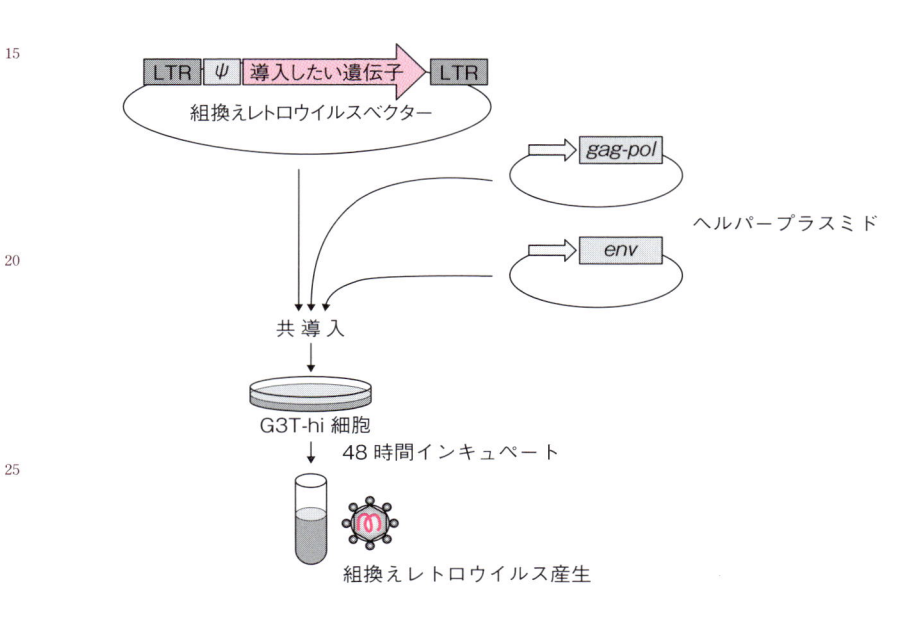

図 13.12 外来遺伝子を組み込んだウイルスの作製

コラム　レトロウイルスの逆転写プライマー

　逆転写酵素はRNAを鋳型にしてDNAを合成するDNAポリメラーゼである．DNAポリメラーゼがDNA合成を開始するには，1本鎖の鋳型に相補的に結合するプライマーが必要であり，逆転写酵素も同様にプライマーを必要とする．cDNAを in vitro で合成した場合は（→ p.31），mRNAの3′末端にあるポリ（A）に相補的に結合するオリゴ（dT）をプライマーにした．細胞に感染したレトロウイルスRNAゲノムの逆転写には，どのようなプライマーが用いられるのだろうか．レトロウイルスRNAゲノムの逆転写には，宿主細胞のtRNAが用いられる．興味深いことに，ウイルスによってプライマーとするtRNAが異なり，MoMLVはプロリンのtRNA，エイズ（AIDS: acquired immune deficiency syndrome）を引き起こすHIV（human immunodeficiency virus）はリシンのtRNA，ラウス肉腫ウイルスRSV（rous sarcoma virus）はトリプトファンのtRNAが用いられる．以下にレトロウイルスRNAゲノムの逆転写，2本鎖DNA合成の概略を述べる（図 13.13）．

① tRNAは，レトロウイルスRNAゲノムの5′末端付近にあるPBSとよばれる領域と相補的に結合する．逆転写酵素はtRNAをプライマーとしてtRNAの3′末端にDNAを付加していく．しかし，鋳型となるRNAゲノムは5′末端のため，逆転写はすぐに終了し，RNAゲノムの大部分であるPBSの3′側はRNAのまま残ることになる．

② レトロウイルスの逆転写酵素にはリボヌクレアーゼH活性があり（→ p.32），リボヌクレアーゼH活性により，DNA／RNAハイブリッドのRNA鎖が切断される．図 13.13 では，RNAゲノムのU5領域で切断され，短いR・U5-RNA断片が遊離しており，逆転写されたDNA断片の3′R・U5領域が1本鎖となっている．

③ 逆転写されたDNA断片の3′R領域が，RNAゲノムの3′末端のR領域と相補的に結合する．図では，逆転写されたDNA断片が移動しているように描かれているが，実際は，逆転写されたDNA断片は，RNAゲノムの5′末端付近にあるPBS領域と相補的に結合したまま，RNAゲノムの3′末端のR領域と相補的に結合するため，環状になる．

④ RNAゲノムの3′末端のR領域と相補的に結合したDNAがプライマーとなり，RNAゲノムを鋳型にDNAが合成される．
⑤ 逆転写酵素のリボヌクレアーゼH活性により，DNA/RNAハイブリッドのRNA鎖が切断される．図ではRNAゲノムの*env*の3′末端で切断されている．
⑥ 残ったRNAがプライマーとなり，逆転写されたDNAと5′末端のtRNAを鋳型にDNAが合成される．
⑦ 逆転写酵素のリボヌクレアーゼH活性により，tRNAが切断され，遊離する．tRNAが相補的に結合していた配列はPBSとよばれる領域であり，部分的2本鎖の両端にあるPBS配列が相補的に結合し，環状になる．図13.13ではPBS領域で相補的に結合した直鎖として描かれている．
⑧ PBS領域で相補的に結合した鎖は互いにプライマーとなり，互いを鋳型にDNAが合成される．途中に残ったRNA断片は，DNAポリメラーゼの5′→3′エキソヌクレアーゼ活性により除去されるとともにDNAが合成され，両端にLTRをもつ2本鎖DNAとなる．
⑨ 2本鎖DNAとなったレトロウイルスは，逆転写酵素のインテグラーゼ活性によりLTRの部分で，染色体DNAに組み込まれ，プロウイルスとなる．

参考　インフルエンザウイルス

　インフルエンザウイルスはRNAをゲノムとするウイルスであるが，DNAに逆転写されることはない．インフルエンザウイルスのRNAゲノムは，ウイルスのヌクレオキャプシドに結合しているRNA依存RNAポリメラーゼ（RNAを鋳型としてRNAを合成するRNAポリメラーゼ）によって複製される．RNA依存RNAポリメラーゼにはDNAポリメラーゼのような校正機能（→ p.41）がないため，遺伝子の変異が生じやすく免疫から逃れやすいという性質がある．インフルエンザウイルスのmRNAもRNA依存RNAポリメラーゼによって，RNAゲノムから転写される．遺伝子の変異が大きいと，いずれインフルエンザウイルスとしての形質がなくなるように思えるかもしれない．しかし，特定の宿主との共存が選択圧となり，インフルエンザの形質は保たれる．変異が大きいゲノム領域は，インフルエンザの本質的な形質に無関係な部分といえる．

■ 13章 遺伝子発現の解析

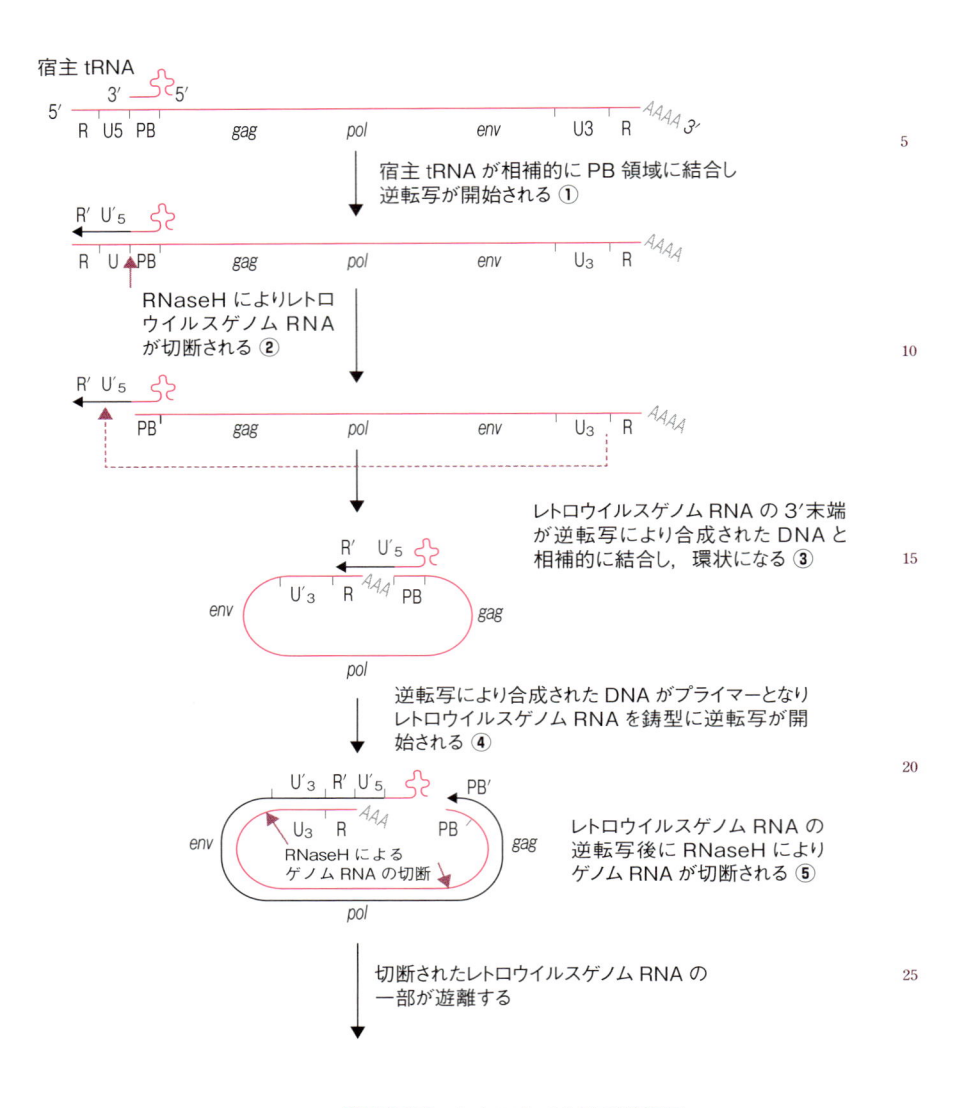

図13.13 レトロウイルスの逆転写
①〜⑨はp.216〜217のコラム中の番号に対応する．

13.2 真核細胞への遺伝子導入法

残ったレトロウイルスゲノム RNA 断片が
プライマーとなり DNA 合成される ⑥

RNaseH による tRNA の切断

RNaseH によるゲノム RNA の切断

RNaseH によりウイルスゲノム RNA と
tRNA が消失する ⑦

−鎖 DNA
＋鎖 DNA

−鎖 DNA と＋鎖 DNA の
PB 領域で相補的に結合
し環状になる

−鎖 DNA ＋鎖 DNA が互いに鋳型と
プライマーになり DNA 合成が開始される ⑧

2 本鎖 DNA ウイルスとなり
両端に U3-R-U5 からなる LTR が複製される ⑨

−鎖 DNA
＋鎖 DNA

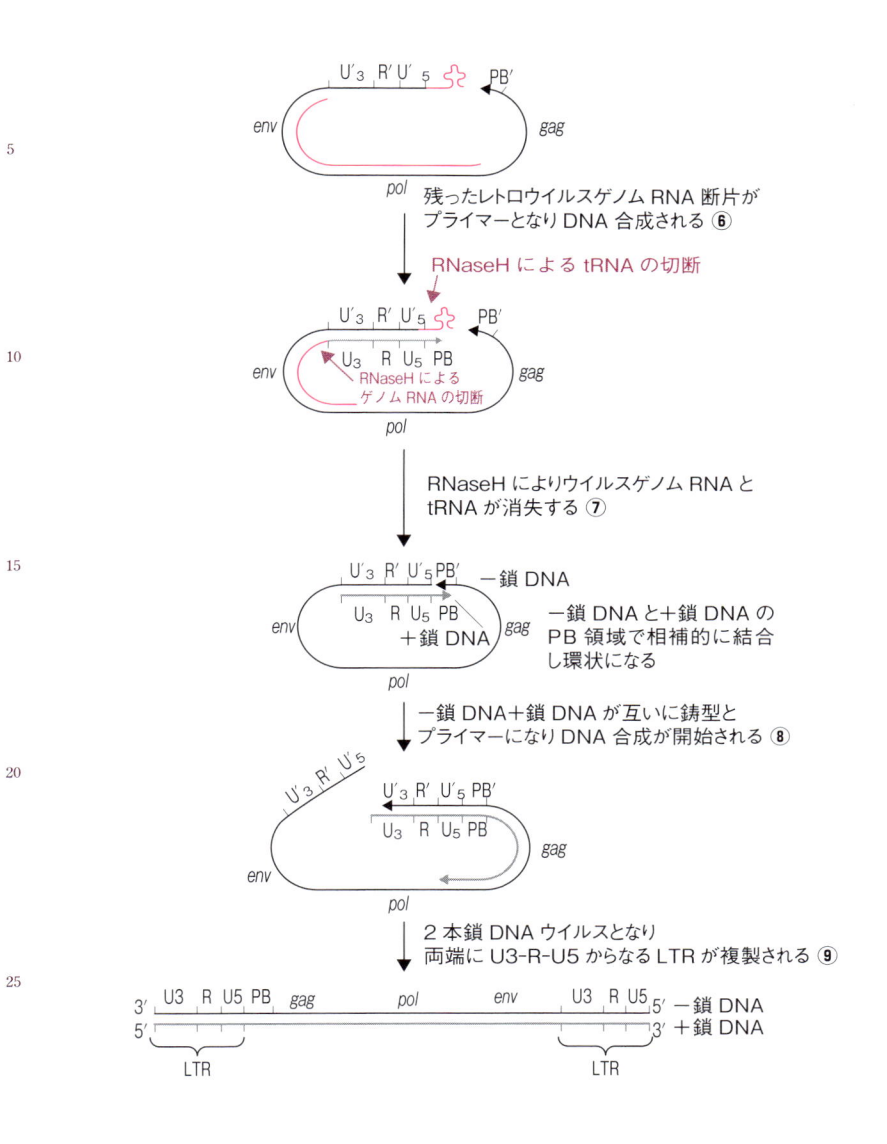

LTR　　　　　　　　　　　　　LTR

「実験 8」 導入遺伝子が染色体に組み込まれた細胞の選別法の概略

培養細胞では，薬剤耐性遺伝子を利用することにより，導入した遺伝子が染色体 DNA に組み込まれた細胞を選別することができる．

操　作

1. *neo^r* 遺伝子をもつプラスミドをベクターとして導入遺伝子を組み込む
2. 組換えプラスミドを細胞に導入する ❶❷
3. 抗生物質 G418 を含む培地で細胞を培養する ❸
4. 1 週間程度 G418 を含む培地で細胞を培養するとステイブルな発現をしている細胞だけが残る

「原理と解説」

❶ トランジェントな発現

生体に導入された遺伝子は，宿主ではたらくプロモーターがあれば染色体 DNA に組み込まれなくても発現する．細胞質にプラスミドなどの DNA が注入されると，DNA を囲むように核様構造が形成され，その中で遺伝子が転写され mRNA が合成される．核様構造から細胞質に出た mRNA は，宿主の翻訳系でタンパク質に翻訳される．しかし，染色体 DNA 外にあるプラスミドは徐々に失われ，数日間で消失する．導入された遺伝子は複製起点をもたないため複製はされない．このように，染色体外 DNA として一過的に発現することをトランジェント（transient）な発現という．アグロバクテリウムやレトロウイルスを用いた遺伝子導入法では，導入した遺伝子が染色体に組み込まれるが，その他の手法によって導入された外来遺伝子はトランジェントな発現をする．

❷ ステイブルな発現

導入された遺伝子が，まれに染色体 DNA に組み込まれることもある．染色体 DNA への組み込みは，生体がもっている遺伝子組換え機構による．偶然に起こる遺伝子組換えを期待する場合と，ゲノム DNA に多く存在するくり返し配列をベクターに付加して非相同組換えの効率を上げる方法や，特定の配列をベクターに付加し，ゲノム DNA 上の特定の配列に相同組換えによ

り組み込む方法などがある．

　染色体 DNA に組み込まれた遺伝子は安定的に存在し，一定期間は安定的に発現する．染色体 DNA に組み込まれた外来遺伝子が発現することをステイブル（stable）な発現という．染色体 DNA への外来遺伝子の組込みはまれにしか起こらないが，培養細胞の場合は，プラスミドベクターの薬剤耐性遺伝子を利用することにより，ステイブルな発現をする細胞を選別することができる．

❸ *neo^r* 遺伝子の働き

　ネオマイシン（Neomycin）（図 13.14）は放線菌 *Streptomyces fradiae* 由来のアミノグリコシド系抗生物質である．*neo^r* 遺伝子をもつプラスミドをベクターとするため，培地に加える抗生物質はネオマイシンと思うかもしれない．しかし，ネオマイシンは細菌のリボソームに結合してタンパク質合成を阻害するが，真核生物のリボソームには影響しない．一方，同じ放線菌の *Micromonospora rhodorangea* NRRL 5326 株由来のアミノグリコシド系抗生物質 G418（図 13.15）は，真核生物のリボソームにも結合してタンパク質合成

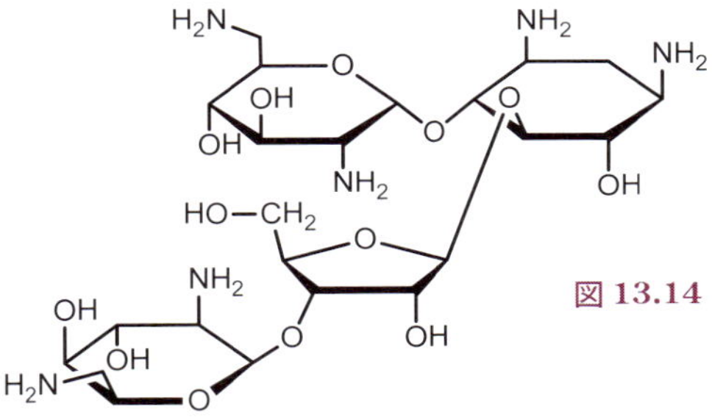

図 13.14　ネオマイシン

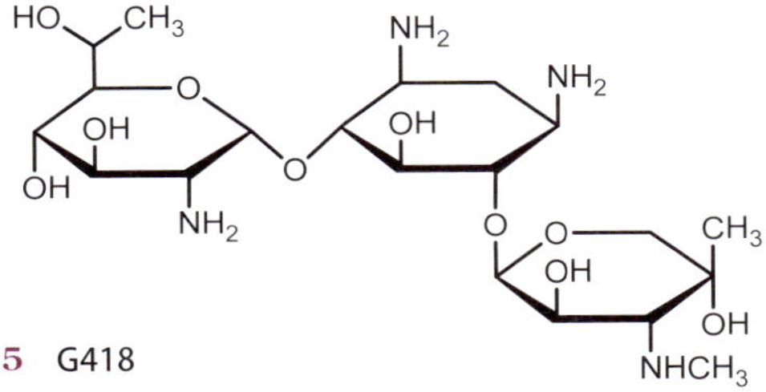

図 13.15　G418

を阻害する．*neo^r* 遺伝子の発現により合成されるアミノグリコシドリン酸転移酵素は，ネオマイシンの作用を無効にするばかりでなく，ネオマイシンとよく似た分子構造の G418 も，同じしくみで活性を無効にする．

13.3 転写調節領域の解析

　転写調節領域は転写開始点の上流や，イントロン，転写終結点の下流に存在し，発生時期特異的な発現や，組織特異的な発現調節の情報を担っている．転写調節領域を解析するには，転写調節領域の機能をモニターするレポーター遺伝子が用いられる．転写調節領域とレポーター遺伝子の融合遺伝子を構築し，これを細胞に導入して機能を解析するのである．レポーター遺伝子は，内在性遺伝子と区別をつけるため，ふつうの細胞では発現していない遺伝子を用いる．定量的解析に適したホタルのルシフェラーゼ（*luc*），ウミシイタケのルシフェラーゼ（*R-luc*），組織特異性の解析に適したクラゲの蛍光タンパク質 GFP，大腸菌の *lacZ* などがある．

　転写調節領域にさまざまな変異を加え，生体に遺伝子導入して，これらのレポーター遺伝子の発現パターンを解析することにより，転写調節領域のシスエレメントの機能を明らかにすることができる．

　シスエレメントの塩基配列に結合する転写因子の検出は，ポリアクリルアミドゲル電気泳動で検出することができる．

「実　験」　レポーター融合遺伝子の発現量の定量の概略

　レポーター遺伝子に *luc* を用いると，発光量をルミノメーターなどにより定量することができる．転写調節領域のシスエレメントに変異を加えたことによる発現量の変化を定量できれば，シスエレメントの転写調節機能を詳細に解析することが可能となる．

　操　作
1. シスエレメントに，配列の欠失や置換など，さまざまな変異を導入した転写調節領域とレポーター遺伝子 *luc* を連結した融合遺伝子を作製する．

2. CMV プロモーターに *R-luc* を連結したレファランスとなる融合遺伝子を作製する．
3. 一定の分子数の *luc* 融合遺伝子 DNA と，レファランス DNA を細胞，または胚に遺伝子導入する．
4. 一定時間ごとに，細胞または胚を回収し，ホモジェネートを作製する．
5. 一定量のホモジェネートに，Dual-Luciferase™ Reporter Assay System（Promega 社）を加え，Luc と，R-luc の発光量を，ルミノメーター Veritas™ Microplate Luminometer（Turner BioSystems 社）を用いて測定する（発光量は発現量に比例する）．

「原理と解説」 遺伝子導入効率の補正

細胞への遺伝子の導入効率は一定ではなく，かなりの幅がある．定量には一般的にホタルの *luc* が用いられるが，ウミシイタケ由来の *R-luc* も定量的レポーターとして用いることができる．ホタルの *luc* と *R-luc* の発現量は，同じ試験管の中で，反応液を変えるだけで区別して定量することができる．組織や細胞種，発生時期に依存しないウイルス由来の SV40 プロモーターや CMV（cytomegalovirus）プロモーターに *R-luc* を連結した融合遺伝子を構築し，これをレファランスとして用いることにより遺伝子導入効率を知ることができる．*R-luc* の発現量で *luc* の発現量をノーマライズすれば，遺伝子導入効率にかかわらず，転写調節領域のシスエレメントの定量が可能となる．

※補足　CMV：DNA ウイルスのヘルペスウイルス科に属す．多くの人が感染するが発症しないことが多い．

※補足　ウミシイタケ：刺胞動物に属すウミエラの仲間

13.4　転写因子の検出と結合配列の解析

転写因子が遺伝子のシスエレメントに結合し，転写開始複合体と相互作用することにより，転写活性が調節される．転写因子の検出法と転節因子が特異的に結合する DNA 配列の解析法について述べる．

■ 13 章　遺伝子発現の解析

「実験 1」　ゲルシフト分析の概略

　タンパク質が DNA 断片に結合すると，DNA 鎖が曲がるとともに分子の大きさが増し，ゲル電気泳動の移動度が低下することを利用して，特定の塩基配列のシスエレメントに結合する転写因子を検出する（図 13.16）．ゲルシフト分析（gel-shift assay）の名称はよく用いられているが，由来はプローブの移動度がシフトする，または低下する意味を込めたゲルモビリティーシフト（gel mobility shift あるいは gel retardation）法である．

操　作

1. 特定のシスエレメントを含む 2 本鎖 DNA 断片を用意する
2. DNA 断片の末端を標識する
3. 転写因子を含む核タンパク質溶液と標識 DNA 断片，poly(dI-dC)・poly(dI-dC) を混合する ❶❷
4. 核タンパク質・標識 DNA 混合液，レファランスとして標識 DNA 溶液をポリアクリルアミドゲル電気泳動する
   [タンパク質と DNA の結合を検出するため，尿素や SDS などの変性剤を加えない非変性ゲルを用いる]

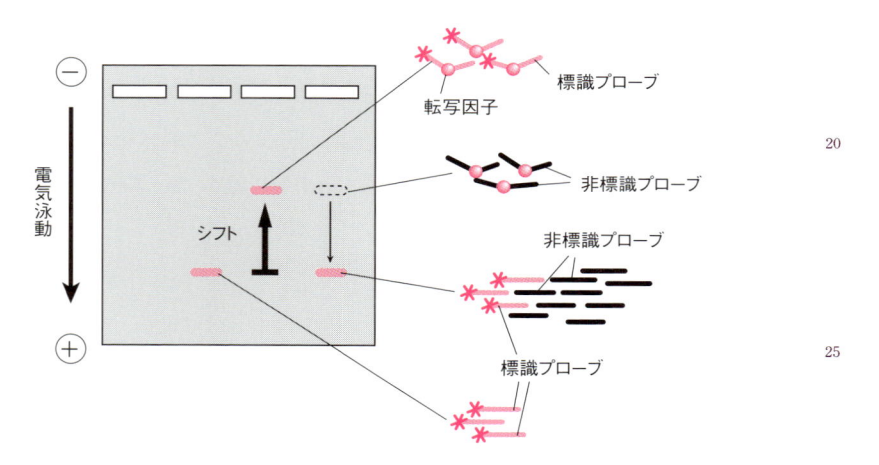

図 13.16　ゲルシフト分析

5. 電気泳動法によりナイロンメンブレンにブロッティング（→ p.69）して標識DNAを検出する

「原理と解説」

❶ プローブへの非特異的結合を防ぐ

核タンパク質には，ヒストンのように塩基配列に非特異的に結合するタンパク質も存在する．標識DNA断片への非特異的なタンパク質の結合を排除するために，DNAと化学的な性質がよく似たpoly(dI-dC)・poly(dI-dC)を溶液に加える．poly(dI-dC)・poly(dI-dC)は，デオキシイノシン酸とデオキシシチジン一リン酸のくり返す鎖が，相補的結合により2本鎖になったものであり，DNAと化学的な性質がよく似ているため非特異的な塩基性タンパク質を吸着する．そのため，非特異的な電気泳動度の低下が軽減され，転写因子を特異的に検出できるようになる．

❷ ゲルシフトの特異性の検定

標識プローブと同じ配列をもつ非標識プローブを，標識プローブに対して大過剰に混合すると，転写因子の大部分は非標識プローブに結合することになる．その結果，転写因子が結合している標識プローブは少なくなり，転写因子が結合していない標識プローブは本来の位置まで泳動される．シスエレメントに変異を導入した非標識プローブではゲルシフトを阻害しないことを確認すれば，転写因子がプローブに特異的に結合することが証明される．

「実験2」 フットプリント法の概略

フットプリント法は，転写因子が結合する配列を決定する方法である．結合配列が足跡のように検出されるのでフットプリントという（図13.17）．

操　作

1. 特定プローブの2本鎖DNAの片方の末端を標識する
2. 転写因子とプローブを混合する
3. プローブのDNA断片の1か所が切断される程度の強さでデオキシリボヌクレアーゼⅠを働かせる

■ 13章　遺伝子発現の解析

4. レファランスとして転写因子を結合させていないプローブ DNA に同じ強さでデオキシリボヌクレアーゼ I を働かせる
5. プローブの DNA のシーケンスラダーを平行して電気泳動し，フットプリントとの位置を比較して転写因子が結合した配列を決定する

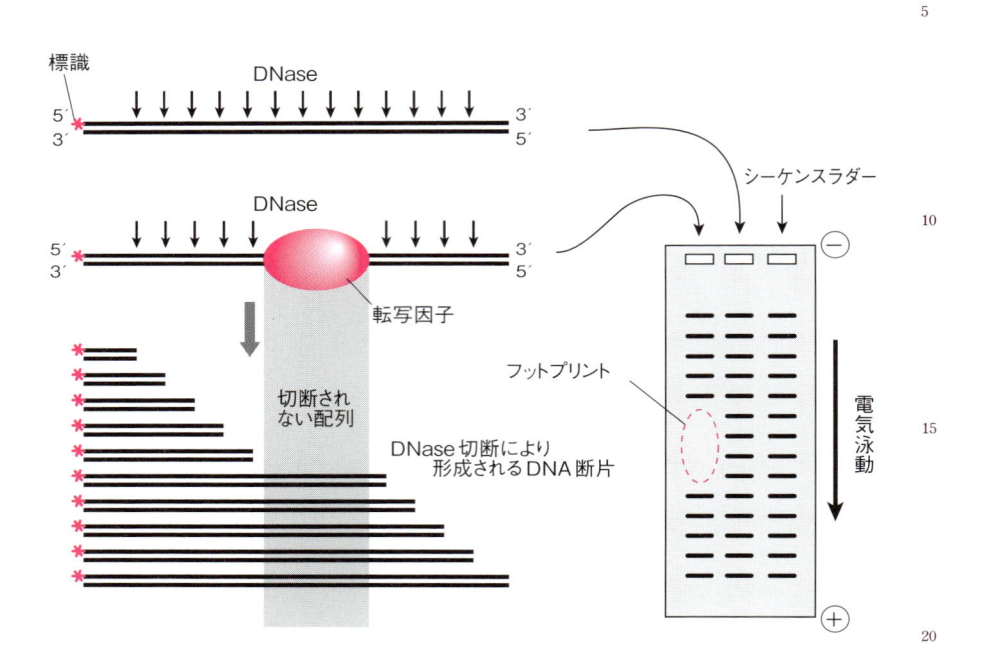

図 13.17　フットプリント

「原理と解説」　立体障害がフットプリントを生じさせる

　転写因子がプローブの DNA 断片のシスエレメントに結合すると，シスエレメントの配列を覆うことになる．この状態で，デオキシリボヌクレアーゼ I を低濃度で作用させると，転写因子で覆われていない部分は切断されるが，覆われた部分はデオキシリボヌクレアーゼ I が接近できず，切断されない．この原理を利用して，転写因子が結合する配列を決定する．

索　引

記号

β-ガラクトシダーゼ 103
λgt10 43
λgt11 43

数字

1st-strand cDNA 31
2nd-strand cDNA 33
3′ RACE 160
5′ RACE 162
3′→5′エキソヌクレアーゼ活性 45
5′キャップ 164

B

BAC 195
BACライブラリー 195
BAP 47
BCIP 144
BL21(DE3)株 183
BPB 106
BSA 35

C

cI 60
C600 hfl 55
CAP結合部位 185
cDNA 1
cDNA末端の平滑化 44
CDP 76
CIP 47
CMVプロモーター 223
ColE1 97

complementary DNA 1

D

dam 153
DAPI 113
dcm 153
DEPC 5
DNAポリメラーゼⅠ 35
DNAポリメラーゼⅢ 35
DNAマイクロアレイ 146
DNAメチル化 155
DNAメチル化関連遺伝子 153
DNAリガーゼ 36, 48

E

EcoRIアダプター 47
EtBr 106

F・G

F因子 97
G418 221
GFP 222

H・I

hfl 60
in situ ハイブリダイゼーション 143
IPTG 83

L

$lacI$ 84
$lac\,I^{\,q}$ 156
$lacZ$ 82

$lacZ$プロモーター 82
LB培地 56
lon 84, 157
luc 222

M

MCS 96
MOPS 138
mRNAの精製 14

N

NBT 144
neo^r遺伝子 221
NZY培地 56

O

OD_{600} 57
ori 97

P

PCR 121
PCRによる遺伝子組換え 175
pfu 60
pUC 98

R

RACE 160
$recA$ 156
R-luc 222
RNA抽出 3
RNAの電気泳動 20
RNAの品質 20
RNAプローブ 130

S

*Sau*3AI 194
SBS 法 155
SDS 6
Sfi I 168
SIP 47
SM バッファー 51
SP6 プロモーター 130
SP6 ポリメラーゼ 130
SSC 70, 134
SV40 210
SV40 プロモーター 223

T

T4 DNA ポリメラーゼ 45
T4 RNA リガーゼ 166
T7 プロモーター 130
T7 ポリメラーゼ 130
TAE 泳動バッファー 106
Taq DNA ポリメラーゼ 122
TaqMan 法 179
TBE 117
TE 91
T_m 38
T_m 値 67
T ベクター 150

X・Y

X 線フィルム 77
Y1090 84

あ

アガー 55
アガロース 55
　　──ゲル 108

アクチナーゼ 192
アグロバクテリウム法 207
アニーリング 66
アビジン 145
アルカリ・SDS 法 103
アルカリ性ホスファターゼ 76
アロラクトース 83
アンチセンスプローブ 64
アンピシリン 100
　　──耐性遺伝子 100

い

イソプロパノール 24
一級アミン 140
遺伝子導入 206
イノシン 66
イミダゾール 188
インターカレーション法 178
インターカレート 112
イントロンベース RT-PCR 181
インバース PCR 128
インフルエンザウイルス 217

う・え

ウイルスベクター法 207
エタノール沈殿 18
エレクトロポレーション法 207

お

オペレーター 82
オリゴ (dT) 14
　　──カラム 14

か

カオトロピック試薬 9
カナマイシン 101
　　──耐性遺伝子 101
カラーセレクション 156
完全長 cDNA ライブラリー 164

き

キシレンシアノール 106
逆転写酵素 31
共沈剤 19
共役二重結合 86

く

グアニジン 6
グリセロール 35
グルタチオン S トランスフェラーゼ 188
グルタルアルデヒド 141
クローニング 1
クローンファージの回収 88
クロモゾームウォーキング 201
クロロホルム 8

け

蛍光共鳴エネルギー転移 179
形質転換 99
欠失変異導入 173
ゲノミックサザンハイブリダイゼーション 132
ゲノム DNA 190
ゲルシフト分析 224

索引

ゲル電気泳動 106
ゲル粒子 25
ゲルろ過 24
顕微注入法 207

こ

校正機能 40
抗生物質耐性遺伝子 100
古細菌 124
コドンユーセージ 65
コロニー 56
コンカテマー 50
コンピテントセル 94

さ

サイバーグリーン 113
酢酸 12
サザンハイブリダイゼーション 132
サブトラクションライブラリー法 205

し

シーケンス 116
ジゴキシゲニン 67
シッフ塩基 140
ジデオキシヌクレオチド 117
縮重 65
縮重プローブ 65
真正細菌 123

す

スクリーニング 1
ステイブルな発現 221
スピンカラム 24

せ・そ

制限酵素 148
　──サイトの破壊 150
セルフライゲーション 127, 150
染色体 FISH 法 201
センスプローブ 64
剪断応力 190
挿入変異導入 172

た

ターミナルトランスフェラーゼ 68
大腸菌株 153
脱リン酸化 46
短波長 UV 111

ち

中波長 UV 111
長波長 UV 112

て

ディファレンシャルスクリーニング法 203
テトラサイクリン 101
　──耐性遺伝子 101
点突然変異導入 171

と

トップアガロース 57
トランジェントな発現 220
トランスイルミネーター 106
トリクロロ酢酸 12

な・に

ナイロンメンブレン 70
二重染色 145
ニッケルカラム 188

ね・の

ネオマイシン 221
ネストプライマー 126
粘着末端 50
ノザンハイブリダイゼーション 136

は

パーティクルガン法 207
ハイブリダイゼーション 66, 74
バクテリオファージ 42
パッケージングエキストラクト 51
発現ベクター 81
パルスフィールドゲル電気泳動 197
半定量 Q-PCR 176

ひ

ビオチン 145
ヒスタグ 188

ふ

ファージ DNA のウイルス化 50
フェノール抽出 8
付着末端 44
フットプリント法 225
プラーク 58
プライマー 31

プラスミド 96
　——の回収 102
プローブ 1, 64
　——の検出 76
　——の作製 129
　——の標識 67
ブロッキング 72
ブロッティング 69
プロテイナーゼ K 192

へ

平滑末端 44, 48
ヘキスト 114
ベクター 42
ペニシリン 101
ヘルパープラスミド 212
ペンタジエン 87

ほ

ホールマウント *in situ* ハイブリダイゼーション 146
ボトムアガー 57

ポリ(A)RNA 16
ポリアクリルアミドゲル 108
ポリエチレングリコール 24
ホルマリンゲル 137
ホルムアミド 138
ホルムアルデヒド 138

ま・め

マルトース 56
メルカプトエタノール 7
メルティング 66

ゆ・よ

有機酸 11
溶液の交換 23
溶菌 60
溶原化 60

ら

ライトアーム 43
ライブラリー 1, 54

ラクトース 82
ランダムプライマー 37

り

リアルタイム-PCR 178
リプレイスメントベクター 193
リプレッサー 82
リボヌクレアーゼ 3
　——A 90
　——H 32
リポフェクション法 207
硫安沈殿 11
リン酸カルシウム法 207

る・れ

ルシフェラーゼ 222
レトロウイルス 212
レフトアーム 43
レポーター遺伝子 206
レポーター融合遺伝子 222

著者略歴

赤坂甲治（あかさかこうじ）
- 1951年　東京都に生まれる
- 1976年　静岡大学理学部生物学科卒業
- 1981年　東京大学大学院理学系研究科修了
- 1981年　日本学術振興会奨励研究員
- 1989年　東京大学理学部助手
- 1989年　広島大学理学部助教授
  - この間，1990年～1991年　米国カリフォルニア大学バークレー校　分子細胞生物学部門共同研究員
- 2002年　広島大学大学院理学研究科教授
- 2004年より東京大学大学院理学系研究科教授　理学博士

大山義彦（おおやまよしひこ）
- 1959年　山口県に生まれる
- 1982年　広島大学理学部化学科卒業
- 1984年　広島大学理学研究科博士課程前期修了
- 1984年　広島大学歯学部助手
- 1993年　広島大学理学部助教授
- 1999年　広島大学大学院理学研究科助教授
  - この間，2003年　スウェーデン　カロリンスカ研究所　フディンゲ大学病院　医化学教室客員研究員
- 2008年より安田女子大学薬学部教授　理学博士

新・生命科学シリーズ　遺伝子操作の基本原理

2013年11月5日　第1版1刷発行

検印省略

定価はカバーに表示してあります．

著作者	赤坂甲治　大山義彦
発行者	吉野和浩
発行所	東京都千代田区四番町 8-1 電話 03-3262-9166（代） 郵便番号 102-0081 株式会社　裳華房
印刷所	株式会社　真興社
製本所	牧製本印刷株式会社

社団法人　自然科学書協会会員

JCOPY 〈(社)出版者著作権管理機構　委託出版物〉

本書の無断複写は著作権法上での例外を除き禁じられています．複写される場合は，そのつど事前に，(社)出版者著作権管理機構（電話03-3513-6969, FAX 03-3513-6979, e-mail: info@jcopy.or.jp）の許諾を得てください．

ISBN 978-4-7853-5856-3

© 赤坂甲治, 大山義彦, 2013　Printed in Japan

☆ 新・生命科学シリーズ ☆

動物の系統分類と進化	藤田敏彦 著	本体 2500 円＋税
植物の系統と進化	伊藤元己 著	本体 2400 円＋税
動物の発生と分化	浅島 誠・駒崎伸二 共著	本体 2300 円＋税
発生遺伝学 －ショウジョウバエ・ゼブラフィッシュ－	村上柳太郎・弥益 恭 共著	近刊
動物の形態 －進化と発生－	八杉貞雄 著	本体 2200 円＋税
植物の成長	西谷和彦 著	本体 2500 円＋税
動物の性	守 隆夫 著	本体 2100 円＋税
脳 －分子・遺伝子・生理－	石浦章一・笹川 昇・二井勇人 共著	本体 2000 円＋税
動物行動の分子生物学	久保健雄 他著	近刊
植物の生態 －生理機能を中心に－	寺島一郎 著	本体 2800 円＋税
遺伝子操作の基本原理	赤坂甲治・大山義彦 共著	本体 2600 円＋税

（以下続刊；近刊のタイトルは変更する場合があります）

エントロピーから読み解く 生物学	佐藤直樹 著	本体 2700 円＋税
図解 分子細胞生物学	浅島 誠・駒崎伸二 共著	本体 5200 円＋税
微生物学 －地球と健康を守る－	坂本順司 著	本体 2500 円＋税
新 バイオの扉 －未来を拓く生物工学の世界－	高木正道 監修	本体 2600 円＋税
分子遺伝学入門 －微生物を中心にして－	東江昭夫 著	本体 2600 円＋税
しくみからわかる 生命工学	田村隆明 著	本体 3100 円＋税
遺伝子と性行動 －性差の生物学－	山元大輔 著	本体 2400 円＋税
行動遺伝学入門 －動物とヒトの"こころ"の科学－	小出 剛・山元大輔 編著	本体 2800 円＋税
初歩からの 集団遺伝学	安田徳一 著	本体 3200 円＋税
イラスト 基礎からわかる 生化学 －構造・酵素・代謝－	坂本順司 著	本体 3200 円＋税
クロロフィル －構造・反応・機能－	三室 守 編集	本体 4000 円＋税
カロテノイド －その多様性と生理活性－	高市真一 編集	本体 4000 円＋税
外来生物 －生物多様性と人間社会への影響－	西川 潮・宮下 直 編著	本体 3200 円＋税
人類進化論 －霊長類学からの展開－	山極寿一 著	本体 1900 円＋税

裳華房ホームページ　http://www.shokabo.co.jp/　2013 年 11 月現在